KB234230

시민의 과학

시민의 과학

과학의 공공성 회복을 위한 **시민 사회**의 전략

시민과학센터

이명박 정부는 '저탄소 녹색 성장'을 기치로 내걸고 출범하여 환경과 사회가 조화를 이루는 과학 기술의 추진을 약속하는 듯 보였지만, 실제로는 그 어느 역대 정권보다도 과학 기술을 둘러싼 사회적 논란이 끊이지 않는 정부였다. 미국산 쇠고기 수입을 둘러싼 광우병 촛불 집회 파동, 한반도 대운하 대신에 추진한 4대강 사업을 둘러싼 논란, 천안함 사건에서 제시된 과학적 증거의 신빙성에 대한 논쟁, 원자력 에너지의 확대 정책에 의문을 불러일으킨 일본 후쿠시마 원전 사고, 구제역 사태에 대한 처방으로 살처분이 옳으냐 백신이 옳으냐 하는 논쟁, 지난 정권의 '황우석 스캔들'에도 불구하고 줄기 세포 연구에 1000억 원을 지원하겠다는 계획에 대한 비판 등 이명박 정부에게 과학 기술은 다른 어떤 정치적 사안보다도 골치 아픈 저항과 난제들을 계속하여 제기했던 정치적 쟁점이었다. 얼핏 생각하면 과학이란 자연의 관찰 증거에 입각한 합리적·객관적 지식이기 때문에 논란의 여지가 있을 수 없고, 따라서 어떤 사안에 대한 정치적 논쟁이 있을 때 그것을 해결해 주는 유력한 방도가 과학일 것 같은데, 오히려 과학 자체가 논쟁거리가 되는 것은 왜일까? 또 그런 과학에 기초한 기술을 발전시켜 나라를 선진국으로 만들겠다는데 왜 반대자가 나타날까? 아마도 이것은 이명박 정부뿐 아니라 평범한 일반 국민들도 쉽게 품을 수 있는 질문들일 것이다.

과학 기술을 둘러싼 이런 논란들이 이해가 안 될 때 정부가 흔히 내놓는 설명이 "반대를 위한 반대"라는 말이다. 즉 이명박 정부를 싫어하는 사람들이 실제로는 이 정부가 옳은 정책을 취하고 있는데도, 심지어 본인들도 옳다는 사실을 알고 있음에도 불구하고, 그냥 반대의 목소리를 높여 정부가 하는 일을 방해하고자 한다는 것이다. 과연 그럴까? 정부가 싫기 때문에 뻔한 정답이 있는데도 그걸 거부하는 것일까? 아니다. 이는 현 정부를 싫어하느냐 좋아하느냐와는 관계가 없는 문제라는 것을 분명히 인식해야 한다. 김대중 정부와 노무현 정부 때에도 이런 문제들은 있었으며, 우리나라보다 훨씬 민주적이고 복지 국가라는 서유럽의 나라들에서도 이와 비슷한 문제들은 있었고 현재도 존재한다. 즉 정권의 변화와 관계없이 현대의 과학 기술 사회에서 불가피하게 나타나는 현상이고 문제라는 점, 또 그렇기 때문에 더 심각하게 우리가 받아들여야 한다는 점을 강조하고 싶다. 왜 그러한가? 한마디로 말하자면 과학과 기술에 대해 우리가 지녀 왔던 고정관념이 틀렸기 때문이다. 과학은 정치적 논쟁을 해결해 줄 수 있는 단일한 객관적 진리가 아니며, 기술은 우리를 선진국으로 이끌어 줄 마술 지팡이 같은 것이 아니기 때문이다.

과학과 기술이 과연 실제로 어떠한 것인가를 알기 위해서는 과학 기술학(Science and Technology Studies, 약칭 STS)이라는 새로운 학문 분야의 목소리에 귀를 좀 기울일 필요가 있다. STS는 1970년대에 유럽과 미국에서 출범했으며 과학 기술과 사회의 관계를 다양한 인문학적·사회 과학적 접근들(과학기술사, 과학기술철학, 과학기술사회학, 과학기술인류학, 과학기술정책학 등)을 통해 연구하는 학제적 분야를 말한다.[1] 수많은 경험적 연구를 통해 얻은 STS의 중요한 통찰 중 하나는, 과학과 기술이 단지 자연 법칙을 반영하는 가치 중립적 지식이나 도구가 아니라는 것이다. 과학과 기술은 그것이 만들어지고 사용되는 현실의 맥락들과 별개가 아니라 그러한 맥락 요인들(환경적·정치적·경제적·문화적 등)에 큰 영향을 받는 복합적 구성물이라는 것이다. 따라서 과학과 기술은 맥락에 따른 우연성(contingencies)이 그 중요한 특징으로서, 무엇이 올바른 과학과 기술이냐, 그리고 어떤 과학 기술의 효과가 어떻게 나타날 것이냐 역시 맥락에 따라 상당히 달라진다고 STS는 주장한다.

실험실에서 만들어진 과학과 기술이 거시 세계의 맥락으로 나오게 되면 불확실성과 잠재적 위험이 커진다. 실험실보다 훨씬 더 많고 복잡한 요인들이 작용하게 되기 때문이다. 또 우리나라의 과학과 기술은 대부분 선진국의 것을 수입하거나 모방한 것인데, 이처럼 과학과 기술을 둘러싼 거시 세계의 맥락이 한 나라에서 다른 나라로 크게 바뀌면 불확실성과 잠재적 위험도 그만큼 더 커질 수 있다. 따라서 우리는 후발국으로서 빠르게 과학 기술 발전을 이루었지만 불가피하게 불확실성과 잠재적 위험도 그만큼 크게 안게 되었다고 할 수 있는 것이다. 이렇게 볼 때 과학과 기술을 보편합리적인 진리나 발전을 위한 만병통치약처럼 여기는 사고는 순진할 뿐만 아니라 위험하기 짝이 없는 생각이다. 그럼에도 불구하고 우리나라 역대 정부는 과학 기술을 경제 성장과 국위 선양을 위한 핵심 수단으로 간주하여 과학 기술의 빠른 발전을 위한 정책만을 추진해 왔다. 이에 불가피하게 수반되는 불확실성과 잠재적 위험에 대해서는 몰랐고 전혀 관심도 기울이지 않았던 것이다. 바로 그렇기 때문에 최근 으로 올수록 과학 기술을 둘러싼 사회적 논란이 점점 더 증대하고 있는 것이다. 이런 현실에 대한 뚜렷한 성찰과 방향 전환이 없다면 다음 정부 에서도 과학 기술을 둘러싼 사회적 논란은 더 커질 것이라고 예상된다.

그렇다면 이를 해결할 대안은 없을까? 시민과학센터는 바로 그러한 대안을 찾기 위하여 1997년 11월에 결성한 일반인들의 모임이다.[2] 시민과학센터의 주요 구성원들은 STS에 관심을 가지고 공부하는 사람들이며, STS의 관점을 실천적인 시민 운동으로 연결시키려는 문제의식을 지니고 있다. 위에서 제기한 문제에 대해 시민과학센터가 모색하는 대안은 한마디로 '시민 참여를 통한 과학 기술의 민주화'라고 할 수 있다. 과학기술의 민주화란 무엇이며 시민 참여란 왜 필요할까? 과학 기술은 이미 우리의 삶 전반에 걸쳐 엄청난 영향을 미치고 이에 수반된 불확실성과 위험이 매우 커감에도 불구하고, 그 동안 우리나라에서 과학 기술에 관한 의사 결정은 과학 기술계와 정부 및 기업의 소수 엘리트의 손에만 맡겨져 왔다. 정치권과 시민 사회를 막론하고 "과학 기술 발전은 우리나라가 선진국이 되는 지름길이며, 과학 기술에 대한 모든 의사 결정은 전문가에게 맡겨야 한다."라는 고정관념이 강하게 고착되어 있었기 때문이다. 1987년 이후 우리나라는 민주화가 전개되어 왔지만 바로 이런 고정관념 때문에 과학 기술만은 민주화에서 예외라는 생각이 지배적이었던 것이다. 그 결과 과학 기술은 과학 기술계, 정부, 기업이 추구하는 목표와 이해 관계에 봉사하는 방향으로 발전해 왔을 뿐, 일반 시민들의 삶의 질을 좌우하는 복지·환경·보건·안전·윤리 등은 매우 소홀히 다루어지거나 무시되어 왔던 것이다.

　　바로 그렇기 때문에 시민과학센터는 이제 일반 시민들의 목소리를 과학 기술에 대한 의사 결정에 반영할 수 있는 새로운 통로가 필요하다고 생각했다. 이미 서구 국가들에서는 이와 거의 동일한 문제 의식 하에서 1980년대부터 합의 회의, 시민 배심원, 공론 조사, 시나리오 워크숍 등 다양한 실험적 방법들이 개발되어 과학 기술에 대한 시민 참여를 성공적으로 제도화해 왔다. 특히 2000년대부터는 광우병 사건을 겪은 영국을 필두로 유럽의 여러 나라에서 종래의 '대중의 과학 이해(Public Understanding of Science)'로부터 새로운 '대중의 과학 참여(Public Engagement with Science)'로의 과학 기술 정책 패러다임 변화가 일어났다고 칭해진다. 이러한 시민 참여는 전문가의 역할을 무시하거나 배제하려는 것이 아니라, 과거에 전문가에게만 독점되었던 과학 기술에 관한 의사 결정보다 일반 시민들을 참여시키는 것이 과학 기술의 불확실성과 위험에 대처하는 데 더 낫다고 판단하는 것이다. 왜냐면 일반 시민들은 통제된 실험실에서 지식을 축적한 전문가들과는 달리, 통제되지 않은 일상 생활 속에서 오랜 경험을 통해 축적한 일반인 지식(lay knowledge)을 갖추었기 때문에 의사 결정에 이것을 발휘하도록 만드는 것이 바람직하기 때문이다. 더 나아가서 과학 기술에 대한 일반 시민들의 우려를 무시하고 억압하여 갈등으로 치닫게 하는 것보다는, 그런 우려를 평화롭게 표출할 수 있는 제도적 통로를 만드는 것이 사회적 합의를 통해 정책의 정당성과 신뢰를 높이는 데 기여할 수 있기 때문이다.

　　결국 시민 참여는 과학 기술에 대한 의사 결정을 지배했던 엘리트주의를 극복하고 민주주의를 실현하게 해주는 대표적 방법이다. "과학 기술은 전문가만이 이해할 수 있으므로 일반 시민은 의사 결정에 참여할 수 없다는" 전문가주의의 오랜 신화를 깨뜨리는 일이다. 물론 서구에서도 과학 기술에 대한 시민 참여는 완성된 것이 아니라 아직 다양하게 암중모색을 하고 그 과정에서 드러난 여러 문제들을 풀어나가는 중인 사회적 실험이다. 우리나라의 경우 과학 기술 개발에 관한 한 다른 어떤 분야보다도 선진국에 근접할 정도로 적극적이었던 데 반해 시민 참여에 대해서는 별로 관심이 없었다. 따라서 이러한 괴리로 인해 과학 기술의 발전에 수반된 불확실성과 위험은 더 커졌고 그 때문에 최근 과학 기술을 둘러싼 사회적 갈등과 논란이 심화되고 있는 것이라 판단된다. 따라서 이제부터라도 우리나라에서 과학 기술에 대한 시민 참여의 필요성과 가능성 그리고 우리나라의 맥락에 맞는 구체적인 실천 방법들에 대해 탐구하고 모색하려는 노력이 절실히 요청된다고 하겠다.

이 책은 시민과학센터의 여러 멤버들이 과거 10여 년에 걸쳐 우리나라에서 전개된 시민 참여의 실험들과 성과를 분석하고, 앞으로 우리가 지향해야 할 과학 기술의 민주화와 대안을 모색해 보고자 했던 노력의 소산이다. 국내에서 과학 기술의 민주화와 시민 참여를 지향하는 실천을 해 온 단체는 시민과학센터가 거의 유일하기 때문에, 여기에 소개된 내용들이 아주 포괄적이거나 체계적이지는 아닐지라도 국내의 현실을 짚어 보는 시도로서 의미가 크다고 생각된다. 왜냐면 아직 보잘 것 없는 현실이지만 과거를 평가하고 반성함으로써 우리는 앞으로 한 걸음 더 나아갈 수 있기 때문이다. 더구나 앞으로의 10년은 지금까지의 10년보다 세계적으로뿐 아니라 우리나라도 과학 기술이 더 빠르게 발전할 것이라 예상이 되므로 그에 수반되는 불확실성과 잠재적 위험도 훨씬 더 커지리라고 보인다. 이미 지구적 문제가 된 기후 변화와 원자력 사고, 생명 공학과 나노 기술의 위험에 이어 더 많은 문제들이 가중되리라 여겨지는 상황에서 과학 기술의 민주화와 시민 참여는 한층 절실한 과제가 되고 있다. 이 면에서 이 책에 담긴 내용들은 우리나라의 현실에서 과학 기술 민주화와 시민 참여의 방향은 어떠해야 하는지를 모색하는 데 작지만 의미 있는 도움을 줄 것이다.

필자들을 대표하여
시민과학센터 소장
김환석

차례

1

과학 기술 민주화의 이론과 실천

시민 참여를 중심으로[1]

1. 머리말

계몽주의 시대 이래 과학과 기술은 합리성의 화신으로서 자연 정복을 통한 인간 해방의 원동력으로 생각되어 왔다. 따라서 과학 기술의 발전은 곧 진보의 상징으로 여겨졌고 이것은 근대 사회의 핵심적 특징을 이루었다. 그러나 제2차 세계 대전과 베트남전에서 목격한 첨단 과학 기술 무기의 가공할 파괴력, 인도 보팔과 구소련 체르노빌에서 있었던 기술적 재난 사고, 지구 환경 위기와 광우병 사건 및 생명 공학의 위험 등은 '과학 기술=진보'라는 믿음에 커다란 의문과 회의를 제기했다. 이제 "누구를, 무엇을 위한 과학 기술인가?"라는 문제가 중요하게 부각되고 있는 것이다.

과학 기술과 사회의 관계에 대해 기존의 사회 과학에서는 계몽주의 이래의 전통적 사고의 영향으로 양자를 서로 분리된 영역들이라 간주하는 경향이 있었다. 과학 기술은 자연의 반영이고 사회적 요인에 '오염'되지 않은 합리성의 산물로서 전문가의 독점적 영역으로 여겨졌기 때문이다. 따라서 과학 기술은 사회에 대해 항상 외생적이면서 일방적으로 영향을 미치는 요인으로 상정되었다. 이런 전통적인 관점을 흔히 '기술 결정론'이라고 부른다. 그러나 1970년대 이래 전개된 과학기술학[2]에서는 과학 기술이 사회적 맥락에서 만들어지는 구성물이며, 따라서 과학 기술과 사회는 밀접하게 서로 얽혀 있다(intertwined)는 구성주의적 시각이 대두되었다.

과학 기술이 왜 위험을 낳고 있으며 그것을 어떻게 통제할 수 있는가 역시 STS의 시각에서 새로운 통찰을 얻을 수 있다. 현재 과학 기술이 구성되는 사회적 맥락은 기술 관료적 성격을 강하게 띠고 있는데 이는 과학 기술의 불확실성과 위험을 심화시키면서 대중의 우려와 불신을 자극하는 요인이 되고 있다. STS 연구자들은 전문가가 아닌 시민 대중의 참여를 통해 과학 기술의 연구·개발·활용의 전 과정에 대한 의사 결정을 민주화함으로써 이런 불확실성과 위험을 크게 줄일 수 있다고 본다. 시민 참여를 통해 과학 기술의 구성 과정을 변화시키면 과학 기술의 내용뿐 아니라 사회적 맥락도 함께 변화하기 때문이다. 즉 과학 기술과 사회가 별개의 영역이 아니듯이, 과학 기술의 민주화와 사회의 민주화는 서로 분리 불가능하며 '공동 구성(co-construction)'된다는 것이다.

실제로 1990년대부터 서구에서는 이런 생각에 기초해 과학 기술의 민주화를 추구하는 이론과 실천이 활발하게 전개되어 왔다. 특히 숙의민주적 시민 참여의 방법들이라 여겨지는 합의 회의와 시민 배심원 등에 대해 많은 연구와 실험이 이루어졌다. 기존 과학(전문가주의)과 정치(대의민주주의)에 대한 대중의 환멸과 불신을 이러한 방법들이 해소해 줄 수 있을 것이라 보았기 때문이다. 우리나라에서도 최근 서구의 이러한 변화에 주목하기 시작했으며 일부 시민 참여의 실험들이 이루어지기도 했다. 과학 기술이 사회에 외생적인 요인이 아니라 사회를 구성하는 중요한 일부라면, 대안적인 사회를 모색하는 것이 실천적 임무인 사회 과학에서 과학 기술 민주화의 조건과 실현 방안을 탐구하는 일은 매우 중요하다고 할 수 있다. 따라서 이 글에서는 우선 이러한 탐구의 기초 작업으로서 서구에서 과학 기술 민주화가 추구된 배경과 전개 과정, 시민 참여의 주요 방법과 우리나라의 경험을 개략적으로 살펴보고자 한다.

2. 과학 기술의 불확실성과 위험

근대성의 신화는 과학 기술의 발전이 산업 사회가 초래하는 여러 사회적 문제들을 해결해 줄 것이라고 간주했다. 정치적 갈등 또는 정치적 결정의 문제들이 결국 사라질 것으로 보는 20세기 후반의 기술 관료주의(technocracy)는 그 '후기 근대적' 표현이라고 할 수 있다. 정치를 대신해 과학 기술적 합리성이 온갖 사회적 문제들을 해결할 '유일한 최선의 수단'을 찾아낼 수 있는 토대라고 간주되기 때문이다. 따라서 과학과 기술은 후기 근대 사회에서 지식 창출의 지배적 양식의 지위를 차지하게 되었다.(Habermas, 1968) 비판적 학자들은 이러한 기술 관료적 견해가 사회의 발전을 본질적으로 민주적 논쟁과 사회적 갈등의 문제로 더 이상 보지 않고 단지 과학 기술적 전문성의 문제로 볼 정도로 사회를 탈정치화시키는

결과를 빚는다고 비난했다. (Ellul, 1964)

　　과학적·경제적·행정적 합리화의 형태로 전개된 근대화의 과정은 전후 서구 복지 국가의 발전과 사회 생활의 자유화를 가져왔다. 하지만 그러한 근대화 과정은 역설적이게도 바로 근대화 기획 자체를 침식할 잠재력을 지닌 새로운 종류의 불확실성들을 초래했다. 외적 환경에 대한 과학 기술의 적용 증대는 인류에 대한 오랜 불확실성과 위협(위생 결여로 인한 대규모 전염병, 노령기의 빈곤, 기아, 자연 재해의 충격 등)을 상당히 줄이는 데 기여했지만, 동시에 전에는 없었던 새로운 불확실성들을 창출했다. 이 새로운 불확실성들은 종종 위험과 윤리 문제에 대한 논쟁으로 표현된다. 과학 기술적 합리화의 결과에 따라 인간 행위의 선택지 수가 늘어나듯이, 이 합리화의 잠재적이고 예측 불가능한 결과들 역시 늘어나게 된다. 미래는 점점 더 현재의 의사 결정에 의해 형성되는데, 이러한 의사 결정의 결과들은 충분히 예상하기가 불가능해지는 것이다. 개인들과 전체 사회가 함께 당면하는 불확실성들은 일상 생활, 과학 기술 체계, 그리고 정치 체계의 문제들로 드러나기 때문에 이 세 가지 측면에서 각각 살펴보고자 한다. (Hennen, 1999)

1) 일상 생활

일상 생활의 관점에서 과학 기술적 합리화 과정은 개인에게 행위의 기회들을 상당히 확대해 주는 것으로 나타난다. 행위 기회의 확대란 개인이 전통적인 사회적 헌신, 신념, 세계관으로부터 해방된다는 것을 의미한다. 또한 그것은 새롭고 강력한 기술적 인공물과 체계들이 이용 가능해지면서 사회 생활의 기술적 변혁이 일어난다는 것을 뜻한다. 그러나 과학 기술적 합리화에 의한 일상 생활의 변혁은 개인이 행위할 때 그의 통제 영역 바깥에 있는 사회적 제도들에 점점 의존하게 되는 비용을 치르게 만든다.

기든스는 개인 행위의 시간적·공간적 제약이 제거되어 익명적 사회관계가 폭넓게 이루어지는 현상을 가리켜 '탈배태화(disembedding)' 과정이라고 불렀다. (Giddens, 1990) 그런데 이 탈배태화의 주요 메카니즘들로서 그는 사회관계의 화폐화(즉 경제적 합리화) 외에 '전문가 체계'를 지적하고 있다. 이 때 전문가 체계란 기술적 인공물과 체계들, 이들의 작동에 필요한 전문적 지식, 그리고 전문가의 사회적 역할을 포함한다. 일상 생활이 이런 전문가 체계들에 점점 더 의존하게 될수록 이 체계들에 대한 대중의 신뢰는 사회적 통합의 중심 원천이 된다.

하지만 익명적 전문가 체계들에 대한 대중의 신뢰는 종종 깨지기 쉬운 취약한 것이다. 그러한 신뢰의 존재 여부는 전문가 체계들이 안정되고 안전한 일상 생활을 보장할 서비스를 제공해 주느냐에 대한 일상적 경험에 달려 있다. 만일 전문가 체계가 치유 불가능한 사회적 문제들을 초래한다면 그러한 신뢰는 쉽게 무너질 수 있다. 최근 수십 년 동안 과학 기술이 초래하는 위험, 윤리 및 사회적 정의 문제에 대해 대중적 논쟁들이 벌어진 것은 바로 이러한 사태가 발생했기 때문이다. 이 경우 대중은 자신의 행위에 대한 안전 보장을 전문가 체계들에 위임한 것을 철회할 수 있다. 그렇게 되면 전문가 체계의 일상 생활 보장 기능은 (적어도 부분적으로) 상실되며, 근대 기술 사회의 중심적 사회 관계를 이루었던 전문가/일반인의 상호 보완적 역할들은 문제시된다. 일반 대중에게 전문가 체계의 성과는 일상 생활의 안전한 배경으로서 더 이상 당연하게 받아들여질 수 없게 되는 것이다.

'기술적' 근대성에 특징적인 이러한 과정은 사회의 개인화 과정(이 역시 부분적으로 과학 기술적 합리화에 기인한다.)과 함께 이루어진다. 개인 생활의 당연한 배경으로 수용되었던 전통과 강한 사회적 헌신은 점차로 그 힘을 상실한다. 사회적·개인적 생활의 자유화와 정치적 생활의 민주화로 대표되는 이러한 과정은 가치와 이해 관계 및 세계관에서의 개인 간 분화를 함축하고 있다. 그 결과, 기술이 환경 및 사회에 주는 영향에 대한 논쟁은 단지 지식과 그 미래 발전이 지니는 근본적 불확실성에 기초할 뿐만 아니라, 과학 기술의 윤리적·도덕적 쟁점들에 대한 사회적 합의를 어렵게 만드는 가치의 다원성에도 기초하고 있다. 어떤 기술로부터 생겨나는 위험이 받아들일 만한 것이냐 여부, 그리고 어떤 기술 혁신이 '좋은 삶'에 대한 우리의 이해와 양립 가능한 것이냐 여부는 근대 사회에서 매우 논쟁적인 문제이다. 왜냐면 거기에는 종종 의사 결정을 위한 아무 공통된 가치의 기초가 없기 때문이다.

2) 과학 기술 체계

후기 근대 사회에 특징적인 새로운 불확실성들은 과학 기술 체계 자체의 문제로도 나타난다. 과학 기술이 개인 행위 선택지의 범위를 지속적으로 확대할수록, 그것은 기술 관료적 견해가 주장하듯이 불확실성을 줄이기보다는 오히려 늘리는 경향이 있다. 과학 기술 발전의 복잡성이 커짐에 따라, 가능한 부작용은 보다 복잡해지고 이에 따라 위험의 잠재력도 증대한다. 물리적·화학적·생물학적 과정들에 개입할 잠재력이 커질수록 위험들도 더 커지는 것이다. 그런데 과학이 이러한 위험을 설명하려 할수록, 그것은 과학 지식의 불확실성과 잠정적 성격을 분명히 보여 준다. 즉 과학은 '자기 성찰적'이 되는 것이다. (Beck, 1992) 과학은 점점 더 스스로의 산물이 초래하는 결과와 위험을 분석하는 데 관여하는데, 이는 곧 과학 자체에 대해 과학적 질문을 적용한다는 것을 말한다. 따라서 과학은 일상 생활 행위의 안전을 보장하는 본래의 사회적 기능 일부와 정치적 행위에 대한 정당화의 기능을 상실하게 된다. 대신에 과학 자체가 정치적 논쟁의 대상이 되며, 또 정치적 논쟁의 주요 쟁점들이 과학 연구로부터 나온다. 예를 들어 온실 효과에 대한 국제 정치적 논쟁은 임박한 분명한 파국이나 가시적 환경 파괴 때문이 아니라, 지구 온난화에 대한 과학 공동체의 경고 때문에 시작된 것이다.

하지만 정치적 논쟁에서 과학적 증거(특히 위험 평가에 대한)를 의사 결정에 사용하는 것은 세 가지 이유에서 문제를 안고 있다. 첫째, '중립적'이라고 주장되는 증거가 종종 정치적·규범적인 가정들에 의존하고 있다. 위험 커뮤니케이션에 대한 사회학적 연구(예컨대 Wynne, 1992)는 위험에 대한 전문가의 평가가 일반인의 위험 평가만큼이나 모종의 도덕적·정치적 개념들을 함축하고 있다는 점을 설득력 있게 보여 주었다. 둘째, 과학 지식의 빈번한 정치적 이용의 결과로서 과학 지식의 권위가 점점 상실되고 있다. 기술 관료제에서 과학 지식은 모든 종류의 사회정치적 문제들을 다루는 데 이용되지만, 그러한 문제들 대부분은 사실상 과학과 별 상관이 없다. 셋째, 오늘날처럼 사실이 불확실하고 가치와 이해 관계가 충돌하는 상황에서 기꺼이 이용 가능한 결정적인 과학적 증거란 거의 없다. 위험 연구자인 펀토위츠와 라베츠에 따르면 이런 상황은 쿤이 얘기한 정상 과학이 아니라 '탈정상 과학(post-normal science)'의 상황이다. (Funtowicz & Ravetz, 1992) 사회적으로 결정된 문제들에 과학적 통찰을 적용하는 것이 쉽지 않고 문제의 규정과 해결의 과정에서 과학이 정치와 상호 교직되어 있을 때에는 과학 지식에 대한 평가와 품질 관리의 주체가 확대되어야 한다고 그들은 주장한다. 이 측면에서 제시된 개념인 '확대된 동료 공동체(extended peer communities)'는 과학자의 지식 외에 다양한 비과학자들의 지식(일반인 지식, 지역 공동체 지식 등)과 위험 평가의 질적 차원(가치, 이해 관계 등)이 정책 자문에 포함되어야 함을 뜻한다.

3) 정치 체계

과학 기술로 인한 새로운 불확실성은 또한 정치 체계에 압력을 가한다. 새로운 불확실성은 전문가 체계에 대한 신뢰 저하와 더불어 정치적 수준에서는 국가에 대한 개인, 지역 공동체, 이익 집단들의 안전 보장 요구로서 자신을 나타낸다. 과학 기술의 진흥 역할을 맡고 있기 때문에 국가는 종종 이해 관계의 상충에 당면하게 된다. 또한 새로운 불확실성은 국가가 사회적 합의에 기초한 의사 결정에 도달하려고 할 경우 겪게 되는 어려움의 형태로 자신을 나타내기도 한다. 전통 사회 해체의 결과로서 나타난 생활 방식의 개인화와 가치의 다원화는 국가 행위에 대해 계속 새롭고 모순적인 요구들을 창출하기 때문이다. 과거에 기술적 결정에 대한 정당화를 뒷받침해 왔던 진보의 이데올로기가 해체되는 과정이 시작되면서 국가의 선택도 어렵고 복잡해진다.

그러나 정치 체계는 정당화된 결정을 기초로 사회적 합의를 유인할 관리의 능력과 기회를 갖고 있지 않다. 정책 자문에 대한 기술 관료적 개념에 따르면 과학이 정치가들에게 제공하기로 기대되는 것(즉 의사 결정의 기초가 될 사실적 지식)은, 바로 과학이 제공할 수 없는 것이다. "얼마나 안전해야 충분히 안전한 것이냐?"라는 질문에 과학은 대답해 줄 수 없다. 결국 과학 기술 체계가 초래한 문제들은, 합리적 행위에 필요한 인지적 자원이 결여된 상태에서, 정치적인 행위를 요청하는 것이다. 과학과 정치 사이의 문제적 관계는 위험과 안전 평가에 관한 과학의 경우에 가장 극적으로 드러난다. 이 경우에 과학 지식의 불확실성은 위험 평가의 경쟁적 패러다임들에 대한 과학적 논쟁을 초래하고 이 논쟁이 정책 결정과 결부된다. 그러나 과학은 정책 결정을 좌우하기에 충분할 만큼 복잡성과 불확실성의 정도를 줄여 줄 수 없다. 오히려 그것은 좀처럼 해소되지 않는 과학적 논쟁으로 복잡성을 증대시키며 그런 상황 속에서 어쨌든 결정을 내려야 하는 임무를 정치가에게 남길 뿐이다.

위와 같이 과학 기술이 만들어 내는 새로운 불확실성들에 대한 검토에서 알 수 있는 것은 과학 기술의 위험과 윤리에 대한 논쟁이 근대 사회의 불가피한 특징이 되리라는 사실이다. 실제로 서구 국가들에서는 지난 40년에 걸쳐 과학 기술의 위험에 대한 우려가 점증하는 대중적 항의 속에서 표현되어 왔다. 시민들은 공적·사적 생활을 침해하는 전문가들의 오만함과 엘리트주의에 점점 거세게 도전했다. 대중의 공개적 항의는 다양한 형태를 띠는데, 가장 뚜렷한 형태 중 하나는 특정 기술의 개발 또는 무제한 이용에 의문을 제기하는 사회 운동이다. 새로운 생식 기술을 우려하는 여성들의 운동, 핵 발전소와 독성 폐기물에 항의하는 환경 운동, 대량 살상 무기 금지를 요구하는 반핵 운동, 유전자 변형 식품의 개발과 판매에 반대하는 소비자 운동, 약품과 화학물의 동물 실험에 맞서는 동물권 운동, 생명 복제에 반대하는 종교 집단의 운동이 이에 해당한다.

이런 사회 운동들 못지않게 중요한 것은 NIMBY(Not-in-my-backyard. 내 뒷마당에선 하지 말라.) 형태를 띠는 일반 시민들의 항의이다. 간헐적이기는 하지만 NIMBY는 수많은 기술 개발에 대해 심대한 영향을 주어 왔는데, 특히 핵 발전소와 유해 폐기물 소각로의 입지 선정에서 그러했다. 사실상 NIMBY의 도전은 지난 수십 년 동안 여러 나라에서 새로운 핵 시설의 입지를 막는 주된 이유가 되어 왔다. 무엇보다 NIMBY는 전문가 및 그들의 기술에 대한 대중의 신뢰가 지속적으로 저하되고 있다는 표시이다. 시민들은 수많은 기술의 출현에 대해 적어도 그것이 자신에게 직접 영향을 미칠 경우에 "아니오."라고 점점 더 강하게 거부해 왔다. 오늘날 서구 사회의 많은 시민들은 첨단 기술을 무조건 수용하는 데 대해, 사회적 문제에 대해 기술적 해결책을 전문가가 강조하는 데 대해 회의적인 태도를 보이고 있다. 전문가들이 공공선에 헌신한다기보다는, 권위·권력·부의 증대에 더 관심이 있다고 널리 인식되고 있기 때문이다.

울리히 벡은 위험한 기술에 대한 이와 같은 대중적 논쟁들이 근대 사회의 기본적 토대에 도전할 수 있는 민주적인 정치의 씨앗을 안고 있는 것으로 보고 있다.(Beck, 1992) 실제로 서구에서는 기술 사회에서 민주주의를 구현하기 위한 노력들을 해 왔다. 다음 절에서는 그러한 노력들이 언제 나타나 어떻게 전개되었는지 미국과 유럽을 중심으로 살펴기로 하겠다.

3. 과학 기술 민주화의 등장과 전개

제2차 세계 대전 직후 서구 과학 기술 정책은 이른바 '과학을 위한 사회 계약'에 기초했는데, 여기서는 과학과 정치의 관계가 '맹목적 위임' 원칙에 의해 주도되었다. 이 원칙에서는 과학에 자기 규제의 폭넓은 자율성을(연구의 질 평가는 물론이고 연구 자금의 분배 및 사용에도) 부여했다.(Guston, 2000) 나치 독일의 인종 과학과 소련의 리센코 사건에서 나타난 바와 같은 과학의 정치 도구화를 막으려는 의도였다. 과학은 기초 연구의 모델에 지배되었는데,

대체로 1960년대 말까지 이러한 자율성의 시기가 지속되었다. 1957년 소련의 스푸트니크 우주선 발사 충격 이후 OECD 국가들은 응용 연구를 위한 거대 과학 기관들을 설립하면서 연구 개발에 막대한 자금을 투입했지만, 기초 과학 영역은 자율적이고 자기 규제적인 조직의 모델로 남아 있었다. 결국 '과학을 위한 사회 계약'이란 자율적인 과학을 사회가 지원하는 대신에, 과학 연구가 가져올 의학적·기술적 진보를 사회가 누리게 된다는 것이다.

1960년대 말에 대두된 여러 사회 운동들(반전 운동, 급진 과학 운동, 환경 운동, 페미니즘 운동 등)은 기존의 과학 기술이 지닌 파괴성과 억압·착취적 성격에 주목하면서 대중의 참여를 통한 과학 기술의 민주적 통제를 주장하기 시작했다. (Rose & Rose, 1976; Nelkin, 1977) 이러한 비판에 자극받아 미국에서는 환경 보호청(1970년 설립), 기술 영향 평가국(1972년 설립) 등이 생겨나고, 초기 형태의 참여적 과학 기술 정책이 등장했다. (Dickson, 1984) 전문가의 상이한 과학적 견해들과 더불어 나중에는 일반 시민의 관점까지 정책 결정에 반영할 수 있도록 정치적 절차를 개방하는 조치가 취해졌다. 특히 환경 정책, 생명 공학, 핵 기술 및 기타 대규모 기술, 그리고 기술 영향 평가(Technology Assessment, TA) 등에서 이러한 참여적 정책 결정이 시도되었으며, 이후 이러한 변화는 미국에서 유럽으로 확산되었다. 참여적 접근의 등장과 더불어 1970년대와 1980년대에는 기존의 '과학을 위한 사회 계약' 모델이 크게 흔들리게 되었다. 경제 불황의 여파로 과학에 대한 자금 지원의 황금 시대는 종말을 고했고, 수많은 연구 부정 행위 스캔들로 인해 과학 공동체의 자기 규제 메카니즘도 실패했다는 것이 드러났다. 이렇게 과학과 사회의 관계가 위기에 봉착했다는 인식이 점증하면서 이에 대한 대응으로서 과학계에서는 1980년대 중반부터 이른바 '대중의 과학 이해'

(Public Understanding of Science, PUS) 사업을 추진하게 되었다.

그러나 초기의 이러한 참여적 과학 기술 정책은 진정한 과학 기술의 민주화를 실현하는 데는 한계를 지녔다. 예를 들면 TA는 환경적·사회적 영향에 대해서 전문가가 충분한 예측 능력이 있는 것처럼 과학주의적으로 자처할 뿐 아니라, 기술이 개발되고 안정화되는 우여곡절의 기술적·사회적 과정들에 대한 설명을 끊임없이 신비화함으로써 일반 시민이 참여할 여지나 필요성을 막았다. (Wynne, 1975) 즉 TA는 기술 결정론을 바탕에 깔고 있어서 기술의 '영향'(impacts)만을 분석하고자 하기 때문에, 기술이 구성되는 혁신·개발·설계의 과정이 사회학적 연구와 사회적 숙의의 가능한 영역으로서 고려되지 못하게 만들었던 것이다. (Schot, 2001) TA의 모델 역할을 한 미국의 기술 영향 평가국이 형성되는 과정에서 시민 단체들의 참여를 보장하려는 노력이 있었으나 이는 기술 관료적 이해 관계의 저항으로 좌절되고 말았다. 그 결과 TA는 시민의 우려와 목소리를 반영하기보다 이를 잠재우는 방향으로 발전했다는 것이다. (Bereano, 1997) 결국 TA는 정치적 갈등을 기술적 용어로 축소시키는 수단으로서 의도적으로 추구되어 왔으며, 따라서 정치적 의사 결정에 있어 민주적 스타일 대신에 기술 관료적 스타일을 선호해 왔다고 지적된다. (Dickson, 1984)

초기의 PUS 역시 문제가 있는 것은 마찬가지였다. 과학과 사회의 괴리는 대중이 무지해서 과학 기술을 오해하기 때문이라고 보았는데 흔히 이를 '결핍 모델(deficit model)'이라고 부른다. (Durant, 1999) 첫째 문제는 결핍 모델이 과학을 확실하고 분명하며 문제없는 실체로 바라보는 시각, 즉 과학에 대해 극도로 단순한 시각을 갖고 있다는 사실이다. 그러나 여러 과학 지식들, 특히 새롭고 사회적 연관이 커서 대중적 공간으로 진입할 가능성이 높은 지식의 경우는 부분적이고 잠정적이며 때로는 매우 논쟁적일 수도 있다. 둘째로는 결핍 모델이 대중을 너무 부정적으로, 즉 전문지식을 결여한 모습으로 묘사하는 경향이다. 하지만 대중은 현실에서 그들이 과학과 접하게 될 경우 실제로 일어나는 현실에 적실성이 있는 (비록 과학적인 인정은 못 받더라도) 다수의 비공식적 지식을 갖고 있다는 비판이 제기되었다. 셋째로는 결핍 모델이 과학과 대중 사이의 관계가 괴리되는 이유를 과학에 대한 대중의 무지나 오해 때문이라고 미리 가정하고 있다는 점이다. 하지만 실제로는 가치들의 충돌에서 비롯된 지식 주장들의 경합에서부터 상업적, 사회적, 정치적 이해 관계의 충돌까지 여러 요인들이 이러한 괴리에 영향을 미치고 있다. 지식의 격차 뿐이니라 문화적·경제적·제도적·정치적 요소 같은 다른 맥락적 요인들이 과학과 대중 사이의 접점에서 어려움을 야기하기 때문이다. (Irwin & Wynne, 1996)

1990년대가 되면서 과학 기술 민주화의 이론과 실천 모두에서 변화가 일어났다. 우선 과학주의와 기술결정론에 비판적인 구성주의적 STS 연구가 1970~1980년대에 걸쳐 성장하면서 과학과 기술은 결코 보편적 합리성의 산물이 아니라는 점이 밝혀졌다. 사회와는 무관한 '블랙박스'로만 여겨졌던 과학 기술의 내용이 만들어지는 과정의 우연적·국지적이며 구성적인 성격을 생생하게 드러냄으로써 STS는 과학 기술과 사회가 결코 분리된 두 영역이 아니라 상호 교직된 하나의 복합체임을 보여 주었던 것이다. 여기에다 1990년대 중반부터는 지구적 환경 위기, 광우병(BSE) 사건, 유전자 조작 식품(GMO) 반대 운동 등 과학 기술과 관련된 대중적 논쟁이 본격화되면서, 이런 현실 문제들의 분석과 대안 모색에도 STS가 기여해야 한다는 분위기가 고조되었다. 이에 따라 STS 연구자들은 자신이 개발한 개념·이론과 방법론을 바탕으로 하되 이를 현실 문제의 진단과 처방으로 연결시킬 수 있는 규범적·정치적 이론들과 결합시키려고 시도했는데, 후자 중 대표적인 것이 숙의 민주주의론[3](예컨대 Dryzek, 1990; Habermas, 1992; Fishkin, 1991; Elster, 1998)과 참여적 공공 정책 분석(Fischer, 1990; deLeon, 1990 등)이다. 그 결과로서 많은 STS 연구자들은 숙의적 방식의 시민 참여를 통해 과학 기술에 관한 의사 결정을 민주화하는 것이 기술 사회에서 진정한 민주주의를 구현하는 최선의 길이라고 방향을 제시했다. (Sclove, 1995; Irwin, 1995; Rip, Misa & Schot, 1995; Joss & Durant, 1995; Feenberg, 1999; Kleinman, 2000)

이 때 숙의적 방식의 시민 참여란 구체적으로 어떤 실천을 말하는가? 많이 인용되는 대표적인 예를 두 가지만 들자면, 네덜란드의 '구성적 기술 영향 평가(Constructive Technology Assessment)'와 덴마크의 '합의 회의(Consensus Conference)'이다. 이 두 가지는 모두 1980년대 후반에 미국식 TA 접근의 한계를 넘어서고자 유럽에서 새로이 개발된 참여적 기술 영향 평가의 방법들이라는 데 공통점이 있다. 구성적 기술 영향 평가는 기존의 TA가 기술의 사후적 '영향'의 분석에 초점을 두었던 것과는 달리, 기술이 구성되는 초기 과정부터 관련된 다양한 행위자들(연구자, 기업, 정부, 시민 등) 사이의 대화와 상호 작용을 촉진해 기술의 민주적 구성을 도모하는 방법이다. (Rip, Misa & Schot, 1995) 합의 회의란 사회적으로 논쟁이 되는 기술에 대해 전문가가 아닌 일반 시민들이 패널을 구성해 그 기술의 주요 쟁점들을 숙의한 후 서로 합의된 결론을 도출해 이를 정책 결정에 반영시킬 것을 제안하는 방법이다. (Joss & Durant, 1995) 이런 TA의 접근들은 사실 처음에는 미국식 TA를 대체하기보다는 보완하려는 의도에서 시작되었다. 그런데 미국에서 1994년 공화당의 의회 집권으로 이듬해 기술 영향 평가국이 갑자기 폐지됨으로써, 이후 TA의 국제적 주도권이 미국에서 유럽으로 넘어가게 되었다. (Vig & Paschen, 2000) 유럽에서 시작된 참여적 기술 영향 평가는 이를 계기로 명실공히 TA의 주류 접근으로 자리 잡으면서 이후 전 세계로 확산되는 계기를 맞았다고 볼 수 있다.

이렇게 TA의 접근뿐 아니라 PUS의 접근에 있어서도 1990년대는 비슷한 변화를 맞이하게 되었다. 즉 기존의 '결핍 모델'로부터 이른바 '민주적 모델(democratic model)'로의 전환이다. (Durant, 1999) 결핍 모델은 과학자를 특권화하고 전문가로부터 일반인으로의 일방향적 의사소통을 강조하는데 민주적 모델은 과학자들과 비과학자들이 평등한 관계를 이루도록 노력하고 의견 충돌을 만족스럽게 해결하기 위해서는 전문가들과 일반인들 사이의 쌍방향 대화가 필요하다는 점을 강조한다는 점이 특징이다. 또한 결핍 모델이 다른 형태의 전문성보다 과학적 전문성을 우위에 두는 반면, 민주적 모델은 복수적(때로 갈등하는) 전문성의 존재를 인식하고 있으며, 건설적이고 개방된 대중적 논쟁을 통해 다양한 전문성들을 조정하려 한다. 또한 결핍 모델은 공식적 지식이 과학과 대중 사이의 관계에서 핵심적인 역할을 한다고 가정하지만 민주적 모델은 지식, 가치, 권력과 신뢰의 관계 등 다양한 요소들이 중요한 역할을 하고 있다는 사실을 중시한다. 더 나아가서 결핍 모델은 전문가 집단이 '합리적' 정책을 만들어 내는 데 기여하는 점을 중요하게 여기지만 민주적 모델은 다양한 사회 집단들의 참여를 일반 대중의 신뢰를 받을 수 있는 정책을 만들어 내기 위한 중요 요소로 간주한다.

1990년대 후반에 광우병 사건과 유전자 조작 식품 반대 운동으로 어느 나라보다 심한 홍역을 겪은 영국은 과학에 대한 대중의 신뢰 위기를 해결하기 위해 마침내 시민 참여를 통해 과학과 사회의 관계 재정립을 추구하는 새로운 과학 정책으로의 전환을 공식적으로 선언했다. (Irwin, 2001; Wynne, 2002) 이런 전환에 가장 큰 영향을 준 것은 2000년 영국의 상원 과학 기술특별 위원회가 발표한 보고서 『과학과 사회』였다. (House of Lords, 2000) 이 보고서는 과학 자문의 취급, 과학적 불확실성의 인정, 대중의 가치 및 우려의 정당성에 있어서 정부와 과학계가 개방적이고 투명한 자세를 취할 것을 강조했다. 보고서는 이렇게 시작한다.

　"과학에 대한 사회의 관계는 중대한 국면에 처해 있다. 오늘날 과학은 흥미롭고 기회들로 충만하다. 그러나 정부의 과학 자문에 대한 대중의 신뢰는 광우병으로 인해 크게 흔들렸다. 그리고 많은 사람들은 생명 공학과 정보 기술 같은 분야의 급속한 진보에 대해서 불안하게 느낀다. 비록 일상적 목적을 위해서는 그들이 과학과 기술을 당연한 것으로 여김에도 불구하고 말이다. 이러한 신뢰의 위기는 영국 사회와 영국 과학 모두에게 큰 중요성을 지니고 있다."(앞의 책, 5)

　그러면서 이 보고서는 과학과 대중 사이에 "대화를 위한 새로운 분위기"가 필요하다고 역설한다. 과학 기반 정책 결정과 연구 기관 활동에 대한 대중의 직접적 참여는 더 이상 선택적 추가 사항이 아니라 그 과정의 정상적이고 필수적인 일부가 되어야 한다는 것이다. 특히 그것은 사회의 다양한 집단들이 실질적으로 영향력을 행사하고 효과적으로 의견을 반영할 수 있도록 제도적 절차를 개방할 것을 주장하며, 이를 위해 합의 회의 등 숙의적 시민 참여의 구체적 방법들을 제시했다. 한마디로 이 보고서는 국가의 핵심적인 의사 결정 기구가 결핍 모델을 탈피해 이제는 '대중의 과학 참여(Public Engagement with Science, PES)' 접근으로 이행했음을 보여 준다. 이후 영국 정부는 이 보고서에 화답하는 정책 기조 변화를 공표했으며, 실제로 2003년에는 GMO, 2005~2006년에는 나노 기술에 대해 각각 국가적 차원의 숙의적 시민 참여 프로젝트를 지원한 바 있다. (AEBC, 2003; Gavelin, Wilson & Doubleday, 2007)

그런데 과학과 정책에 대한 대중의 신뢰 상실은 영국에만 국한된 현상이 아니었다. 유럽 전체 역시 비슷한 문제를 안고 있었으며, 정책 대응 역시 영국과 비슷하게 시민 사회의 참여를 촉진하는 방향으로 설정했다. 대표적인 예로 2001년 유럽 연합에서는 『유럽 거버넌스 백서』를 발표한 바 있는데, 여기서 시민 사회의 참여는 유럽의 미래를 위한 '좋은 거버넌스'의 핵심적 원칙을 이루고 있다. (EC. 2001) 시민 사회의 참여는 경쟁적인 주장들과 우선 순위들 사이를 중재하는 효과적 수단일 뿐 아니라 정책 수립에 있어 장기적인 전망을 개발하는 것을 돕는다고 이 백서는 강조한다. 왜냐면 참여는 저항을 단지 제도화하는 것이 아니라 전문가와 정책 결정가, 시민 대중 사이의 상호 작용을 향상시켜서 효과적인 정책 형성을 가능케 만든다고 보기 때문이다. 또한 EU가 2002년에 발표한 보고서 『과학과 사회 – 행동 계획』에서도 과학에 대한 대중의 신뢰 문제를 지적하면서 역시 시민 참여를 주된 대안으로 제시했다. (EC. 2002) 따라서 숙의적 시민 참여를 통한 과학 기술의 민주화는 이제 유럽(내지 서구 전반)에서 과학과 사회의 괴리를 대중의 신뢰를 회복함으로써 극복하고자 하는 주된 정책으로 부상했다고 해도 과언이 아니다.

4. 시민 참여의 다양한 방법들

과학 기술의 민주화는 시민 참여를 통해 이루어진다. 그런데 시민 참여는 그것이 참여의 강도 면에서 얼마나 약하냐 강하냐, 공식적이고 제도화된 것이냐 아니면 비공식적이고 제도화되지 않은 것이냐, 그리고 숙의

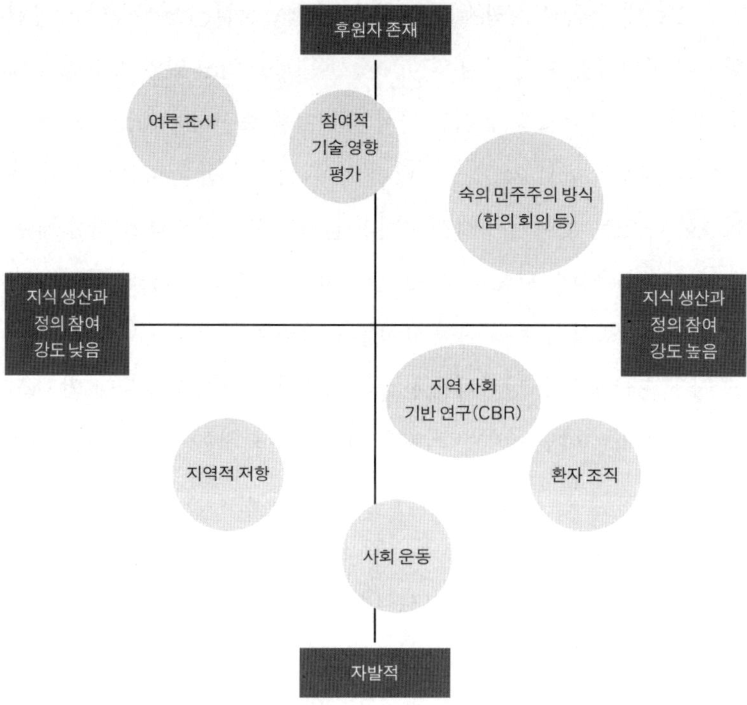

그림 1. 과학 기술 시민 참여의 유형
(자료: Bucchi & Neresini(2008: 462))

적 과정을 거치느냐 그렇지 않느냐 등에 따라 매우 다양한 방식이 있을 수 있다. 따라서 시민 참여의 방식들을 제 나름으로 분류하는 다양한 기준과 틀이 그동안 제시되어 왔지만, 최근 이탈리아의 STS 학자들인 부치와 네레시니는 기존의 분류가 지닌 약점들을 지적하면서 새롭고 보다 포괄적인 분류틀을 제시한 바 있다. (Bucchi & Neresini, 2008) 따라서 여기에서는 그들의 분류틀이 어떤 내용인지를 먼저 간단히 설명하고 나서, 대체로 그 틀에 맞추어 시민 참여의 방법들을 각각 소개하고자 한다.

앞의 그림 1에서 보듯이, 부치와 네레시니는 크게 두 가지 차원에 따라 시민 참여의 방식들을 나누고 있다. 첫째로 수직축은 시민 참여의 자발성 정도를 나타내는 것으로서, 위로는 후원자에 의해 유도되는(따라서 자발성은 약한) 공식적이고 제도화된 시민 참여 방식들이 위치하는 반면에, 밑으로는 자발적으로 일어나는 비공식적이고 제도화되지 않은 시민 참여 방식들을 위치시킬 수 있다. 둘째로 수평축은 지식의 생산 과정에서 상이한 행위자들(전문가와 비전문가) 사이의 협력이 얼마나 잘 이루어지는가를 나타낸다. 이 때 초점은 비전문가, 즉 일반 시민이 지식 생산에 얼마나 적극적으로 참여하는지 강도를 평가하는 것이다.[4] 여기서 일반 시민은 전문가의 실험실 지식과는 달리 특정 맥락에서 축적된 경험에 의한 지식을 가지고 있을 뿐 아니라 도덕적·윤리적 판단을 포함한 포괄적 지식을 갖고 있는 존재임이 강조된다.

나는 아래에서 대체로 부치와 네레시니가 제시한 틀을 따르기는 하되, 그것을 좀 수정하고 단순화해 공식적/비공식적 유형과 숙의적/비숙의적 유형이라는 두 가지 축으로 시민 참여의 방식들을 분류해 볼 것이다. 물론 현실 속의 시민 참여 방식의 성격은 매우 복합적이고 유동적이기 때문에, 어느 한 쪽으로 위치시키기가 곤란한 경우가 많고 또 사건의 흐름에 따라 한 유형에서 다른 유형으로 변모하는 경우도 종종 발생한다. 그러나 이런 점을 감안하면서 다음 분류는 단지 분석적 목적을 위한 이념형적 분류라고 간주하면 좋을 것이다. 각 유형별로 대표적인 방식들만 제시하고자 한다.

1) 공식적-숙의적 시민 참여

(1) 합의 회의

합의 회의(consensus conference)는 무작위로 선정된 10~30명의 일반 시민들로 이루어진 패널이 사회적으로 논쟁적인 과학 기술적 토픽에 대해 평가하는 일종의 시민 청문회로 묘사될 수 있다. 시민 패널은 질문의 도출과 이에 대답할 전문가들의 선정에서 자율적이며, 스스로 내린 결론을 공동 보고서로 작성한다. 전문가의 견해 청취와 최종 보고서의 발표는 공개적으로 이루어진다. 시민 패널은 보통 사전에 두 차례 주말 예비 모임을 하며, 본행사는 3~4일에 걸쳐 전문가의 의견 청취와 시민 패널 보고서의 작성, 기자 회견을 통한 발표가 차례로 이루어진다.[5]

(2) 시나리오 워크숍

시나리오 워크숍(scenario workshop)은 주로 지역 차원에서 미래의 가능한 발전을 전망하고 평가하는 것이다. 보통 24~32명의 참가자로 구성되는데, 여기에는 주민, 기업, 지방 정부, 기술적 전문가의 네 그룹이 균등한 숫자로 포함된다. 워크숍은 1박 2일의 일정으로 진행된다. 첫째 날, 현황 분석을 기초로 각 그룹은 주요 영향 요인들을 고려해 미래의 발전(경제적, 기술적, 사회적)을 위한 시나리오를 작성한 후, 토론을 통해 참가자 전체의 전망을 수립한다. 둘째 날, 참가자들을 섞어 주제별로 구체적 행동 계획을 작성토록 하고 각 행위자들의 과제 등을 권고안 형태로 정리해 발표한다. 유럽 연합에서는 1994년부터 범유럽 차원에서 혁신을 촉진하는 사회 환경 조성을 위한 EASW(European Awareness Scenario Workshop)[6]을 추진한 바 있다.

(3) 시민 배심원

시민 배심원(citizens' jury)은 특수한 정책 또는 결정 문제에 대해 대표적 시민 집단으로부터 숙의를 거친 제안을 얻는 수단의 하나다. 선택된 시민 15~20명이 미리 정해진 질문들에 대해 공동 제안을 도출하는 것이다.

시민 배심원은 전문적 촉진자의 도움을 받으며, 모든 관련 입장들을 대표하는 전문가와 접촉한다. 종종 자문 위원회가 이 전문가와 질문의 선정에 자문을 제공한다. 플래닝 셀(planning cell)은 이보다 좀 더 재량권이 넓은데, 시민 배심원이 대개 3~4개 정책 선택지 중에서 선호를 표시하도록 요청받는데 반해, 플래닝 셀은 정책 선택지들을 스스로 설계하고 어떤 추가적 기준들이 정책 수용을 촉진할지에 대해 제안을 한다.

(4) 숙의적 여론 조사

숙의적 여론 조사 또는 공론 조사(deliberative opinion poll)는 통상적 여론 조사 방법이 시민 대중의 피상적인 태도 조사에 그치는 약점을 숙의 과정을 덧붙여 보완한 것이다. 1988년 미국의 제임스 피시킨이 처음 제안하고 1994년 영국에서 처음 실시된 이래 세계 각국에서 20여 차례 실시된 바 있다. 과학적 확률 표집을 통해 대표성을 갖는 시민들을 선발해 정보를 제공하고 이에 대해 토론하게 한 후 참여자들의 의견을 조사하는 방식이다. 1차로는 2000~3000명의 시민에 대해 통상의 여론 조사를 실시한 후, 이중 200~300명의 표본을 추출해 이들에게 주어진 쟁점에 대한 충분한 정보를 제공하고 심도 있는 그룹별 토론을 진행시킨 후 2차 의견 조사를 통해 숙의를 거친 여론, 즉 '공론(public judgement)'을 확인하는 것이다.

(5) 포커스 그룹

포커스 그룹(focus group)이란 6~12명의 참여자들(일반 시민 또는 이해 관계자 집단의 대표들)이 과학 기술에 관련된 이슈들을 토의하기 위해 대면 접촉 워크숍을 통해 만나는 것이다. 이 방법은 지방에서부터 국제적 수준에 이르기까지 모든 수준에서 적용될 수 있다. 포커스 그룹은 참여자들의 서로 상이한 시각과 이해 관계 및 비전을 보여 주는 상을 제공해 준다. 예를 들면 이 방법은 미국 식품 의약청이 2000년에 수행한 "생명 공학에 대한 소비자 포커스 그룹" 프로젝트에서 적용되었고, 식품 생명 공학에 대한 소비자의 인식을 분석한 세밀한 보고서로 작성되어 정부에게 유용한 정보를 제공한 바 있다.

2) 공식적-비숙의적 시민 참여

(1) 여론 조사

여론 조사(public survey 또는 opinion poll)는 광범위한 대중에게 의사를 묻는 것이다. 여론 조사는 대중이 지닌 의사의 방향 및 강도와 더불어 그것의 바탕이 되는 가치와 태도를 측정할 수 있다. 목적은 이런 조사를 통하지 않고는 의견을 표시할 수 없을 피영향자들의 견해를 알아내고, 보다 선별적인 형태의 참여로부터 결과되는 편향을 바로잡아 주기 위한 것이다. 최근에는 많은 기관들이 온라인 여론 조사의 가능성을 탐색하고 있다.

(2) 공청회

공청회(public hearings)는 관심 있는 사람들이 참석하고 정부 기관이 정책안을 발표하며 질의와 반대에 응답하는 공개적 포럼이다. 공청회는 세부 계획이 이미 작성된 다음인 정책 과정 후기에 종종 개최된다. 공청회 개최는 대개 법에 의해 규정되어 있다. 그 목적은 관심 있는 사람들에게 이의를 제기할 기회를 주고, 행정 기관에게 잠재적 반대에 대해 환기시키며, 정책 결정에 다양한 의사를 반영시키고 정책안을 일반 대중에게 설명하는 것이다. 종종 시민 또는 이해 당사자 집단들이 초대되어 일부 정책안 또는 계획에 대해 문서화된 의견을 제출해 이의를 제기할 기회를 주기도 한다. 이는 해당 계획이 공표되는 것을 전제로 하고 있다.

(3) 국민 발의권

많은 지방, 지역, 국가 법체계는 국민 발의권(initiative) 또는 국민 투표 (referendum)를 의사 결정의 수단으로 포함하고 있다. 이것은 행정 당국 또는 시민이나 단체들에 의해 발의된다. 해당 절차에 따라 시의회나 국회는 주어진 이슈를 논의하도록 의무화될 수 있고, 아니면 투표가 시행되어 그 결과가 법적 또는 정치적으로 구속력을 가질 수 있게 된다. 많은 유럽 국가들(스위스, 오스트리아, 이탈리아 등)에서 핵 에너지, 생명 공학 또는 낙태 등의 논쟁적 이슈들에 대해 투표가 행해진 바 있다.

3) 비공식적-숙의적 시민 참여

비공식적이고 숙의적인 성격의 시민 참여는 일반인들이 자신의 문제나 지식을 기초로 과학 기술적 연구를 촉진하거나 스스로 연구에 참여해 전문가의 협력자로서 지식의 공동 생산을 이룩하는 행위를 말한다. 예를 들면 일반인들은 특정한 사건 또는 연쇄적 사건들을 일으켜 전문가의 흥미와 주목을 환기시킴으로써 연구 문제의 초기 인식에 참여할 수 있다. 더 나아가 일반인들은 전문적 연구가 가능하고 가치 있도록 만드는 데 필요한 초기 지식 기반을 스스로 축적할 수도 있다.

(1) 환자 단체의 활동

일반인 중에서 특히 환자 단체의 활동은 의학 연구에 수십 년 동안 큰 영향을 미쳐 왔다.[7] 가장 널리 알려진 대표적인 사례로서는 AIDS 치료제 개발에서 환자 단체 활동가들이 실험과 약품 시험 검사의 설계에 참여할 기회를 얻어내 과학자들로만 구성되던 연구 집단의 범위를 넓히고 연구 결과에 영향을 미친 일을 들 수 있다. (Epstein, 1996)

1980년대 미국 매사추세츠 우번 지역 주민들은 유달리 많은 수의 어린이 백혈병 환자들이 발생하자, 주민 스스로 역학적 데이터와 정보를 수집하고 마침내 MIT를 설득해 연구 프로젝트를 수행하게 만들었다. 그 결과 발암 물질인 트리클로로에틸렌(trichloroethylene, TCE)로 인해 유전자 돌연변이가 발생했다는 사실을 밝혀냈다. (Brown & Mikkelsen, 1990) 이와 비슷하게 프랑스의 근위축증 투쟁 협회(AFM)라는 환자 단체도 유전적 질병에 대한 연구를 촉발해 풍부한 성과를 얻는 데 중요한 역할을 했다. (Callon & Rabeharisoa, 2008)

(2) 과학 상점

과학 상점(science shop)이란 시민 사회의 필요와 우려에 부응해 독립적이고 참여적인 연구를 수행함으로써 전문 지식을 제공하는 소규모 비영리 조직을 말한다. 과학 상점은 종종 대학에 위치하지만 항상 그런 것은 아니며, 분야도 이공계만이 아니라 인문·사회 과학도 포함하고 있다. 이것은 1970년대에 네덜란드의 대학들에서 학생들의 의해 처음 자율적으로 만들어지기 시작했고, 1980년대에는 유럽으로 확산되며 전 세계 20개국이 넘는 나라들로 번져 나갔다. 현재 네덜란드에는 전국 13개 대학에 모두 하나 이상 과학 상점이 있으며 유럽 전체에 60개가 넘는 과학 상점이 활동을 하고 있다.[8] 사실상 이런 과학 상점은 지역 사회에 뿌리를 두고 지역 사회의 요구에 부응해 공익적 연구를 수행하는 지역 사회 기반 연구(community-based research, CBR)의 일종이라고 할 수 있다. 지역 사회 기반 연구란 오늘날 과학 연구가 대개 기업·정부·군대나 학문 공동체 자체의 관심을 위해 수행되는데 반해, 지역 사회(시민 단체, 풀뿌리 단체, 노동자 단체 등)에 의해, 지역 사회와 더불어, 그리고 지역 사회를 위해 수행되는 연구를 말한다. 미국의 과학 기술 민주화 운동 단체인 로카 연구소(Loka Institute)에서는 미국 전체의 지역 사회 기반 연구 단체들의 네트워크를 만들어 상호 소통과 협력을 촉진하고자 노력하고 있다.[9]

4) 비공식적-비숙의적 시민 참여

비공식적이고 비숙의적인 성격의 시민 참여는 일반인들의 자발적인 운동이긴 하지만 과학 기술적 연구를 촉발하거나 그러한 연구의 내용과 결과에 유의미한 영향을 주지 못하는 여러 가지 행위들을 말한다. 예를 들면 방사성 폐기물 처리장이나 유해 폐기물 소각로가 자신의 지역에 들어오는 걸 반대하는 주민들의 저항 운동을 들 수 있다. 흔히 NIMBY 현상으로 일컬어지는 이러한 저항은 앞의 2절에서 언급한 것처럼 과학 기술의 위험에 대한 대중의 우려와 전문가에 대한 대중의 불신을 자율적으로 표현하는 주된 방식이다. 이것은 지식의 생산에 직접적인 영향을 미치지는 못하지만 과학 정책에 시민의 목소리를 반영할 수 있는 통로를 정부가 마련케 함으로써 과학 기술의 민주화에 결코 작지 않게 기여해 왔다.

이보다 조직적이고 장기적인 실천 형태로서 특정 과학 기술에 대한 반대(또는 대안적 과학 기술의 촉진)를 추구하는 사회 운동이 있다. 이러한 운동의 시초는 19세기 초 영국의 산업화 과정에서 기계 도입에 대해 강렬한 반대 운동을 펼쳤던 러다이트 운동이라고 할 수 있다. 오늘날의 대표적인 예로는 환경 운동(반핵 운동, 유전자 조작 식품 반대 운동, 재생 에너지 운동, 유기농 식품 운동), 보건 운동(금연 운동, 백신 반대 운동, 보편적 의료 접근 운동), 평화 운동(비무장 운동, 비폭력 국방 운동), 정보 운동(미디어 개혁 운동, 대안 미디어 운동, 오픈 소스 운동)을 들 수 있다.[10] 그런데 이들의 활동은 지식 생산에 영향을 주지 못하는 비숙의적 시민 참여의 유형뿐 아니라, 앞서 환자 단체의 경우에서 본 것처럼 숙의적 시민 참여로 볼 수 있는 내용도 많다. 따라서 사회 운동 단체들의 활동은 이 두 유형 모두에 걸쳐 있는 중간적·복합적 형태라고 보는 것이 적절할 듯하다.

5. 우리나라의 과학 기술 시민 참여 사례

우리나라가 과학 기술 정책 결정에서 시민 참여를 명시적으로 도입한 것은 2001년에 발효된 「과학 기술 기본법」부터였다고 할 수 있다. 그 이전까지 우리나라에서 과학 기술 정책의 수립은 정부와 과학 기술계의 엘리트들이 독점하다시피 해 온 전문가의 영역이었다. 물론 그 이전에도 중요한 과학 기술 정책의 수립 과정에서 일반 시민들이 참여할 수 있는 공청회나 여론 조사 등이 없었던 것은 아니며, 또 방폐장이나 쓰레기 소각장 설치에 반대하는 지역 주민들의 소위 NIMBY 운동이 없었던 것은 아니다. 그러나 이것들은 모두 비숙의적 유형의 시민 참여에 국한되었을 뿐 아니라 실제로 과학 기술 정책에 유의미한 변화를 가져오지도 못했다.

국내에서 숙의적 유형의 시민 참여는 1990년대 말부터 시민 사회에 의해 먼저 시작되었다고 할 수 있다. 과학 기술 민주화 운동 단체인 '참여연대 시민과학센터'[11]가 1997년 11월에 출범하면서 합의 회의와 과학 상점 등을 과학 기술에 대한 대표적인 시민 참여 제도로 소개했고 이를 국내에서 실현하기 위한 캠페인을 벌이기 시작했다. (김환석, 2007) 이 중에서 먼저 실현된 것은 합의 회의였다. 유네스코 한국 위원회가 주최하고 시민과학센터의 구성원들이 실무 추진을 맡은 합의 회의가 1998년 유전자 조작 식품, 1999년 생명 복제 기술을 주제로 잇달아 개최되었던 것이다. 시민과학센터는 2004년 전력 정책과 원자력 발전의 미래를 주제로 또 한 차례 합의 회의를 개최했다. 따라서 국내에서 처음 열린 세 차례의 합의 회의는 모두 정부가 아닌 시민 단체가 주도했다는 데 특징이 있고, 이는 서구에서 1990년대부터 전개된 과학 기술 민주화를 국내에도 소개하고 뿌리를 내리고자 하는 명시적 기획의 일환으로서 추진되었던 것이다.(이영희, 2008)

2001년 「과학 기술 기본법」을 통해 기술 영향 평가 제도를 도입하기는 했으나 정부는 처음에는 숙의적 시민 참여 방법을 실시하는 데 소극적이었다. 기술 영향 평가 사업의 수행 주체인 한국과학기술기획평가원(KISTEP)은 2003년에 NBIT 융합 기술을 대상으로, 2005년에는 나노 기술과 RFID 기술을 대상으로 각각 기술 영향 평가를 수행했지만 이 때에는 합의 회의와 같은 시민 참여 방법을 적용하지 않았던 것이다. 따라서 이와 같이 시민 참여가 없는 기술 영향 평가의 추진에 대해 시민과학센터를 비롯한 시민 사회로부터의 비판이 고조되었다. 마침내 2006년에는 기술 영향 평가의 주제였던 줄기 세포 치료 기술, 나노 소재 기술, 그리고 유비쿼터스 컴퓨팅 기술의 세 가지 중에서 마지막 것에 대해 '시민 공개 포럼'이란 이름으로 합의 회의 방식의 시민 참여적 기술 영향 평가를 실시하게 되었다.(이영희, 2007) 이어서 2007년에는 기후 변화 협약 대응 기술에 대해 시민 공개 포럼이 실시되어 이제 합의 회의는 국내에서도 숙의적 시민 참여의 대표적 방법으로 공식적인 인정을 받게 되었다고 볼 수 있다. 이는 보건복지부 후원을 받는 이화 여자 대학교 생명윤리법·정책

연구소가 역시 같은 해에 유네스코 한국 위원회와 공동으로 동물 장기 이식에 대한 합의 회의를 개최했다는 사실에서도 알 수 있다.

2008년에는 KISTEP이 시민 공개 포럼을 직접 수행하지 않고 시민과학센터에 의뢰를 했다. 이에 시민과학센터는 그동안 국내에서 합의 회의는 여러 번 실시되어 어느 정도 정착되었다고 보고, 새롭고 좀 더 발전된 형태의 시민 참여 방법으로서 시민 배심원 회의 방식을 국내에서 처음 시도해보기로 했다. (이영희, 2009) 사실 국내에서 '시민 배심원'이라는 명칭을 쓴 시민 참여의 실시는 이미 수차례 이루어진 바 있다. 2001년 초에 녹색연합·참여연대 시민과학센터·환경운동연합 등이 공동으로 개최한 인간 유전 정보 보호를 위한 시민 배심원 회의와 2004년 말 울산 북구청이 개최한 음식물 자원화 시설 시민 배심원제, 2007년 중순 대통령 자문 지속 가능 발전 위원회에서 개최한 심야 전기 제도 시민 배심원단 회의가 바로 그것이다. (앞의 책, 231) 그런데 이 세 차례 모두 시민 배심원이라는 명칭을 쓰기는 했지만 무작위 추출 방식이 아니라 추천 혹은 지원자 선발 방식을 써서 배심원들을 뽑았기 때문에, 진정한 의미의 시민 배심원제라고는 하기 어려웠다. 따라서 KISTEP에서 의뢰해 시민과학센터가 수행한 2008년 '국가 재난 질환 대응 체계 시민 배심원 회의'에서는 무작위 추출 방식을 사용해 배심원을 선발하기로 했고, 따라서 이것이 국내에서 처음 열린 진정한 의미의 시민 배심원제였다고 할 수 있다.

다음으로 비공식적–숙의적 시민 참여의 국내 사례에 대해 간략히 살펴보고자 한다. 먼저 환자 단체가 의학 지식의 생산에 참여해 의미 있는 기여를 한 경우가 최근 서구의 STS 학자들에게 주목을 받고 있지만, 국내에서 그러한 사례가 보고된 경우는 아직 없는 것 같다. 물론 국내에서도 활동이 비교적 활발한 환자 단체들(예컨대 백혈병 환우회, HIV/AIDS 감염인 연대, 희귀 난치성 질환 연합회 등)이 존재하지만, 이들이 주로 활동해 온 영역은 의료 접근권의 보장이었다. 지식(및 정책)의 생산 면에서 환자들이 능동적으로 기여한 경우를 STS 관점에서 분석하고자 한 한재각·장영배의 연구(2009)는 그런 면에서 흥미롭다. 이 연구에서는 환경 보건 분야에 시민 환경 연구소와 아토피 아동 부모 모임이 기여한 사례와 근골격계 직업병 대책에 환자인 노동자들과 민주노총의 활동이 기여한 사례를 소개하고 있다. 그러나 이 사례들에서도 아토피 아동 부모 모임과 근골격계 직업병 노동자들이 지식 생산에 기여한 것은 주변적이거나 제한적인 역할에 머물렀다 따라서 이 사례들은 서구처럼 환자 단체의 지식 생산 활동을 보여 준다기보다는, 환자들의 요청에 따라 환경 단체와 노동조합이 지식 생산에 나섰던 지역 사회 기반 연구(CBR)의 사례들이라 보는 것이 더 타당할 것 같다. 1990년대 이래 우리나라에서도 시민 사회의 단체들이 활발한 활동을 벌여 왔기 때문에 아마도 이런 사례들은 '지역 사회 기반 연구'라는 명칭으로 부르지 않았을 뿐 더 많이 존재할 것이다.

　　비공식적-숙의적 시민 참여의 또 다른 방식으로서 과학 상점의 국내 사례를 보기로 하자. 국내에서 '과학 상점'의 명칭과 내용을 처음 소개한 것은 시민과학센터였다. 이 소개에 영향을 받아 1998년 서울 대학교의 일부 이공계 대학생 및 대학원생들이 실제로 과학 상점을 설립하기 위한 운동을 벌였으나, 연구 능력의 부족 등으로 가시적인 성과를 내지 못하고 2년 여 후에 활동을 중단했다. 두 번째의 시도는 전북 대학교의 과학 상점으로 이는 총장의 후원에 힘입어 대학 내 부설 기구라는 공식적 지위를 부여받기도 했다. 그러나 대학 구성원들의 지지와 참여를 얻지 못한 채 이것도 결국 2005년에 활동을 중단하고 말았다. 이런 시행착오를 바탕으로 보다 본격적인 과학 상점 운동이 추진되는데, 이는 2002년

2월에 결성된 대전 과학 상점 준비 모임이었다. 이 모임은 2년 동안의 치밀한 준비를 거쳐 마침내 2004년 '시민 참여 연구 센터(=참터)'라는 명칭으로 정식 출범을 했다. 이 센터가 위치한 대덕 연구 단지는 대학과 공공 연구 기관들뿐 아니라 전국 과학 기술 노조의 본부가 있고 지역 시민 단체 사이의 연대가 활발한 편이어서 과학 상점 운동을 하기에 유리한 환경이다. 그러나 출범 후 6년이 지난 현재 이 센터는 전문가들의 관심과 참여의 부족, 그리고 내부 활동 역량의 미진 등으로 아직 고전 중이다. 이런 가운데 특이하게도 2007년 7월에 경상남도 김태호 도지사의 공약 사업 중 하나로서 창원에 '경남 과학 기술 상점'이 문을 열었다. 이것은 국내 최초로 공공 기관이 직접 운영하는 과학 상점으로 주목을 받았지만, 현재까지 홈페이지가 개설된 것 이외에 활동 실적은 아무 것도 없어 유명무실한 상태로 방치되어 있다. 이렇게 보면 국내의 과학 상점 운동은 이미 10년이 넘는 역사를 지니고 있지만 안타깝게도 아직 제대로 뿌리를 못 내리고 있다고 판단된다.[12]

6. 맺음말

2009년 9월 26일 전 세계 여섯 대륙 38개 국가에서 총 4000명이 넘는 일반 시민들이 거의 동시에 참여한 숙의민주적 시민 참여 실험이 진행되었다. 인류 역사상 초유의 이 지구적 시민 참여 행사는 2009년 12월 7일부터 18일까지 코펜하겐에서 열리는 UN 기후 변화 협약 당사국 총회(COP15)에 세계의 일반 시민들이 이 총회의 주요 쟁점들에 대해 숙의한 결과를 반영하고자 열린 것이었다. 지구 온난화에 관한 전 세계인의 견해(World Wide Views on Global Warming, WWViews)[13]라는 명칭이 붙은 이 행사는 합의 회의와 시나리오 워크숍 등 많은 숙의민주적 시민 참여 방법들을 개발해 세계에 확산시킨 덴마크 기술 위원회(Danish Board of Technology)[14]의 주도로 열리게 되었다. 지구 온난화는 전 지구적 정책 결정을 필요로 하고 그 결과에 따라 시민들은 살아가야 하지만 그러한 정책 결정에 시민들이 영향을 줄 기회는 없었기 때문에 지구적 규모에서 정책 결정가와 시민의 이 간극을 메워 보고자 한 것이 이 행사의 목적이었다.

WWViews의 방법은 합의 회의와 시민 배심원 및 공론 조사를 합친 것 같은 하이브리드 방식이었다. 나라별로 인구 통계학적 분포를 반영해 약 100명씩 뽑힌 일반 시민들은 5~8명 단위로 테이블에 앉아 주제별로 설명을 듣고 토론을 한 후 주어진 질문에 무기명 투표를 했다. 4개의 주제(기후 변화와 그 결과, 장기적인 기후 목표 및 시급성, 온실 기체 배출에 대한 대처 방안, 기술과 적응의 경제)로 분류된 12개 질문들에 대한 투표의 결과는, DBT에서 개발한 인터넷 웹툴에 입력이 되어 WWViews 홈페이지에서 곧바로 정량적인 국제 비교가 가능했다. 여기서 집계된 시민들의 견해는 각국의 COP15 대표단에게 전달되어 이들이 자국의 입장을 정하는 데 영향을 줌으로써 12월의 CDP15 총회에서 WWViews의 결과가 지구 기후 정책을 결정하는 데 반영이 될 수 있도록 유도했다.

참가한 38개국 중 아시아 국가는 8개국으로 중국·일본·대만은 여기에 포함되어 있지만 우리나라는 빠져 있다. 사실은 2008년에 우리나라도 이 지구적 시민 참여 행사에 참가하도록 DBT로부터 초청을 받았고, 이에 응해 환경재단과 시민과학센터·유네스코 한국 위원회의 세 기관이 공동으로 한국 조직 위원회를 꾸려 참가하겠다는 의사를 표시했다. 특히 중심 역할을 맡은 환경재단은 기후 변화 센터를 내부에 두었기 때문에 이 사업에 적극적으로 나섰고 매우 의미가 큰 국제적 사업으로 여겼다. 그런데 사업 예산을 조달하기로 한 환경재단에 문제가 생겼다. 정부가 대운하 사업에 반대한 환경 운동을 탄압하기 시작했고 특히 환경재단은 대표가 수사를 받는 일까지 벌어졌기 때문이다. 정부를 설득해 이 사업에 대한 예산을 조달하려 힘들게 노력했지만 재단은 2009년 중반까지도 예산을 구할 수 없었다. 게다가 신종플루 사태까지 겹쳐 100명이나 되는 시민들이 모이지 않으리라는 예상도 들었다. 결국 아쉽지만 사업을 포기하고 우리나라는 빠지겠다는 의사를 DBT에 통보할 수밖에 없었다.

이명박 정부가 들어서면서 '시민'과 '참여', '민주주의', '지속 가능 발전' 등의 용어에 알레르기를 보인다는 말이 떠돌고 있다. 이는 아마도 그런 용어들을 애용했던 노무현 정부에 대한 반감뿐 아니라 광우병 관련 촛불 집회와 대운하 반대 운동 등에 큰 상처를 입었기 때문이 아닌가 추측된다. 대신에 현 정부는 오로지 '법치'와 '선진화', '경제 살리기', '녹색 성장' 같은 용어만을 강조하고 애용한다. 현 정부는 환경 운동은 탄압하면서, COP15을 위해 고작 했다는 것은 2020년까지 이산화탄소 감축 목표를 2005년 배출량 대비 4퍼센트로 정한 일이다. 이는 미국이 같은 기준으로 17~20퍼센트를 감축하겠다는 것보다 못하고, EU가 1990년 대비 30퍼센트를 감축하겠다는 것에 비하면 정말 부끄러운 목표이다. 왜냐하면 한국의 이산화탄소 배출량은 1997~2007년 OECD 국가 중에서 6위이고 전 세계 국가 중에서는 9위를 차지했기 때문이다. 4퍼센트라는 수치를 시민들이나 시민 단체의 의견은 전혀 묻지 않은 채 기술 관료적으로 정하고 나서는 마침내 한국이 온실 기체 감축의 목표 수치를 정했다고 국내·외에 선전을 한다. 기후 변화에 대해 한국도 책임 있는 자세를 보였다는 것이다. 이 목표 수치를 정한 것도 그나마 G20 회의 유치용이 아니었을까?

　　현재 우리나라는 이 글에서 살펴본 국제적 추세와는 달리 숙의 민주주의를 통한 '민주주의의 민주화'가 아니라 오히려 '민주주의의 후퇴'가 정부 주도로 진행 중이라고 생각된다. 기존의 기술 관료적인 사회적 맥락이 다시 강화되고 있는 셈인데, 과연 이것은 STS의 관점에서 과학 기술과 사회의 공동 구성에 어떤 영향을 미칠까? 이 글에서 살펴본 바에 따르면 이는 거의 분명하게 과학 기술의 불확실성과 위험의 강화, 정책 결정에 대한 대중의 환멸과 불신 심화를 가져올 것이다. 한마디로 기술 관료적인 '위험 사회'의 심화로 나아갈 것이다. 한국 사회는 이미 세계 어느 나라보다도 과학 기술이 사람들의 일상 생활 속에 스며들고 인간관계를 매개하는 '과학 기술–사회 복합체'가 되었다. 더 이상 과학 기술과 사회의 구분이나 분리가 가능하지 않다는 말이다. 그런데 우리나라에서는 좌파나 우파, 진보와 보수를 막론하고 과학 기술은 가치 중립적인 생산력으로서 정치와는 무관하고, 오직 사회만이 이념적·정치적인 실체라는 고정관념에 사로잡혀 왔다. 따라서 사회의 민주적 변혁(또는 아주 작게는 정권의 교체)을 고려할 때도 과학 기술의 변혁은 항상 고려의 대상에서 제외가 되었다.

　　벡이 잘 지적했듯이, 위험한 기술에 대한 대중적 논쟁은 근대 사회의 토대 자체를 변화시킬 수 있는 민주적인 정치의 씨앗을 그 안에 이미 안고 있다. (Beck, 1992) 그 좋은 예가 바로 2008년의 촛불 집회라고 생각된다. 그러나 이런 새로운 민주 정치가 현실이 되느냐 마느냐 하는 것은 단지 다양한 정치 세력과 이해 집단들의 투쟁뿐 아니라, 미래 사회에 대해 새로운 관점·비전과 기획으로 시민들을 각성시킬 사회 과학자들의 깊은 성찰에도 달려 있다. 실현 가능한 대안적 사회의 모습을 제시하고 촉진하는 것이 사회 과학자들의 실천적 임무이기 때문이다. 따라서 우리나라의 사회 과학자들도 과학 기술 대 사회(그리고 자연 과학 대 사회 과학)의 낡은 근대주의적 이분법은 이제 과감히 버려야 할 때가 되었다. STS의 통찰에 따르면 과학 기술은 사회에 외생적인 것이 아니라 사회를 구성하는 일부이다. 따라서 과학 기술의 내용을 민주 정치의 대상으로 삼는 이른바 과학 기술의 민주 정치(democratic politics of science and technology)가 지금 우리에게 절실히 요구되고 있다. 그 핵심은 이 글에서 소개했듯이 다양한 숙의 민주적 시민 참여의 실천에 있다.

김환석

서울 대학교 사회학과 및 같은 대학원을 졸업하고 영국 런던 대학교 임페리얼 칼리지에서 과학기술사회학 박사 학위를 받았다. 한국과학기술학회 회장을 역임했고 현재 국민 대학교 사회학과 교수로 재직 중이며, 시민과학센터 소장과 유네스코 세계 과학 기술 윤리 위원으로 활동하고 있다. 지은 책으로『한국의 과학자사회』,『과학사회학의 쟁점들』,『과학연구윤리』,『진보의 패러독스』등이 옮긴 책으로는『과학학의 이해』,『과학기술과 사회』,『토마스 쿤과 과학전쟁』등이 있다.

2

지향점으로서의 공익 과학

과학의 상업화 비판과 공익 과학 운동의 필요성을 중심으로

1. 공익 과학 논의의 출발점

오늘날 우리의 과학은 그 어느 시대보다 자본에 긴밀하게 포박되어 있다. 그러나 포박의 질과 정도가 달라졌을 뿐, 과학은 한 번도 자본에서 자유로웠던 적이 없었고, 자유로워지려는 노력조차 미약한 수준에 머물렀다. 근대 과학이 중세 이후 서양인들이 세계와 새로운 관계를 수립할 수 있는 인지적 틀, 즉 세계관을 제공하는 역할을 하면서 처음으로 그 몫을 인정받았다는 점을 고려한다면 이것은 그리 놀라운 일이 아니다. 이후 근대 과학은 엄청난 영향력을 발휘하며, 자연 과학뿐 아니라 학문 전반과 보통 사람들의 일상에까지 큰 설명력을 발휘했다. 물론 그 설명력은 자신이 수립한 설명 양식과 그에 기반을 둔 자연에 대한 통제 양식 안에서 발휘된 것이었다.

그러나 과학은 날로 생활 세계에 대한 규정력을 높여 가게 되면서, 예상하지 못했던 많은 문제를 드러내기 시작했다. 하나는 근대 과학의 세계관이라는 가장 근본적인 측면에서 제기되는 문제점이다. 오늘날 환경 문제와 지구 온난화에서 드러나듯 근대 과학은 출발과 함께 인간을 제외한 모든 것을 대상화시켰고 자연이 통제와 조작 가능한 곳이라는 믿음을 확산시켰다. 또한 생명 공학의 도래 이후에는 생명 현상과 인체 자체까지 그 대상이 되면서 인간과 자연 사이의 풍부한 연관성을 끊어 내고 자연, 또는 인간 자신까지 소외시키는 문제점을 낳았다. 이것은 오늘날 과학에 대한 성찰이 근본적인 세계관, 즉 인간과 자연의 관계에 대한 재인식을 요구하는 이유이다.

둘째, 사회적인 영역에서 1980년대 이후 그동안 과학에 대해 가졌던 우리의 소박한 가정이 더 이상 통용될 수 없는 급박한 상황을 만들었다. 그것은 과학의 발전이 모든 사람들에게 혜택을 줄 것이라는 소박한 믿음이 점차 실현 불가능한 것으로 인식되었기 때문이다. 정보 기술은 한때 산업 사회의 문제점을 해소시킬 것으로 기대되었지만 정보 격차는 오히려 늘고 있다. 또한 생명 공학의 진전 상황은 더욱 의구심을 높이고 있다. 배아 줄기 세포를 비롯한 최근의 시도는 그 산물이 소수에게 집중될 것이라는 우려를 불식시키지 못하고 있다. 따라서 과학 기술의 발전이 불평등을 비롯한 사회 문제들을 오히려 증폭시키는 얄궂은 결과를 낳는다.

셋째, 인간 유전체 프로젝트(Human Genome Project) 이후 과학 연구의 실행 자체가 급격하게 변화하고 있다. 한편으로는 과학 연구의 거대화로 인격적 주체인 과학 기술자가 왜소해지고, 다른 한편 과학 기술자가 연구 주도권을 상실하게 되었다. 연구 주제 설정, 우선 순위 결정, 연구 수행

등 모든 과정에서 자본이나 국가의 의지가 우선되면서 과학 기술에 대한 거버넌스의 문제가 제기되었다.

공익 과학에 대한 논의는 이러한 복합적인 문제 상황에서 비롯되었다. 그동안 시민과학센터에서도 공익 과학에 대한 논의가 여러 차례 이루어졌지만 그다지 성과를 거두지 못했다. 공익 과학(public interest science)인지 공공 과학(public science)인지 개념도 모호한 상태이다. 공익 과학에 대한 논의가 쉽지 않은 까닭은 그것이 단지 과학의 특정한 실행, 가령 정보 기술이나 생명 공학, 또는 과학 정책 등에 대한 비판에 머무는 것이 아니기 때문이다. 그것은 우리의 과학이 '어디로 가야 하는가?'라는 지향점이다. 또한 공익 과학이 제기되는 맥락의 복잡성과 깊이 또한 모호함을 부추긴다. 과학이 어디로 갈 것인가는 과학이 어디에서 왔는가와 지금 어떤 상황인가의 문제를 모두 포함한다.

이러한 문제의 근원 중 하나가 과학의 상업화이다. 과학의 상업화는 전혀 새로운 현상은 아니며, 과학이 제도화되면서 꾸준히 진행되어 왔다. 그러나 1980년대 이후의 상업화는 그 이전과는 비교할 수 없을 정도의 폭과 깊이로 가속화되면서 과학적 실행에 영향을 미쳤고, 과학 연구의 성격 속에 구조화되었다.

이 글에서는 공익 과학 논의를 출발하게 만든 근원적 요소 중 하나인 상업화의 문제점을 미국의 사례를 중심으로 살펴보고, 이러한 문제점을 극복하고 우리의 과학이 나아가야 할 지향점으로서의 공익 과학과 그에 수반되는 과제들을 개괄하고자 한다.

2. 상업화와 그 문제점[1]

1) 상업화의 구조적 기반

과학의 상업화에 구조적 토대가 마련된 것은 1980년 미국에서 공교롭게
도 같은 해에 일어난 두 가지 사건을 통해서였다. 하나는 이후 생물 특허
의 길을 열어 준 역사적 사건으로 꼽히는 다이아몬드 차크라바티 사건
(Diamond v. Chakrabarty)이었고[2] 다른 하나는 특허 및 상표에 관한 개정 법안
(Patent and Trademark Amendments Act) 제정이었다. 미국 연방과 주 정부가 수립
한 일련의 정책들은 사기업들이 대학 연구에 좀 더 많은 투자를 하도록
강력한 동기를 부여했다. 그 덕분에 대학들은 교수들이 이룬 발견으로
부터 직접 이익을 얻을 수 있는 기회를 얻었다.

다이아몬드 차크라바티 판결은 유전자라는 공유지를 사유화해서
상품화시킬 수 있는 중요한 법적 토대를 제공했다. 재판장 워렌 버거는
"문제는 생물이냐 무생물이냐가 아니라 인간의 발명이냐 아니냐이다."
라고 말해서 이후 동식물에 대한 특허의 길을 열었다. 대법원 판결이 있
은 후 7년 뒤인 1987년에 특허청은 동물을 포함한 모든 다세포 유기체에
특허가 부여될 수 있다는 결정을 공포했다. 인간 전체는 특허의 대상이
아니지만 모든 분리된 부분들에 대해서는 특허를 받을 수 있는 가능성
을 특허청장 도널드 퀴그가 열어 놓음으로써 인간 유전자, 세포주, 조직,
기관을 비롯해서 배아와 태아도 특허 대상의 범주에 들어가게 되었다. (리
프킨, 1998)

대법원은 유전자 조작된 박테리아가 그것이 사용된 과정과 별도로
'그 자체로' 특허의 대상이 될 수 있다고 판결했다. 이 판결 덕분에 세포
주, DNA, 유전자, 동물, 그리고 인간에 의해 조작되어 "제조된 상품"으

로 분류되기에 적합한 그밖의 모든 생물에 대한 특허 신청이 봇물을 이루었다. 연방 대법원의 이 판결을 통해 미국 특허청은 지적 재산권의 범위를 아직까지 생물체 내에서 수행하는 역할이 밝혀지지 않은 DNA 절편들로까지 확장했다. 이 결정은 유전자의 염기 서열을 해석한 대학 과학자들이 기업에 사용권을 주거나 스스로 회사를 설립하는 촉매제로 작용할 수 있는 지적 재산권을 가지게 되었음을 뜻했다.

다른 한편, 1980년에 대통령 및 의회에 조언을 제공하는 독립된 국가 과학 정책 기구인 국가 과학 위원회(National Science Board)는 산학 협력을 연구의 초점으로 삼았다. 의회는 1980년에 특허 및 상표에 관한 개정 법안(Patent and Trademark Amendments Act), 흔히 베이돌 법안(BayhDole Act[PL 96-517])이라고 알려진 법안을 통해 특허법을 개정했다. 이 법안의 내용은 대학, 중소 기업, 비영리 기구들에게 연방 연구 기금으로 이루어진 발명에 대한 권리를 부여했다. 이 권리는 해당 기관의 자금이 발명에 지원되었는지 여부와 무관하게 주어졌다. 연방에서 지원한 연구에서 이루어진 발명에 대해 권리를 획득할 수 있는 자격은 1987년 4월 10일 행정 명령(12591)에 의해 산업 전체로 확장되었다. 따라서 공적 자금을 지원받은 연구 결과를 사적으로 활용하거나 특허를 얻을 수 있는 길이 활짝 열린 것이다.

베이돌 법안이 새로운 연방 정책들 중에서 가장 눈에 띄는 것이었다면, 그밖의 많은 법률과 행정 명령들이 그 법안을 떠받치는 철학을 강화시켰다. 1980년의 스티븐슨 와이들러 기술 혁신법(Stevenson-Wydler Technology Innovation Act, PL 96-480)은 기업, 정부, 대학 간 협력을 장려함으로써 미국의 기술 혁신을 촉진하려는 목적으로 마련되었다. 1981년에 제정된 경제 회복 조세 법안(Economic Recovery Tax Act, PL 97-34)은 대학에 연구 장비를 기부한 기업들에게 세액 공제 혜택을 주었다. 또한 이 법안은 연구 개발 합자 회사(Research and Development Limited Partnerships, RDLPs)가 산학 협력을 염두에 두고 설립된 경우 조세 특혜 대상이 될 수 있도록 허용했다.

1970년대와 1980년대에 걸쳐, 산학 협력 센터(UIRCs)의 설립은 일차적으로 연방과 주 정부에서 지원하는 자금으로 이루어졌다. 1980년 이전에는 고작 세 주에만 산학 협력 센터가 있었지만, 10년이 지나자 산학 협력 센터를 운영하는 곳은 26개주로 늘어났다. 1990년까지 산학 협력 센터에서 이루어진 연구는 대학의 전체 연구 개발 예산에서 약 15퍼센트를 차지하게 되었다.

이러한 상업화의 양상은 우리나라에서도 1990년말 IMF 위기를 전후해서 본격적으로 나타났다. 미국의 베이돌 법안과 비슷한 내용의 두 가지 법안이 마련되었다. 첫째는 2000년에 제정된 기술 이전 촉진법으로 공공 연구 기관이 개발한 기술을 민간 부문에 이전해 산업화하는 것을 적극 지원하는 것이고, 둘째는 산업 교육 진흥법 개정안이 2003년 통과되어 본격적으로 대학의 과학 연구가 상업화하는 계기를 맞았다. 그로 인해 대학에 산학 협력 사업을 전담하는 별도 법인 형태로 산학 협력단이 설립되었다. (김환석, 2007)

2) 상업화의 영향

그렇다면 상업화가 문제되는 지점은 어디인가? 1972년 설립되어 1995년에 폐지된 미의회 산하의 기술 평가국(Office of Technology Assessment, OTA)은 산학 협력을 통해 대학과 기업의 이해 관계를 적극적으로 통합시키려는 노력은 결국 제어하기 힘든 문제들을 낳게 될 것이라고 예상했다.

산학 연계는 과학 정보의 자유로운 교환을 저해하고 학과 간 협력을 가로막고 동료들 사이에서 갈등을 야기하며 연구 결과 발표를 지연시키거나 방해하기 때문에 대학의 학문적인 환경에 나쁜 영향을 줄 수 있다. 나아가 특정 목적이 지시된 자금 지원(directed funding)은 간접적으로 대학에서 수행된 기초 연구의 유형에 영향을 미치고, 상업적인 가능성이 전혀 없는 기초 연구에 대한 대학 과학자들의 관심이 줄어들게 할 가능성이 있다.(OTA, 1987)

이러한 OTA의 예견은 사실로 드러났다. 상업화가 과학 연구에 미칠 수 있는 영향은 크게 이해 상충의 증폭, 과학 정보의 자유로운 소통의 저해, 그리고 불평등의 확산과 연구 다양성 파괴로 요약할 수 있다.

(1) 이해 상충의 증폭 – 공공성의 약화

이해 상충(conflict of interest)은 모든 사회 구조에서 나타날 수 있다. 구조가 복잡할수록, 이해 관계의 얽힘이 다양할수록 이해 상충이 나타날 가능성은 그만큼 높아진다고 할 수 있다. 최근 들어 과학에서 이해 상충 문제가 부각되는 까닭은 과학을 둘러싼 상황의 급격한 변화에서 찾을 수 있을 것이다. 특히 생명 공학의 경우에서 드러나듯이, 과거와는 다른 종류의 활동 영역이나 범주가 급격하게 과학 활동 속으로 편입되는 과정에서 과학자들이 전통적으로 지켜오던 가치와 규범이 무너지고, 새로운 상업주의적 에토스가 빠른 속도로 유입되는 과정에서 빚어지는 혼란이 이해 상충을 더욱 부각시키는 측면이 있다. 이해 상충은 다음과 같은 몇 가지 유형으로 분류할 수 있다.

● **학문적 과학자들이 직접 자신의 분야와 연관된 기업을 설립하는 경우**

생명 공학의 경우 1980년 이후 과학과 기업의 관계는 10년 전에는 상상도 할 수 없을 만큼 달라졌다. DNA 이중 나선 구조 발견에 필적하는 중요한 돌파구를 마련한 것으로 평가되는 재조합 DNA(recombinant DNA) 기술을 처음 실현한 사람

중 하나인 허버트 보이어(Herbert Boyer)는 실험에 성공한 지 3년 만인 1976년에 최초의 생명 공학 회사인 제넨테크(Genentech)를 설립했다. 곧이어 노벨상 수상 자인 하버드 대학교의 월터 길버트(Walter Gilbert)도 미국과 유럽의 과학자들과 함께 바이오젠(Biogen)을 설립하면서 미생물을 유전자 조작해서 당뇨병 치료에 필수적인 인슐린을 생산하기 위한 치열한 경쟁에 돌입했다. 과학 정치가로 인간 유전체 프로젝트가 완성되는 데 중요한 역할을 한 제임스 왓슨(James Watson)조 차도 월터 길버트가 연구를 한 곳이 하버드 대학교였다는 점에서 이런 물음을 제 기했다. "교수가 자기 대학 시설을 이용해서 한 연구를 토대로 개인적 부를 축적 하도록 허용해야 할 것인가? 학문적 과학(academic science)의 상업화가 해소할 수 없는 이해 상충을 불러일으킬 것인가? 막대한 돈이 오갈 때 안전성이라는 문 제가 제기되지 않겠는가?"[3]

오늘날의 상황은 1980년대와도 비교할 수 없을 만큼 바뀌었다. 더 이상 학문 적 과학자가 기업을 차리고 특허를 받는 것이 문제가 되지 않으며, 오히려 대학의 연구는 '활용되지 못한 자원(underutilized resource)'으로 간주되면서 교수는 단순 한 연구자나 교수자가 아니라 교수 기업가(professor-entrepreneur)가 될 것을 권 장 받는 상황이다.

대학이나 공공 연구소에 소속된 학문적 과학자가 기업을 설립하는 이유는 물 론 자신의 연구 결과를 상업화시키기 위함이다. 여기에서 발생하는 문제는 첫째, 공적 연구비로 지원되는 대학이나 공공 연구소 설비와 기존 연구 결과를 기반으 로 이루어진 연구를 사적 이익으로 전유하는 문제, 둘째, 해당 연구자가 공적 지 위와 사적 지위를 겸직하면서 나타날 수 있는 이해 갈등의 문제로 요약된다.

● **학문적 연구자가 연구비 지원을 받은 기업의 상품에 대한 심사를 담당하는 경우**
최근 대학에 대한 기업들의 자금 지원이 기하급수적으로 증가하면서 빚어지는 이해 상충 유형의 하나는 연구 과학자가 자신이 지원받는 기업의 상품에 대한 임 상 시험이나 신약 승인 검사에 참여하는 경우이다. 연구의 전문화 정도가 날로 높아져 해당 분야의 연구자 풀이 크지 않고, 대학 연구자들이 문제의 기업체로부 터 자금을 지원받고 있는지 여부가 잘 드러나지 않기 때문에 실제로 이런 경우는 자주 발생하는 것으로 알려져 있다.

미국의 웨스 레들레 소아 백신(Wyeth Lederle Vaccines and Pediatrics)은 로타

바이러스[4] 백신으로 미국 식품 의약국(FDA)의 승인을 받은 최초의 제약 회사다. FDA는 신약 평가에서 가장 엄격한 기관으로 알려져 있는데 이 회사는 1987년에 로타실드(Rotashield) 백신으로 조사 신약 신청서를 내서 1998년 8월에 승인을 얻었다. 그런데 이 백신은 승인을 받은 지 고작 1년 만에 시장에서 회수되었다. 백신을 맞은 어린이들 사이에서 100회 이상의 중증 장폐색(腸閉塞) 증상이 보고 되었기 때문이었다.

미국 정부 개혁 하원 위원회가 이 백신 승인 과정의 배후 정황을 조사했을 때, FDA와 질병 통제 센터(Centers for Disease Control)의 자문 위원회가 해당 백신 제조업체와 연루된 인물들로 채워져 있다는 사실이 밝혀졌다. 또한 이해 갈등이 백신 프로그램에서 고질병처럼 빈발한다는 사실도 확인되었다. (Krimsky, 2003)

비단 생의학 분야에만 국한되는 현상은 아니시만 학분석 연구자가 불편부당함(disinterestedness)이라는 당위적 요구를 쉽게 무력화시키고 자신이 지원을 받거나 주식을 가지고 있는 등 이해 관계가 있는 업체의 손을 들어주는 행위는 공공 연구자의 진정성과 정체성의 문제를 야기할 뿐 아니라 많은 피해자가 발생할 수 있다는 점에서 안전성을 심각하게 위협한다. 또한 이러한 이해 상충은 해당 기관에 대한 불신을 넘어서 과학 자체에 대한 '신뢰의 위기'를 낳을 수 있다. 겉으로 잘 드러나지 않지만 상업화가 수반하는 심각한 문제점 중 하나는 공익성을 담보해야 하는 정부의 과학 정책과 대학의 연구가 상업화되면서 나타나는 공중의 신뢰 상실이라고 할 수 있다.

　　(2) 과학 정보의 자유로운 소통 저해

과학의 상업화가 야기하는 중요한 문제 중 하나는 과학 정보에 대한 독점, 자유로운 접근의 제약, 그리고 이해 관계에 따라 정보의 일부를 고의적으로 은폐하는 문제이다. 상업화로 인해 과학자들 사이에서 중요한 에토스로 간주되던 공유주의(communism)가 급속히 쇠퇴하고 비밀주의가 강화되기도 한다.

● **특허와 지적 재산권이 정보 접근을 저해하는 문제**

영국 왕립 학회(Royal Society)는 과학 기술과 연관해서 사회적으로 중요한 문제
들을 미리 연구해서 일련의 권고를 제기하는 방식으로 사회적 공론화를 주도하
는 오랜 전통을 가지고 있다.[5] 왕립 학회는 지난 2003년에 「Keeping Science
Open; the Effects of Intellectual Property Policy on the Conduct of Science」
라는 보고서를 제출했고, 이어 2006년에도 상업화로 인한 커뮤니케이션의 저
해를 막기 위한 목적으로 「Science and the Public Interest, Communicating the
Results of New Scientific Research to the Public」이라는 보고서를 발간했다.

2003년 보고서는 상업화의 진전으로 지적 재산권(intellectual property rights,
IPRs) 보호 추세가 점차 강화되는 상황에서 지적 재산권이 과학 연구 활동에 미
칠 수 있는 부작용을 경고했다. 연구는 특허와 지적 재산권은 한편으로 창조적인
연구와 그에 대한 투자를 보호해 줌으로써 혁신을 자극할 수 있지만, 다른 한편
으로 그 결과가 독점된다는 사실로 인해 사적 이윤과 공공선 사이에 긴장을 야
기할 수 있고, 과학의 발전이 그것에 크게 기대고 있는 사상과 정보의 자유로운
교환을 저해할 수 있다고 경고했다. 또한 특허와 지적 재산권이 강화되면서 그것
을 목적으로 하는 연구들은 장기적인 연구보다는 단기적인 연구에 치중할 수 있
다는 점도 제기되었다. 이 연구는 "지적 재산권이 혁신과 투자를 자극하지만, 상
업적인 세력들은 일부 영역에서 정보에 접근하고 이용할 수 있는 권리, 그리고 그
에 기반을 두고 연구할 수 있는 권리를 터무니없이 제약한다. 특허와 저작권에
의한 이러한 공공재(common)에 대한 제약은 사회의 이익을 위한 것이 아니며,
과학을 위한 노력을 부당하게 방해하는 것이다."라고 결론지었다.

● **상업적 이익과 결부된 정보의 독점 및 은폐 – 과학에 대한 통제력 약화**

과학의 건전한 발전을 위해 새로운 과학 연구 결과를 공중과 투명하게 소통할 필
요성을 강력하게 제기한 왕립 학회의 2006년 보고서는 상업적 이해 관계로 특정
연구 결과를 공개하지 않는 관행이 공익을 심각하게 훼손한다고 지적했다.

노바티스의 자회사인 노바티스 농업 연구소(Novartis Agricultural Discovery
Institute, NADI)와 캘리포니아 대학교 버클리 분교(UCB) 천연 자원 칼리지는 5년
에 걸쳐 2500만 달러의 협력 관계를 맺었다. 역사상 전례를 찾을 수 없는 이 포
괄 협정에서 학과의 모든 교수들에게 서명할 기회가 주어졌다. 1998년 12월까

지 32명의 학과 교수들 중에서 30명이 서명을 했거나 서명할 것으로 예상되었다. 미국의 한 고등 교육 월간지는 "이 협정이 특정 주제에 대해 연구한 개인 연구자나 팀이 아니라 학과 전체에 적용된다는 점에서 매우 특이하다."라고 평했다. (Krimsky, 2003)

그렇다면 노바티스는 2500만 달러를 투자한 대가로 무엇을 얻었는가? 이 회사는 노바티스가 대학에 지원한 연구비와 회사와 UCB 과학자들의 공동 프로젝트에서 나온 "모든 발견에 대한 사용권을 협상할 수 있는 우선적인 권리"를 얻었다. 또한 기업의 연구자들이 UCB 내부 연구 위원회에 앉게 되었다. 대학으로 통하는 이 문은 회사 측에 자신들이 기금을 지원하는 연구의 방향을 결정하는 기능을 부여했다. 결과적으로 이러한 조치는 대학 측 연구자들이 노바티스의 제품에 부정적인 영향을 줄 수 있는 연구를 하지 못하게 막는 역할을 했다. 협정은 서명에 참여한 이 학과의 모든 구성원들에게 제약을 가했으며, 참여한 교수들은 NADI의 전용 유전자 데이터 베이스에 접근할 수 있는 권리를 부여하는 비밀 협정에 조인하게 되었다. 일단 교수가 비밀 협정에 서명을 하면, 당사자는 노바티스의 승인 없이는 해당 데이터가 포함된 결과를 발표할 수 없게 된다.

2000년 5월 캘리포니아 상원의원 톰 헤이든(Tom Hayden)의 주도로 버클리-노바티스 계약 건에 대한 청문회가 열렸다. 의원들은 학장에게 청문회에서 비밀 협정에 서명한 교수가 공중에 심각한 위험을 야기할 수 있는 데이터를 우연히 접했다 해도 양심에 따라 밝힐 수 있겠느냐고 물었다. 기업과 맺은 계약 때문에 대학의 연구자들이 사전 협의 없이 연구 결과를 발표하지 못하는 사례는 비일비재하다. 그리고 그 상당수는 공중의 위험과 직결된다. 또한 상업적 이해 관계로 인한 정보 소통의 제약은 과학자들의 과학에 대한 통제력을 극도로 약화시킨다. 이는 상업화로 인해 점차 상업적 이윤이 과학을 지배하고, 그로 인해 연구 과학자들의 자기 결정권이 급격히 위축된다는 것을 뜻한다.

● **과학자 사회 내에서 확산되는 비밀주의 에토스**

1980년와 1990년대 이후 학문적 연구의 성격은 날로 변하고 있다. 산학 협동의 강화, 기업의 연구비 지원 증가, 비밀주의 증대 등이 주요 변화에 해당한다. 상업주의가 기업의 연구비 지원이나 공식적, 비공식적 협정에 의거한 직간접적인 강제에 의해 정보의 접근이나 발표를 억제시켰다면, 비밀주의는 과학자들의 연구 양식에 스며들어 내화되는 경향이 강하다. 다시 말해서 과학자, 또는 과학자 사회의 에토스가 상업화를 받아들이면서 스스로 변화하는 양상에 해당한다. 이 주제에 대해서는 우리나라에서도 사례 연구가 이루어졌다. 경희 대학교 사회학과 박희제 교수는 「과학의 상업화와 과학자 사회 규범 구조의 변화」라는 논문에서 지적 재산권과 공유성을 주제로 심층 면접을 한 결과 70퍼센트에 해당하는 대다수의 응답자들이 지적 재산권 보장을 연구자의 노력에 대한 당연한 보상으로 간주하고, 중요한 경제적 이해 관계가 걸려 있는 연구의 경우 지적 재산권을 논문보다 더 중요하게 여긴다는 사실을 발견했다. 특히 상업화가 가장 활발한 생명 공학과 정보 과학 분야에서는 연구 결과의 경제적 가치가 예상되면 특허를 먼저 신청한 뒤 논문을 학술지에 제출하는 것을 당연하게 여겼다. (박희제, 2006)

오늘날 대학들의 새로운 상업적 관계 설정을 부추기고 칭송하는 글들이 너무 많아서 이러한 관계가 학문 기관의 진정성(integrity)에 미칠 수 있는 영향에 대한 물음은 거의 제기되지 않았다. 설령 그런 문제가 드물게 표면화되어도 대학들이 어떻게 학문적 과학의 새로운 규범에 적응할 수 있는가라는 문제에만 초점이 맞추어지곤 한다. 다시 말해서 오늘날 지배적인 논의는 어떻게 대학의 연구를 산업 연구로 직결시키고, 과학자들에게 기업가 정신을 함양시켜서 과학 연구를 상업 이익에 직결시킬 것인가에 모아지고 있다. 이 과정에서 과학자들이 공익 활동에 기여하는 사회적 가치의 맥락에서 이러한 변화가 어떤 의미를 가지는지 논하고, 사회적 목적을 지향하는 학문적 자유를 지켜나갈 자신들의 권리를 적극적으로 행사하는 경우는 극히 드물다.

(3) 상업화로 인한 연구 주제의 한정:

불평등의 확대 재생산과 연구 다양성 파괴

상업화가 과학 연구에 미치는 영향 중에서 가장 간과되기 쉽지만 근본적인 의미를 가지는 주제가 연구 주제의 제한이다. 상업화가 고도화되면서 이른바 "돈이 되는" 주제로 연구가 한정되는 양상이 나타나고 있으며 그 결과 연구 다양성이 파괴되고 모두를 위한 공익적 연구가 등한시되고 소수 가진 계층을 위한 연구에 연구비가 몰리는 부작용이 나타나고 있다.

● 부자를 위한 과학

과학이 정치성을 가진다는 것은 과학사회학에서 오랜 동안 연구된 주제였다. 거기에는 과학의 혜택이 모두에게 돌아가지 않고, 특정 집단에게 더 많은 이익을 줄 수 있다는 의미도 포함된다. 이러한 경향은 새로운 것이라기보다는 자본주의가 고도화되고, 그에 따라 과학 기술이 자본의 운동에 날로 긴밀하게 포박되면서 그 정도가 심화되고 있다고 표현하는 편이 나을 것이다. 이것은 오늘날 우리 사회에 팽배해 있는 첨단 과학 지상주의와도 무관치 않다. 과학은 우리에게 좋은 것이라는 과학주의(scientism)는 첨단 과학 또는 신기술은 곧 바람직한 것이라는 관념으로 발전했다. 이러한 현상을 설명하기 위해서는 많은 것들이 필요하겠지만, 이 글의 관심으로 국한시킨다면 첨단 과학에 대한 편향은 과학이 무엇을 위한 인간 활동이고, 첨단 과학이 누구에게 봉사하는가라는 성찰을 무디게 하는 이데올로기적 기능을 내재한다고 볼 수 있다.

이러한 편향은 생명 공학과 의료 기술의 영역에서 두드러지게 나타난다. 우리 사회를 뒤흔들었던 황우석 사태의 경우 초점이 논문 조작으로 모아졌지만, 그 속에는 누구를 위한 연구인가라는 사회적 쟁점이 포함되어 있었다. 당시 한 시민 단체에서는 황우석이 「가난한 이들의 대안이 아니다」라는 글에서 "암의 정복이나 배아 줄기 세포 연구의 성공이 국민 대다수를 이루는 노동자와 농민의 건강을 해결해 주지 못한다."라고 말했다. (박주영, 2005)

날로 늘어나는 세계 시장(global market) 규모는 과학 연구에 이윤 창출과 경쟁력 확대라는 방향성을 부여해 주고 있고, 연구 개발의 수요층은 점점 더 상품 구매 능력이 높은 고소득 집단을 그 대상으로 삼고 있다. 이러한 경향은 양극화를 강화시키고, 불평등을 확대 재생산하는 결과를 낳는다. 양극화의 심화는 필연적으로 계급, 계층 간 갈등을 심화시켜서 과학 발전은 물론, 사회적으로 큰 손실이 될 수 있다.

● 연구 다양성의 파괴

상업화가 연구 주제를 특정한 방향으로 한정시키는 현상에서 간과하지 말아야 하는 영역이 연구 다양성(research diversity)이다. 종 다양성, 생물 다양성, 유전자 다양성과 마찬가지로 상업화로 인해 급속하게 상실되고 있는 영역 중 하나이다.

최근 지구 온난화 문제가 전 지구적 위기로 부상하면서 다양한 스펙트럼의 주장들이 난무하면서 온난화를 둘러싼 논쟁은 격화되고 있다. 논의가 진전되지 못하는 이유는 이 주제 자체가 워낙 기업, 국가, 집단들의 이해 관계가 첨예하게 걸린 정치 경제적 사안이기 때문이기도 하지만 다른 한편으로는 이러한 주제에 대한 충분한 연구와 조사가 이루어지지 못했기 때문이기도 하다.

펀토비치와 라베츠는 오늘날 과학이 처한 상황을 포스트-정상 과학(post-normal science)이라고 규정하면서 그 특성을 불확실성의 소거 불가능성으로 꼽았다. 포스트-정상 과학은 과거와 같은 "정량적 모형으로 설명이 불가능하고, 가치의 경합, 시급한 결정에 대한 요구" 등이 특징이다. (Funtowicz and Ravetz, 1992) 종 다양성이나 유전자 다양성이 중요한 이유는 지구 온난화나 기후 이변이 일상화되면서 급격한 상황 변화가 일어날 가능성이 높기 때문에 특정 조건에 특화된 종이나 유전자가 쉽게 그 효용성을 상실할 수 있기 때문이다. 마찬가지로 불확실성이 날로 증대되는 과학의 상황에서 특정 분야나 주제로 한정된 연구는 과학의 대응력과 문제 해결 능력을 지극히 좁은 범위로 제한시킬 수 있다. 상업화는 본질적으로 이윤 창출과 무관한 연구에 연구비가 지원되는 것을 방해하기 때문에 공익 연구는 쇠퇴할 수밖에 없다.

3. 지향점으로서의 공익 과학

1) '공익 과학 협회'의 공익 과학 개념

과학의 상업화에 대한 대응은 과학자들과 과학기술학 및 과학 정책학자 등 여러 방향에서 이루어졌다. 이러한 움직임의 공통된 흐름은 과학의 공익성을 강조하면서 사익을 위해 이용되는 과학이 아닌 공익 과학의 개념을 수립하려고 시도했다는 점이다. 최근에는 국내에서도 공익 연구 개발, 과학의 성차별 등에 대한 연구가 시작되었다.

과학자들은 거대 과학의 효시격인 맨해튼 프로젝트로 탄생한 원자 폭탄이 투하된 직후인 1946년에 세계 과학 노동자 연맹(World Federation of Scientific Workers, WFSW)을 결성해서 과학이 전쟁에 동원되는 '과학의 오용'을 비판했다. 1981년 회원수가 30만 명에 달했던 이 단체는 "불필요한 고통과 낭비를 초래할 뿐 아니라 과학 그 자체의 진보를 저해하는 과학의 오용을 수동적으로 용인할 수 없다"면서 핵무기 축소와 핵 실험 반대를 주장했고, 과학은 인류 복지에 이용될 수 있기 때문에, 과학자는 일반 시민보다 큰 책임을 진다는 입장을 천명했다. 또한 1957년에 시작된 퍼그워시 운동(Pugwash Movement)에는 마리 퀴리를 비롯한 수많은 노벨상 수상자들이 참여했다.

과학이 문제를 야기할 때마다 스스로 문제를 제기해 온 과학자들의 전통은 과학이 상업화되고 불평등을 강화시키는 상황에서도 다시 힘을 발휘했다. 1998년에 매사추세츠 주 우즈홀에 모여서 공익 과학 협회(Association for Science in the Public Interest, ASIPI)라는 전문가 그룹을 형성한 다양한 분야의 과학자들이 제시한 주요 목표는 다음과 같다.

- 공공선에 봉사하는 과학

- 개인, 기업, 그리고 전문가 사회의 이익보다 공익을 위해 봉사한다.

- 공익 과학이 어떻게 수행될 수 있는지 제시하고, 기초 연구의 정책과 응용 사례들을 논하고 그 영역을 확장시키기 위한 논의의 장을 제공한다.

- 공익 연구 분야의 가능성을 만들어 내고 그것을 지원하는 기반 구조를 가진 문화를 창조한다.

- 공적 자금으로 공익 차원에서 공중을 위해 이루어지는 과학 연구의 질을 높이기 위해 연방 차원의 연구 실행에 영향력을 행사하고 논쟁과 정책 토론에 참여한다.

- 과학자들, 특히 학생들을 모집하고 훈련시킨다.

- 과학자들에게 공익 연구를 수행할 수 있는 실질적인 수단을 제공한다.

이러한 목표를 기반으로 이 그룹은 공익 과학을 다음과 같이 정의한다. 공익 과학이란 일차적으로 공공선을 진전시키기 위해 수행되는 과학이다. 공익 과학이 다른 과학과 구분되는 특징은 첫째, 가장 우선되는 수혜자는 사회 전체, 미래 세대, 또는 스스로 자신을 위해 연구를 수행할 수 없는 구체적인 "대중"이다. 둘째, 연구 결과는 누구든 자유롭게 활용할 수 있어야 한다. 즉 특허나 전유, 또는 접근에 대한 독점이 있어서는 안된다. 셋째, 연구 결과는 공중의 구성원들과의 협의를 거치거나 공동 연구로 개발되어야 한다. 넷째, 연구에 내포되는 가치나 가정, 맥락은 숨김없이 밝혀져야 한다.[6]

2) 지향점으로서의 공익 과학, 공익 과학 운동

최근 우리 과학은 황우석 사태를 거치면서 벗어나야 할 많은 대상을 확인했다. 비윤리성, 성과주의, 애국주의, 과학 부정 행위 등이 그런 요소에 포함된다. 사실 이런 숱한 문제점을 극복하는 것도 벅찬 노릇이다. 관점을 넓히면 실제로 과학뿐 아니라 우리 근대사 자체가 '벗어나기'로 일관해 왔다고도 할 수 있다. 봉건에서, 일제에서, 전쟁에서, 가난에서, 독재에서 벗어나기 등이 그런 예에 해당한다.

그러나 이러한 벗어나기가 가능해지려면 나아가야 할 지향점이 요구된다. 지향점과 결합되지 않은 벗어나기는 많은 위험성을 내재한다. 지향점의 부재로 비어 있는 틈으로 수치화된 성장주의, 맹목적 국가주의, 성과를 무시하는 결과주의 등이 스며들 여지가 많기 때문이다. 특히 서구의 과학 기술을 받아들이고 추격하느라 여념이 없던 상황에서 성장이나 혁신이 물화되어 그 자체가 목표인양 인식되는 양상도 나타난다.

시민과학센터가 주창한 과학 기술의 민주화도 그동안 과학 기술의 신비주의의 해체, 과학 기술을 전문가들의 영역으로 치부하는 엘리트주의와 권위주의로부터의 벗어남에 방점을 찍었다. 이러한 측면에서 시민 과학센터는 얼마간의 성과를 거두었다고 할 수 있다. 과학 기술을 시민 운동의 영역으로 포괄하고, 과학 기술 민주화나 기술 시민권과 같은 개념들을 확산하고, 합의 회의와 같은 시민 참여 제도를 어느 정도 정착시킨 것이 그러한 성과에 해당한다. 그러나 과학 기술 민주화가 그 자체로 지향성을 갖지는 않는다.

이러한 과학 기술 민주화의 기획은 공익 과학이라는 지향점을 분명히 할 때 새로운 단계로 올라설 수 있을 것이다. 우리 과학은 아직도 벗어나야 할 많은 것들을 안고 있지만, 이 벗어남의 과제는 지향해야 할 가치의 적극적 제기를 통해서만 비로소 이루어질 수 있을 것이다.

공익 과학은 아직 우리에게 낯선 개념이다. 사실 우리 과학의 상황에서는 이러한 개념이 들어설 여지가 적은 형편이다. 따라서 공익 과학은 세워내야 할 개념이며, 그 자체가 사회 운동이다. 이것이 운동인 까닭은 지향하는 목표와 체계적이고 지속적인 노력이 필요하기 때문이고, 사회 운동이라 칭하는 것은 과학 분야만의 노력이 아니라 다른 영역의 시민 운동과의 포괄적인 협조, 그리고 시민 사회의 공유가 있어야 가능하기 때문이다. 공익 과학에 대한 논의는 우리 시민 사회가 겪고 있는 여러 문제들에 걸쳐 있다.

(1) 포괄 범주

공익 과학에 대한 논의는 현재 이루어지고 있는 과학적 실행에 대한 문제로 국한될 수 없으며, 그 밑에 깔려 있는 세계관을 정면으로 다룰 수밖에 없다. 그동안 사회 운동이 과학 기술에 미친 영향이 지나치게 과소평가되었다고 주장하는 재미슨은 근대 과학의 수립 과정과 함께 진행된 사회 운동이 궁극적으로 인지적 실천(cognitive praxis)이었으며, 단지 과학 바깥에서 주장을 제기하고 그친 것이 아니라 실제로 과학의 내용 속으로 그 영향이 깊이 스며들었다고 주장한다. (Jamison, 2006) 따라서 사회 운동으로서의 공익 과학 운동은 다음과 같은 범위들을 포괄한다.

- **근대 과학의 세계관에 대한 근본적인 문제 제기**

  우리가 이미 이러한 세계관을 내화하고 있다는 면에서 이것은 우리 스스로를 굽어보는 작업이기도 하다. 울리히 벡을 비롯한 성찰적 근대론자들이 성찰을 "우리가 초래한 결과(그중에서 과학 기술이 중요한 역할을 한다.)에 스스로가 대면하는 것"이라고 했듯이, 우리는 지금 우리가 처한 외부 조건에 대해 논할 뿐 아니라 스스로의 안쪽을 들여다보아야 하는 이중적 과제를 안고 있다. 이러한 부담 자체가 우리가 처한 딜레마 상황, 즉 우리가 과학 기술에서 벗어날 수 없으면서 동시에 과학 기술을 그 뿌리에서 성찰한다는 딜레마를 은유한다.

- **현재 진행 중인 과학적 실행의 사회적, 윤리적 차원들**

  과학의 상업화로 인한 사회적 문제들을 적시하고, 그것을 극복하기 위한 지향점을 제시하기 위해서 시민 사회의 각 영역들과 함께 노력할 필요가 있다.

- **과학 연구를 둘러싼 제도, 문화의 문제**

  과학의 상업화로 인해서 과학 연구 프로그램 자체에 대한 문제 제기로, 경쟁·성과 중심으로 구성된 연구 조직이나 법제를 극복할 대안이 제기되어야 한다.

(2) 지배적인 가치들의 재구성

아직 우리에게 공익성은 구체화되지 못한 개념이고 실천적으로 채워 넣어야 할 개념이다. 이 개념을 수립하는 과정은 현재 우리 사회에서 지배적인 지위를 차지하고 있는 가치들을 근원적으로 재구성하는 노력을 통해서만 가능할 것이다. 가령 성장, 발전, 혁신 등이 그런 개념들에 해당한

다. 시장경제의 단순한 확장으로 분배의 정의가 이루어질 수 없고, 혁신
이 거듭된다고 해서 혜택이 모든 사람들에게 자동적으로 돌아가지 않기
때문이다.

또한 진보나 평등처럼 기존의 사회 운동에서 폭넓게 받아들여졌던
가치들도 재구성할 필요가 있다. 그동안 진보를 떠받쳐 온 핵심 가치인
"민주, 성장, 분배, 평등도 사람과 사람의 관계를 규율하는 규범에 불과하
고 그 실현이 물질 생산의 극대화를 필연적으로 전제"한다는 점에서 산
업화와 인간 중심적 발전의 틀에서 벗어나지 못한다. (조명래, 2006)

따라서 오늘닐 우리가 직면하고 있는 위기는 전통직인 사회 계층
사이의 불평등(사회적 불평등)에 국한되지 않고 인간 중심주의가 극복되지
못하면서 야기된 사람과 자연 사이의 불평등(생태적 불평등)까지 더해져 복
합적인 위기를 맞고 있는 셈이다. 우리가 직면하고 있는 불평등은 생태적
불평등의 문제와 동떨어진 것이 아님을 인식하기 위해서는 기존의 가치
들을 단순히 확장하는 것만으로는 불가능하며, 기존의 접근 방식과 해
결 방안에 대한 성찰을 통해 새로운 가치들을 재구성할 필요가 있다. 결
국 공익 과학의 지향점에는 인간의 이익이 인간만의 이익으로 얻어질 수
없다는 인식이 포괄될 필요가 있다.

4. 공익 과학을 위한 과제들

공익 과학을 수립하는 과제는 한편으로는 대중들에게 능력을 부여하고,
다른 한편으로는 전문가 집단 내에서 동시에 수행되어야 할 것이다. 두

영역은 공익 과학에 대한 논의에서 짚어야 할 중요한 맥락들이다.

1) 공익 과학과 대중

과학사회학자 수전 코젠스(Susan E. Cozzens)는 과학 기술의 불평등에 대한 대응 양식은 단지 분배의 문제로서가 아니라(즉 단순히 결손이나 결핍을 채워주는 것이 아니라) 이 문제를 해결하기 위한 노력에 적극적으로 참여시킴으로써 능력을 부여(empowerment)하고 공동체 전체가 건강하고 튼튼해지도록 노력하는 과정이 되어야 한다고 주장했다. 그 까닭은 과학의 상업화라는 구조적 요인으로 인해 불평등이 계속 확대 재생산되고 있기 때문이다. 이 것은 사회 전체의 건강성을 높이고 사회 전체의 문제 해결 능력과 위기 대처 능력을 강화시키는 길이다.

지금까지 새로운 기술이 사회에 도입될 때마다 불평등이 심화되고, 그것을 치유하려는 노력들이 별반 실효를 거두지 못한 중요한 원인은 불평등을 결과로서 간주하고, 자원에 대한 접근이나 배분의 문제로 국한시켰기 때문이다. 이것은 사회적 약자들에게 과학 기술에 대한 접근 가능성을 높이고 지원을 확대하는 소극적인 방식이 아니라 사회 구성원들을 정책 수립과 실행에 참여시켜서 날로 높아지는 불확실성에 대응할 수 있는 튼튼한(robust) 공동체를 형성해 나간다는 적극적인 대응이다. 이러한 맥락에서 지금까지 시민과학센터가 추구해 왔던 과학 기술의 시민 참여는 중요한 의미를 가진다.

그러나 시민 참여가 최근 많은 한계를 드러내고 있는 것도 사실이다. 특히 시민 참여가 힘을 발휘할 수 있는 사회 문화적 기반이 취약한 상황에서는 정책 집행을 위한 도구로 전락할 위험이 있다. 또한 최근 일련의 사회적 논쟁에서 그 단편이 드러나듯이 시민들이 스스로 공익보다 사익과 기업적 가치를 대변할 가능성은 점차 높아진다고 볼 수 있다. 따라서 숙의 민주주의가 제대로 작동할 수 있는 실질적인 가능성을 확보하는 것이 요구된다.

2) 전문성의 재구성

황우석 사태에서 나타났던 문제점 중 하나는 우리 전문가 사회의 현상과 관련된다. 우리 사회에서 중요한 기득권 세력이자 전문가 집단인 과학자와 의사들은 황우석 사태에서 상대적으로 소극적인 자세를 유지했다. 이런 사건들을 겪으면서 과연 우리 사회에서 전문성(expertise)이란 어떤 의미를 가지는가의 물음이 제기된다.

우리의 전문가 사회는 역사적으로 자기 정체성을 형성하지 못하면서 양적인 팽창을 이루고 사회의 기득권층으로 고착화되는 과정에서 여러 부정적 양상을 띠는 경향이 있다. 그것은 전문성을 수단이나 자원으로서만 인식하는 경향이다. 경제적 이해 관계나 장래성 등의 가치가 횡행하면서 개인적으로는 입신양명의 수단으로 인식되고, 집단으로는 배타성과 권위주의, 엘리트주의로 스스로를 보호하고, 국가는 경제 성장 등을 위한 수단으로 이러한 전문성을 동원하면서 배타주의나 특권주의를 온존시키는 문제점이 있다.

"수단 또는 자원으로서의 전문성"은 크게 세 가지 층위로 나누어 볼 수 있다.

● 첫째, 개인의 자원으로서의 전문성

● 둘째, 집단 자원으로서의 전문성

● 셋째, 국가 자원으로서의 전문성

따라서 우리의 전문가 사회는 자기 집단에 대한 충성도가 높은 반면 사회적 책임에 대한 인식은 상대적으로 미약하다고 볼 수 있다. 공익 과학 운동은 재미슨이 "운동 지식인(movement intellectual)"이라고 표현했던, "사회적 역할과 자신의 영역에서의 전문적 역량을 결합시키는 전문가"들 없이는 불가능하다. 우리의 전문가 사회는 공익을 위한 노력을 스스로의 전문성에 포괄시키는 방향으로 스스로의 전문성을 재구성할 필요가 있다. "공익적 전문성"은 공익 과학 운동이 새롭게 세워내야 할 새로운 전문성이다.

5. 나가는 말

최근 과학 기술 정책의 영역에서 제기되는 이른바 소용에 닿는 STS를 둘러싼 논쟁은 사회 운동으로서의 공익 과학 운동이 현실에 미칠 수 있는 영향력 문제에 어떤 태도를 취해야 하는가에 대해 여러 가지를 시사한다. 웹스터는 그동안 과학사회학이 인식론적 울타리(epistemological fence)에 걸터앉아서 비판적인 담론을 생산하는 데 머물었다고 지적했다. 그는 STS 연구자들이 과학 기술 정책에 기여할 수 있는 장이 많이 열려 있으며(사회적 요구의 증대), STS 연구자들이 정책 수립 현장에 직접 뛰어들어야 한다고 주장한다. 그는 이것을 '소용에 닿는 STS(serviceable STS)'라고 불렀다. (Webster, 2007)

이 논의를 사회 운동으로서의 공익 과학 운동에 적용시키면 최근 우리가 안고 있는 주된 고민 중 하나에 대한 논점을 제기할 수 있다. 그것은 이른바 사회 운동의 영향력 딜레마이다. 브라이언 원은 같은 저널에 실은 "영향력의 망상에 눈이 멀었는가?(Dazzled by the Mirage of Influence?)"라는 반론에서 웹스터의 주장을 비판한다. 그는 단기적, 사안별, 정책 개입적 지향과 장기적, 종합적, 문화역사적 지향을 대비시킨다. 전자는 실용적이며 말 그대로 "소용에 닿는(또는 그런 것처럼 보이는)" 지향이고 후자는 보다 근본적이고 비판적 지향이다. 원은 전자가 가능하기 위해서는 후자의 기반이 필요하다고 주장한다.(Wynne, 2007)

역시 웹스터에 대해 반론을 제기한 헬가 노보트니는 웹스터에게 "진짜 그런 정책 공간(policy room)이 열려 있는가?"라고 묻는다.(Nowotny, 2007) 그는 이것이 STS의 관점에서 본 일면적인 것일 수 있다고 지적하면서, 오히려 기존의 강고한 정책적 흐름 속에 편입되고 동원될 수 있다고 주장한다.

실제로 시민과학센터도 정책 공간의 참여가 행여 정부가 요구하는 시민 운동의 자리를 채워 주고, 기존의 성장주의 정책 방향에 약간의 다른 견해를 첨가해서 또 다른 정당화를 도와주는 것이 아닌가 하는 의구심을 품어 왔다. 그렇다고 해서 정책 현장에 대한 참여가 잘못이라는 말은 아니다. 다만 현재 지향점으로서의 공익 과학의 이념이 정립되지 못하고 시민 참여의 기반이 성숙되지 못하며 각 영역의 전문가 사회가 정체성을 수립하지 못하는 상황에서는 자칫 소진될 우려가 있다.

현재 젊은 활동가들의 유입이 급격히 줄어들면서 고사 위기까지 맞고 있는 상당 부분의 시민 사회 운동은 결국 어느 쪽에 자신의 역량을 투여할 것인지 선택할 수밖에 없다. 이것은 공익 과학을 비롯해서 각 부문 운동들이 지속성 확보와 재생산을 위한 노력을 함께 할 수밖에 없음을 뜻하기도 한다. 결국 공익 과학 운동은 단기적 영향력보다는 제반 사회 운동과의 공동 노력을 통해서 공익 과학의 이념을 수립하면서 꾸준히 담론 경쟁을 해 나가는 장기적인 노력이 되어야 할 것이다.

김동광

고려 대학교 독어독문학과를 졸업하고 같은 대학원 과학기술학 협동 과정에서 생명 공학과 시민 참여에 대한 연구로 박사 학위를 받고 현재 고려 대학교 과학기술학연구소 연구 교수이다. 주로 과학 기술과 사회와 관련된 주제로 공부하고, 강의하고, 번역하고, 글을 쓰고 있다. 그밖에 SF, 과학 커뮤니케이션, 과학과 기술의 역사, 과학 기술과 문학 등에도 잡다하게 관심이 있다. 시민과학 센터에서 《시민과학》을 내고 있으며, 지은 책으로 『생명공학과 인간의 미래』(2007년, 공저), 『한국의 과학자 사회』(2010년, 공저) 등이 있고 옮긴 책으로 『기계, 인간의 척도가 되다』(2011년), 『부정한 동맹』(2009년) 등이 있다.

3

한국의 과학 기술은
공익을 위해 연구되고 있나?

국가 연구 개발 투자와 공익 연구 개발을 중심으로[1]

1. 들어가며

적어도 한국 사회에서, 과학 기술과 관련해 흔들리지 않는 믿음 중에 하나가 연구 개발을 많이 할수록 좋다는 생각이다. 매번 선거 시기보다 대다수 정당들은 정부의 연구 개발 예산을 얼마나 확대할 것인지를 두고 경쟁하듯 공약을 발표하기도 하고, 언론들은 32조 원에 달하는 기업 접대비를 연구 개발에 투자하는 것이 오히려 더 생산적이라고 힐난한다. 투자할 돈이 없어서 문제지, 돈만 있다면 연구 개발에 많이 투자하면 투자할수록 좋다는 인식이 넓게 퍼져 있는 것이다.

그러나 연구 개발 투자만 늘어난다고 능사일까. 그렇지 않다. 한정된 재원에서 투자된 연구 개발비가 적절한 연구 성과를 낳고 있는지는 오래 전부터 연구 개발 정책의 관심이었다. 연구 개발 투자 규모가 선진국 수준에 도달할 만큼 증가한 시점에서 단순히 투자 규모를 증가시키는 것이 중요한 것이 아니라, 얼마나 효율적으로 투자를 하느냐의 문제가 강조되고 있다. 하지만 이와는 별도로 어느 분야에 연구 개발 투자를 할 것인가 하는 전략에 관한 질문도 본격적으로 제기되고 있다. 특히 단순히 선진국을 뒤따르는 시기는 넘어서 우리 스스로가 전 세계 연구 개발의 선두에 서게 되는 '탈추격형 기술 혁신 체제'[2]에서는 더욱 그렇다.

이런 상황에서 국가 연구 개발 투자의 방향과 우선 순위에 대한 진지한 재검토가 필요하다. 그리고 그것은 지금까지 경제 정책이나 산업 정책의 하위 수단으로 인식되었던 국가 연구 개발 사업에 대한 재인식을 필요로 한다. 민간 기업의 연구 개발 투자와 다르게, 국민의 세금에 기반을 두고 공공 영역에서 이루어지는 국가 연구 개발 사업의 정당성은 단순히 기업의 '기술 경쟁력' 향상이라는 목표 제시로는 더 이상 충분하지 않다. 국가 연구 개발 사업의 목표는 환경, 안전, 복지 등과 같이 보다 공익적인 분야로 확대되어야 한다.

이 글은 국가 연구 개발 투자의 방향과 우선 순위를 '공익'에 맞춰 재조정해야 한다는 인식에 기반하고 있다. '공익'이 무엇인지 잘 설명하기란 대단히 어려운 일이지만, 여기에서는 사회 경제적 약자에게 정의롭고 환경적으로 지속 가능한 사회를 만드는 것이라고 잠정적으로 정의하자. 또한 공익 연구 개발이란 그러한 공익을 증진시키기 위한 연구 개발이라고 정의한다. 이 글은 '공익'이라는 측면에서 한국의 국가 연구 개발 사업과 거버넌스 구조 등을 살펴보는 것을 목표로 한다.

먼저 국가 연구 개발 투자와 그중에서 발굴해 낸 공익 연구 개발 투자의 현황에 대해서 거시적 차원에서 살펴보고, 두 번째는 국가 연구 개발 사업의 거버넌스 구조 및 접근 방식을 비판적으로 검토한다. 세 번째는 재생 에너지와 유기 농업 기술 분야를 사례로 해, 공익 연구 개발 투자의 현황과 쟁점에 대해서 간략히 살펴본다. 마지막으로 한국에서 공익 연구 개발 사업의 활성화 방안을 간략히 논의하도록 하겠다.

2. 한국 국가 연구 개발 투자 및 공익 연구 개발 투자의 현황

1) 한국 국가 연구 개발 투자 현황

한국의 공익 연구 개발 투자 현황을 보기 전에, 한국의 연구 개발 투자 전체 현황에 대해서 간략히 살펴보도록 하자. 앞서 언급한 것처럼, 한국의 총 연구 개발 투자(정부 및 민간 부문 투자의 합계) 규모는 꾸준히 증가해 왔으며, 절대액이나 GDP 대비 비중에 있어서 이미 세계적인 수준에 도달해 있다. 과학기술부에 따르면 2005년도 현재 한국의 총 연구 개발 투자액은 약 24조 원에 해당하며 절대액의 측면에서 OECD 국가 중 7위를 차지한다. 또한 GDP대비 투자 비중도 2.99퍼센트로 세계 10위에 해당하며, OECD 회원국의 평균인 2.26퍼센트를 상당히 넘어서고 있는 것이다. 한국 총 연구 개발 투자를 재원별로 나눠 보면 기업 등의 민간 부문에서의 투자 비율이 계속 증가하고 있다. 예를 들어 1999년에 민간 부문이 차지하는 비율이 70퍼센트였던 반면, 2005년 민간 부문이 76퍼센트를 차지하고 있다. 한국의 연구 개발 활동에서 기업 등의 민간 부문의 역할이 점점 더 커지고 있다는 것을 의미한다.

　민간 영역의 연구 개발 투자가 커진다고는 해도 정부 연구 개발 투자가 축소되거나 정체해 있는 것은 아니다. 1999년부터 2005년까지 정부의 연구 개발 투자는 연평균 10.7퍼센트의 급격한 증가율을 보여 주고 있다. 이는 정부 일반 회계의 연평균 증가율이 8.3퍼센트인 것에 비하면 대단히 높은 것이다. 또한 일반 회계 내에서 R&D예산의 비율은 1999년 3.7퍼센트에서 2005년에는 4.2퍼센트까지 증가했다. 그리고 2005년도 정부의 총 연구 개발 투자(일반 회계+특별 회계+기금)는 7조 7000억 원에 달하며 2007년에는 10조 원을 넘어서기에 이르렀다. 정부 연구 개발 투자도 급격히 증가하고 있는 것이다. 이에 따라 이제는 정부 연구 개발 투자의 양적 확대보다는 국가 연구 개발 사업에 필요한 연구 기획과 효율적 예산 사용으로 정책적 관심이 이동해야 한다는 주장이 제기되고 있다. (과학기술정책연구원, 2007) 필자가 국가 연구 개발의 공익성을 강조하는 맥락도 이것과 맞닿아 있다.

표 1. 국가 연구 개발 사업 규모 변화 추이(1999~2005년)

(단위: 1억 원)

구분	1999년	2000년	2001년	2002년	2003년	2004년	2005년	연평균 증가율
일반 회계 예산 (A)	836,851	887,363	991,801	1,096,298	1,181,323	1,201,394	1,352,156	8.3%
R&D 일반 (B)	30,688	35,313	41,635	48,501	52,678	57,418	56,612	10.7%
(B/A, %)	(3.7)	(4.0)	(4.2)	(4.4)	(4.5)	(4.8)	(4.2)	—
R&D 예산 (일반+특별)	32,740	37,495	44,853	51,583	55,768	60,995	67,368	12.8%
R&D 기금	4,327	4,479	12,487	9,833	9,386	9,83.2	10,628	16.2%
정부 R&D 총투자	37,067	41,974	57,340	61,416	65,154	70,827	77,996	13.2%

(출처: 국가과학기술위원회(2006a)

2) 공익 연구 개발 투자의 현황

이제 본격적으로 한국의 공익 연구 개발 투자의 현황에 대해서 살펴보 겠지만, 사실 결코 쉬운 일이 아니다. 왜냐하면 과학기술부의 국가 연구 개발 투자 통계에서 공익 연구 개발이라는 항목이 존재하는 것이 아니 기 때문이다. 물론 최근 들어 정부는 '공공 복지 기술' 분야를 별도로 구 별해 국가 연구 개발 사업 예산의 배분·조정을 하고 있지만, '공공 복지 기술'에는 군사 목적의 연구나 원자력 분야에 대한 연구 등, 공익성 분야 로 볼 수 있는지 논란이 많은 부문까지도 포함하고 있어서 필자가 강조 하는 공익 연구 개발에 대한 현황을 보여 주는 통계로는 적절하지 않다.[3] 따라서 연구 개발 투자와 관련된 기존의 여러 통계들을 통해서 간접적 으로 추정해 볼 수밖에 없다.

(1) OECD 경제 사회 목적별 분류에 따른 현황

우선 OECD의 경제 사회 목적별 분류에 의해서 분석된 현황을 살펴보 자. 이를 보면 한국 정부의 연구 개발 투자는 산업 생산 및 기술 분야에 편중되어 있다는 것을 확인할 수 있다.[그림 1 참조] 이 분야의 투자 비중이 점 차 낮아지기는 하지만 2005년에도 여전히 33퍼센트에 달해서 대단히 높다는 것을 확인할 수 있다. 또한 2004년부터 '국방' 분야에 대한 연구 개발 투자가 급격히 증가하면서 그 비중이 2003년 0.9퍼센트에서 2004년 5.2퍼센트로, 다시 2005년에는 12.4퍼센트로 증가했다.[4] 산업과 국방 분 야에 투자된 정부의 연구 개발 투자는 2005년 현재 전체의 45.9퍼센트 로 거의 절반에 달한다.

반면 삶의 질·건강·안전 등과 직접 관련된 분야들은 건강 증진 및 보건(9.0퍼센트), 에너지 생산 배분 및 합리적 이용(8.4퍼센트), 농업 생산 및 기술(6.4퍼센트), 환경 보전(4.1퍼센트)를 차지하고 있어, 전체의 총 28퍼센트에 불과했다. 이는 한국 정부의 연구 개발 투자가 산업 편향적이라는 사실을 다시 한번 확인시켜 줄 뿐 아니라, 국방 분야의 연구 개발 투자 증가로 군사적인 측면을 강화되고 있다고 평가할 수 있다. 이에 따라서 산업 편향적인 연구 개발 투자 전략을 변화시켜 포트폴리오의 다변화의 필요성이 제기되고 있다.(KISTEP, 2006a)

(2) 정부 부처별 연구 개발 투자 현황

한편 정부 부처별 연구 개발 투자 현황도 살펴볼 수 있다.[5] 산업/군사 지

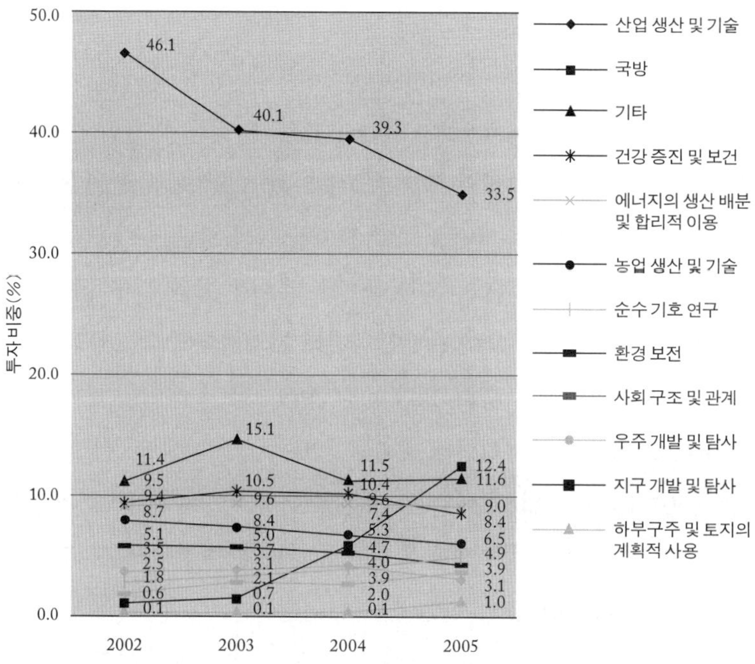

그림 1. 경제 사회 목적별 국가 연구 개발 투자 비중 (단위 : 퍼센트)

(자료: KISTEP, 과학기술지표통계)

표 2. 산업/군사 지향성 부처 및 공익 연구 지향성 부처의 연구 개발 투자 현황 비교 (단위: 억 원, 퍼센트)

구분	2004년		2005년		2006년		2007년	
	연구비	비중	연구비	비중	연구비	비중	연구비	비중
총 정부 R&D투자	59,847	100	77,422	100	89,096	100	97,629	100
산업자원부	16,403	27.4	18,393	23.8	19,956	22.4	21,836	22.4
과학기술부	16,905	28.2	19,549	25.3	21,691	24.3	23,460	24.0
국방부	2,931	4.9	9,764	12.6	10,618	11.9	12,584	12.9
정통부	6,996	11.7	6,586	8.5	8,028	9.0	7,833	8.0
소계	43,235	72.2	54,292	70.1	60,293	67.7	65,713	67.3
보건복지부	1,544	2.6	1,851	2.4	1,969	2.2	1,808	1.9
환경부	1,301	2.2	1,344	1.7	1,458	1.6	1,678	1.7
식품의약품안전청	384	0.6	397	0.5	549	0.6	586	0.6
기상청	172	0.3	199	0.3	304	0.3	437	0.4
소방방재청	39	0.1	28	0.0	103	0.1	135	0.1
소계	3,440	5.7	3,819	4.9	4,383	4.9	4,644	4.8

(출처: KISTEP, 과학기술지표통계 및 과학기술부(2007) 자료)

향성이 강한 과학기술부,[6] 산업자원부, 정보통신부, 국방부 등이 정부 연구 개발 투자를 주도하고 있다.[표 2 참조] 구체적으로 2007년도 국가 연구 개발 투자를 보면, 연구 개발 투자액의 5순위에 4개 부처가 포함되었으며, 기초 연구에 집중하는 교육부가 나머지 하나를 차지하고 있다. 교육부를 제외한 5개 부처가 2007년도에 투자한 연구 개발비는 6조 5000여 억 원으로서 전체 정부 연구 개발 투자의 67.3퍼센트를 차지한다. 이에 반해서 국민들의 삶의 질, 건강, 환경, 안전 분야 등에 직접 관련된 부처인 보건복지부, 환경부, 기상청, 소방방재청, 식품의약품안전청의 연구 개발비는 4600억 원에 불과해 총 정부 연구 개발 투자의 4.8퍼센트에 해당할 뿐이다. 이 역시 정부의 산업 편향적인 연구 개발 투자의 실태를 확인해 주고 있다.

표 3. 공익 관련 연구 개발 사업의 현황

구분	사업수	예산액(100만 원)
과기부	4	33,659
산자부	7	262,272
교육부	1	3,423
농진청	3	12,150
건교부	1	16,400
복지부	6	44,903
해수부	13	86,718
환경부	5	49,735
농림부	2	19,041
식약청	14	51,876
기상청	4	14,556
방재청	5	10,283
소계	65(18%)	605,016(7.3%)
정부 총연구 개발 사업	361	8,260,058

(출처: KISTEP, 2006b)

(3) 국가 연구 개발 사업의 사업 목적 분석을 통한 현황

또 국가 연구 개발 투자를 사업(프로그램) 수준에서 파악해 봐도 공익적 분야와 관련된 연구 개발 투자가 대단히 부족하다는 것을 확인할 수 있다. 정부 30개 부·청에서 수행하는 420여 개의 연구 개발 사업 중에서 국가 과학기술위원회의 심의 대상이 되는 사업은 18개 부·청의 361개 사업(예산은 8조 2601억 원, 2006년도 기준)이다. 이중에서 사업 목적이 '안전', '방재', '환경', '복지', '재생 에너지' 등과 관련된 각 부처의 연구 개발 사업을 뽑아보면, 11개 부·청의 65개 사업으로 전체 사업 수의 18퍼센트에 해당한다. 이를 예산액으로 기준으로 보면, 대략 610억 원으로 전체의 7.3퍼센트에 불과하다. 이상에서 살펴보았듯이 한국 정부의 국가 연구 개발 사업 투자는 산업/군사 편향적이며 국민들의 삶의 질, 안전, 복지, 건강, 환경 등과 관련된 공익 연구 개발 투자는 대단히 부족하다는 것을 확인할 수 있었다.

3. 국가 연구 개발 거버넌스 구조: 공익 연구 개발의 가능성과 한계

1) 국가과학기술위원회 구성과 국가 연구 개발 투자 방향의 설정

한국 정부의 연구 개발 투자가 상대적으로 공익적 분야에 과소 투자되고 있는 상황을 과학 기술 정책, 특히 연구 개발 투자 정책에 있어서의 거버넌스 문제와 연결시켜서 좀 더 살펴보도록 하자. 핵심에는 국가과학기술위원회가 있다. 국가과학기술위원회는 과학 기술 기본법에 "국가 연구 개발 사업의 예산의 배분 및 조정과 효율적 운영에 관한 사항"과 "중·장기 국가 연구 개발 사업 관련 계획의 수립에 관한 사항" 등을 심의하고 있기 때문이다.[7]

그 구성을 보면, 대통령과 과학기술부 총리가 각각 위원장 및 부위원장이며 13개 과학 기술 관련 부처 장관이 당연직 위원이다. 또한 민간 위원으로 "과학 기술에 관한 전문 지식 및 경험이 풍부한 자"로 위원장이 위촉하는 6명이 추가된다. 그런데 민간 위원은 주로 산업계, 연구계, 학계 인사들로 구성되어 일반 시민들의 공익적 관심사를 반영하기보다는 산업계나 연구자의 관심사와 이해 관계를 반영하기 더 쉬운 상황이다.[8] 한편 간사는 과학 기술 혁신 본부장이 맡고 있다.

그런데 국가과학기술위원회의 산하 실무 위원회의 상황도 비슷하다. 국가과학기술위원회는 위원회가 위임하는 안건을 심의하기 위해서 산하에 운영 위원회와 2개의 특별 위원회(국가 과학 기술 혁신 특별 위원회 및 차세대 성장 동력 추진 특별 위원회)를 설치하고 있다. 이외 기초과학연구진흥협의회도 설치되어 있다. 여기서 국가 연구 개발 사업 예산 배분·조정이나 중장기 사업 계획에 대한 안건을 준비하고 사전 검토하는 역할은 운영 위원회 및 기획·예산 조정 전문 위원회가 맡고 있다.

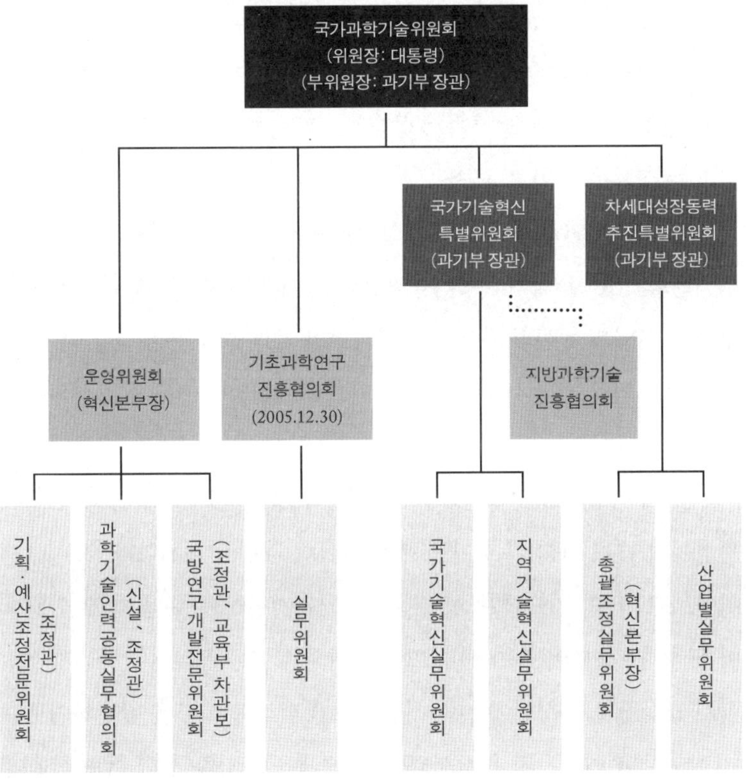

그림 2. 국가과학기술위원회 조직표
(출처: 국가과학기술위원회 홈페이지)

표 4. 국가과학기술위원회 및 산하 주요위원회의 위원 구성 현황

구분	민간 위원 명단
국가과학기술 위원회	2005.8.29~2007.8.28: 채영복(과학기술단체총연합회), 　　윤종용(삼성전자(주) 부회장), 윤대희(연세 대학교 교수), 　　손혁재(참여연대 위원장), 신미남(퓨얼셀파워 대표이사), 　　이병택(전남 대학교 공대 학장), 송혜자(한국여성벤처협회 회장) 2006.2.1~2008.1.31: 이상룡(경북 대학교 교수)
운영 위원회	2003.12.9~2007.12.6: 이명성(SK텔레콤 전력기술부) 2005.12.7~2007.12.6: 조겸래(부산 대학교 공대 학장), 　　옥동석(인천 대학교 교수), 이영남(이지디지털 대표 이사), 　　장하경(광주 대학교 교수)
기획·예산 조정 전문 위원회	2007.2.20~2009.2.19: 최순자(인하 대학교 교수), 김영수(부경 대학교 교수), 　　유왕돈((주)진매트릭스 대표 이사), 문길주(KIST 부원장), 　　박승오(한국 과학 기술원 교수), 김소형(한국바이오벤처협회 사무처장), 　　이희일(한국 해양 연구원 책임연구원), 정혜경(호서 대학교 교수), 　　문애리(덕성 여자 대학교 교수), 이수정((주)이포넷 대표 이사), 　　박진(KDI국제 정책 대학원 교수), 장규태(한국 생명 공학 연구원 책임 연구원), 　　김병일(순천 대학교 교수), 이승종(서울 대학교 교수), 　　한문희(한국 에너지 기술연구원 책임연구원)

(출처: 국가과학기술위원회 홈페이지, 2007년 5월 현재)

그런데 표 4에서 보듯이, 운영 위원회와 기획·예산 조정 전문 위원회에서도 정부 측 의원을 제외한 민간 위원의 참여는 산업계, 학계, 연구계로 제한되어 있다. 안전, 환경, 삶의 질 등과 같은 시민 사회의 관심사가 이런 구조를 통해서 충분히 반영되기 어렵고, 또한 반영된다고 하더라도 기술 중심주의적인 시각을 가진 전문가를 통해 걸러지면서 사회적 맥락이 상실된 형태가 될 가능성이 높다.[9]

한편 국가과학기술위원회는 국가 연구 개발 사업의 예산을 기획·조정하는 역할을 점차 강화해 왔다. 이러한 과정에서 국가 연구 개발의 투자 방향과 우선 순위 등이 적어도 담론 수준에서는 일정하게 긍정적

표 5. 2000년 및 2008년 국가 연구 개발 사업 주요 투자 방향 비교

연도	국가 연구 개발 사업 주요 투자 방향	비고
2000년	1. 연구 개발 예산을 정부 재정규모 증가율보다 높게 중점 확대, 2. 국가 전략 기술과 비교 우위 기술 등 핵심 기술 분야에 투자를 집중, 3. 정부 연구 개발 예산중 기초 연구 투자 비중 확대, 4. 수출 전략 핵심 제품 개발과 고용 증대에 기여하는 기술	1999년 작성
2008년	1. 미래 성장 동력 분야 지원을 통한 선진 경제로의 도약 기반 마련 2. 기초 연구·원천 기술에 대한 지원 강화로 과학 기술 경쟁력 기반 조성 3. 공공·복지 부문에 대한 투자를 확대해 국민 삶의 질 향상 4. 정보·전자 등 기업 중심의 민간 투자가 활발한 분야는 민간 역할 강화 5. 지방 R&D 투자를 확충하고 혁신형 중소 기업 육성	2007년 작성

인 변화가 있었다. 과학기술부가 처음으로 국가 연구 개발 사업의 사전 조정 활동을 시작하면서 각 부처에 제시한 "2000년도 국가 연구 개발 사업 예산 편성과 관련된 의견"의 주요 내용은 연구 개발 예산의 양적 확대, 국가 전략 기술(반도체, 정보 통신, 생명 공학, 신소재, 우주 기술) 등에 대한 투자 집중, 기초 연구 투자 확대 등, 전형적인 기술 경쟁력 중심의 국가 연구 개발 투자 전략을 보여 준다. (과학기술부, 1999)

이에 반해서 2007년에 작성된 "2008년 국가 연구 개발 사업 투자 방향"을 보면, 국가 연구 개발 투자가 크게 증가하고 연구 개발 수준도 향상되었다고 평가하면서 중장기적인 관점에서의 전략적 투자의 필요성을 강조하고 있다. (과학기술부, 2007b) 또한 정보 통신 등과 같이 민간의 역량이 많은 곳에 대해서는 국가 연구 개발 투자를 줄이겠다는 점을 밝히고 있으며, 특히 이 글에서 관심을 가지는 공익 연구 개발과 관련해서 보자면 "공공·복지 부문에 대한 투자를 확대해 국민 삶의 질 향상"을 주요 방향 중에 하나로 제시하고 있어 긍정적인 변화로 평가할 수 있다.

2) 국가 연구 개발 사업의 공익성 강화: 가능성과 한계

그러나 앞서 살펴본 것처럼, 국가 연구 개발 사업에서 '공공·복지 부문에 대한 투자확대와 그것을 통한 삶의 질 향상이라는 방향 제시'가 얼마나 근본적이고 구조적인 방향 전환인지에 대해서는 여전히 회의적이다.[10] 이는 국가 연구 개발 사업의 방향과 우선 순위 설정을 위한 거버넌스에 다양한 시민의 이해 관계를 반영할 수 있는 '참여 부족' 문제가 여전하며, 사회적 맥락을 이해하고 형성하지 못한 채 기술 개발을 통해서 삶의 질을 향상하겠다는 기술주의적 접근의 한계가 이미 예상되기 때문이다.

예를 들어서 과학 기술의 공공성/공익성 강화를 위한 방법의 하나로 서유럽 등에서 많이 실천·제도화되고 있는 '과학 상점(Science shop)'의 국내 도입에 대해서 검토해 볼 수 있다. 과학 상점이 국내에 소개된 것도 이미 10년이 넘어서고 있고, 2004년에 출범한 참여 정부에서도 과학 기술 기본 계획 등을 수립하면서 과학 상점을 도입하고 제도화할 것을 밝힌 바 있다.(국가과학기술위원회, 2004) 주류 과학 기술 정책에서 과학 상점과 같은 '과학 기술 민주화'와 관련된 제도/실천을 적어도 문서상이나마 수용했다는 점에서 진일보한 것이라고 평가할 수도 있다.

그러나 실제로 과학 상점이 국내에 정착되고 확산되고 있지 못한 현실을 비추어 볼 때, 그 한계를 지적할 수밖에 없다. 정부는 과학 상점 관련 몇몇 프로젝트를 지원했지만, 모두 과학 상점을 소개하거나 도입하기 위한 초기 단계의 정책 연구에 국한되었다.[11] 이런 점은 '과학 상점'을 '과학 대중화'라는 맥락에서 과학 문화 활동으로 이해하면서, 산업 편향적이고 전문가주의 편향을 수정해 일반 시민들의 이해 관계를 반영하려는 전반적 변화를 추구하기 위한 계기로 삼지 않았기 때문이다. 또한 과학 상점을 이런 변화를 이끌어 내기 위한 전략으로 이해하는 사회적 집단이 연구 개발 정책 거버넌스에 참여하지 못한 것도 원인이 될 것이다.

한편 사회적 맥락과 유리된 상태에서 기술주의적 편향을 가지고 진행되는 '삶의 질, 공공 복지' 목적의 기술 개발 사업의 전형은 황우석 박사의 체세포핵 이식 줄기 세포 연구 사업일 것이다. 황우석 박사의 줄기 세포 연구에는 기술 경쟁력 확보라는 명분도 강했지만, 그에 못지않게 장애인, 희귀 난치병 환자들의 치료라는 인도주의적, 복지적 명분도 상당했다.[12]

그러나 정부는 이 기술에 막대한 투자를 진행하면서도, 기술이 수용될 사회의 조건에 대해서는 전혀 고려되지 않았다. 국제적으로 특허권이 강화되고 있으며 한국도 이를 따르고 있는 상황에서, 이 기술을 위한 치료법이 현실화된다고 할지라도 대단히 높은 가격이 될 가능성이 높았다. 따라서 경제적 능력이 없는 환자는 기술에 접근할 수 없을 것이다. (한재각, 2005) 게다가 희귀 난치성 환자들에 대한 기본적인 통계조차 구축되어 있지 않은 상황에서 줄기 세포를 통해 환자를 치료하겠다는 허구성에 대해서도 지적되었다. (한재각, 2006)

오히려 당장 장애인의 복지를 향상시키기 위한 전동 휠체어와 같은 재활 보조 기술에 대한 연구 개발 투자가 시급한 상황이었다. 당시 재활 보조 기술에 투자되는 정부 예산은 1999년부터 2005년까지 7년간 과학기술부, 정통부, 보건복지부 등에서 총 440억 원으로[13] 대략 매년 62억 원씩 지원된 것으로 추산할 수 있다. 이에 반해서 과학기술부가 황우석 교수를 최고 과학자로 선정하면서 5년간 30억씩 총 150억 원을 투자하겠다는 2005년도 계획 발표와 비교해 보면, 장애인 등의 삶의 질을 향상시킨다는 목표를 가진 기술 개발 전략 속에서 특정한 편향을 확인할 수 있다. 시장에서 경제적 성공 가능성이 보다 강조되고 있었던 것이다.

이상과 같은 예들은 국가과학기술위원회가 국가 연구 개발 사업의 투자 방향을 제시하면서 삶의 질 등과 관련된 연구 개발 활동을 강화하겠다고 언급을 하는 것이 수사적인 수준에서 머물 가능성이 높다는 것을 보여 준다.

4. 한국의 공익 연구 개발의 몇 가지 사례

아래에서는 한국에서 진행되고 있는, 두 가지 공익 연구 개발 사례로서 재생 에너지 기술과 유기 농업 기술에 대해서 살펴보고자 한다. 두 분야의 기술은 에너지 고갈이나 식품 안전과 같은 사회적 문제에 대해서 대응한다는 점에서 공익적인 성격이라고 볼 수 있다. 그러나 계속되는 논의를 통해서 보겠지만, 사회적 문제에 대응하기 위한 기술 개발 노력을 모두 공익적이라고 할 수 없다. 오히려 경쟁하는 기술 및 사회 시스템 속에서 공익적 기술 개발 노력이 여전히 힘들게 분투하고 있는 모습을 보게 될 것이다.

1) 재생 에너지 기술 vs 원자력 기술

석유 고갈과 대기 환경 오염, 기후 변화 위기 등에 직면해 에너지 저소비 사회로 전환할 필요성에 따라 전 세계가 에너지 절약 및 이용 효율을 높이는 한편 재생 에너지(Renewable Energy) 개발·도입·이용에 나서고 있다. 이런 노력의 결과 재생 에너지의 사용은 점차 증가하고 있는데, 2003년도 현재 세계 1차 에너지 공급에서 차지하는 비율은 13.3퍼센트에 해당하며 매년 1.8퍼센트씩 증가해 2030년에는 2003년 기준으로 60퍼센트 이상 증가할 것으로 전망되고 있다. (IEA, 2006)

한국 역시 97퍼센트에 달하는 에너지의 극단적인 해외 의존 상황과 2013년부터 시작되는 교토 의정서 2차 기간 중에 의무 감축 국가로 포함될 것으로 예측되는 상황에서 화석 에너지를 대체하기 위한 노력이 강구되고 있다. 정부는 그런 노력의 하나로 재생 에너지 개발의 필요성을 하면서, 1987년에는 대체 에너지 기술 개발 촉진법[14]을 제정했고 2011년까지 '신·재생 에너지'를 전체 에너지 소비의 5퍼센트까지 확대하겠다는 목표도 제시하고 있다. 또 2003년에는 '제2차 신·재생 에너지 기술 개발 및 이용·보급 기본 계획(2003~2012년)'을 발표한 바 있다.

그렇다면 정부의 재생 에너지 기술에 대한 연구 개발 투자는 어느 정도가 되며, 다른 에너지원(예를 들어 화석 연료 및 원자력)에 비교하면 어느 정도나 될까. 하지만 이를 살펴보기 이전에, 정부의 재생 에너지 관련 분류와 통계의 문제점을 잠시 지적할 필요가 있다. 한국 정부는 신·재생 에너지법을 통해서 '신·재생 에너지'를 정의하고 이 범위에 포함되는 에너지원을 구체적으로 제시하고 있다.표 6 참조 그런데 정부는 여기에 에너지 관련 국제 기구(OECD/IEA)에서는 재생 에너지로 포함하지 않는 수소, 연료 전지, 석탄 액화 가스와 같은 에너지 분야를 포함시키고 있다. (OECD/IEA, 2005) 수소·연료 전지의 경우 1차 에너지가 원자력, 심지어는 화석 연료를 이용할 수도 있다는 점에서 논란이 많고[15] '석탄 액화 가스'는 온실 기체를 배출하는 화석 연료라는 점에서 통상의 재생 에너지원에 부합하지 않는다. 따라서 우리의 논의를 위해서는 신에너지 분야를 제외할 필요가 있다.

표 6. 한국의 신재생 에너지 범주 구분

구분	신에너지			재생 에너지							
에너지원	수소	연료 전지	석탄 이용	태양광	풍력	태양열	바이오	폐기물	지열	소수력	해양

산업자원부는 대체 에너지 기술 개발 촉진법을 제정한 다음 해인 1988년도 신·재생 에너지 기술 개발 사업을 추진하고 있다. 신·재생 에너지 기술 전체 연구 개발 투자에서 수소 등 3개 분야 신에너지 기술에 투자된 연구 개발비는 전체의 40퍼센트에 달하는 반면, 태양광 등 8개 분야 재생 에너지 기술이 차지하는 비중은 52퍼센트에 불과했다. 이러한 투자 현황은 정부가 석유 고갈 및 기후 변화 대응을 위해서 대안적인 에너지 기술 시스템을 개발하는데, 태양광, 풍력 등의 재생 에너지 기술 분야보다는 '수소 경제' 등을 내세우면서(수소 경제 마스터플랜) 신에너지 기술 분야에 대한 투자를 강화하는 것과 관련이 있다.[16]

재생 에너지 기술에 대한 연구 개발 투자를 전체 에너지 및 원자력 분야와 비교해 보도록 하자. 재생 에너지 기술의 연구 개발 투자는 전체 에너지 기술 분야에서 비중은 조금씩 증가하지만 여전히 대단히 적어서 2005년도 현재 6.1퍼센트에 불과했다. 또한 원자력 분야의 연구 개발 투자는 에너지 전체에서 매년 비중이 줄어들고 있기는 하지만 2005년도 현재 46.2퍼센트로 에너지 전체 연구 개발 투자의 절반에 해당할 만큼 여전히 큰 비중을 차지하고 있다. 이 통계를 이용해서 원자력과 재생 에너지를 비교해 보면, 원자력 기술 연구 개발 투자는 재생 에너지의 7.6배(2005년)에 해당한다.

한편 과학기술부와 산자부 등의 원자력 관련 부처는 원자력을 기후 변화 협약에 대비할 수 있는 깨끗한 에너지로 선전하면서 원자력 발

표 7. 에너지 전체, 재생 에너지, 원자력 분야 연구 개발 투자 현황　　　　　　　　　　(단위: 억 원, 퍼센트)

시점	에너지 전체(A)*		재생 에너지(B)**		비중 (B/A)	원자력(C)***		비중 (C/A)	비중 (C/B)
	연구비	증감율	연구비	증감율		연구비	증감율		
2002년	4,428	–	159.1	–	3.6	2,793	–	63.1	17.6배
2003년	5,140	16.1	195.9	23.1	3.8	2,821	1.0	54.9	14.4배
2004년	6,212	20.9	316.1	61.3	5.1	3,010	6.7	48.5	9.5배
2005년	6,507	4.7	395.3	25.1	6.1	3,004	-0.2	46.2	7.6배
총합/평균	22,287	13.9	1,066	36.5	4.8	11,628	2.5	52.2	10.9배

* OECD 경제 사회 목적별 분류에 따른 '에너지의 생산배분 및 합리적이용' 분야 연구 개발 투자 현황(KISTEP, 과학기술통계지표)

** 산업자원부 '신재생 에너지 기술 개발 사업'의 연구 개발 투자 현황(에너지관리공단 신재생 에너지 센터, 2007)

*** 국가 과학 기술 표준 분류 체계의 '원자력' 분야 연구 개발 투자 현황(KISTEP, 과학기술통계지표)

전의 필요성을 강조하고 있으며, 나아가 차세대 원자력 에너지로서 핵 융합 에너지 분야에 대한 막대한 예산을 투자할 계획을 세우고 있다.(국가 과학기술위원회, 2005) 국제 핵 융합로(ITER)사업에는 2015년까지 1조 5000억 원(연구 개발비 이외의 비용까지 포함)을 투자할 계획이며, 차세대 초전도 핵 융합 연구 장치(K-STAR) 운영, 한국형 핵 융합 발전소 건설 등의 국가 핵 융합 에너지 개발 기본 계획에 따라 2035년까지 4조 7000억 원을 투자할 계획으로 알려져 있다.(석광훈, 2007)

그러나 이 핵 융합 에너지는 실현 가능성을 두고 논란이 계속 되고 있는데(윌리엄 파킨스, 2007), 정부도 이 기술의 실현 시기를 최소한 2022년 이후로 상정할 정도이다.(국가과학기술위원회, 2006c) 실현 가능성에 대한 논란에도 불구하고, 정부의 원자력 분야에 대한 강조와 그와 연계된 수소 경제 발전 전략을 추구하는 것은 재생 에너지 분야가 온실 기체를 배출하는 화석 연료, 방사선 폐기물 처리 문제 등의 대안으로서 원자력·수소·연료 전지 분야와 여전히 힘겹게 경쟁해야 한다는 점을 말해 주고 있다.

2) 유기 농업 기술 vs 농업 생명 공학

화학 비료, 농약 등, 자연 생태계에서 순환되지 않은 외부 투입 농자재를
사용하는 관행 농업은 토양의 오염과 유실에 따라서 생태계가 파괴되며
농산물의 안전성에도 큰 위협이 되고 있다. 이에 대한 반성에 기반을 두
고 1990년대 초부터 리우 환경 회담 등을 계기로 '지속 가능한 농업'에
대한 논의와 실천이 발전되어 오면서, 농약과 화학 비료를 사용하지 않거
나 최소화하는 친환경 농업이 대안으로 제시되고 전 세계적으로 확대되
고 있다.

예를 들어 EU의 경우 인증 받은 유기농 재배 면저은 1997년 210만
헥타르에서 2003년 510만 헥타르로 증가했고, 같은 기간 동안 미국도 유
기농 재배 면적이 55만 헥타르에서 89만 헥타르까지 증가했다. (농림부 친환
경 농업과, 2007) 또한 2005~2006년 현재 유기농 재배 면적이 전체 경지 면적
의 13.5퍼센트에 이르는 유럽 국가(오스트리아)가 있을 정도며, 이탈리아, 독
일, 영국은 각각 6.2퍼센트, 4.5퍼센트, 4.3퍼센트의 면적에서 유기 농업
이 진행되고 있다. (김태훈·윤태연·최윤경, 2007) 향후 2010년까지 EU에서의 유
기 농업의 비중 10~20퍼센트까지 증가할 것으로 전망된다. (유기덕, 2005)

한국의 경우에도 1960~1970년대의 소위 녹색 혁명을 거쳐 화학
비료와 농약에 의존하는 관행 농업이 지배하면서 화학 비료와 농약 사
용이 증가하다가 1990년대와 2000년대에 들어서 점차 줄고 있는 실정
이다. 그러나 화학 비료는 여전히 과다하게 사용되고 있고, 농약 잔류량
검사의 부적합률도 크게 개선되고 있지 못한 상황이다.[17] 이런 상황과 연
관되어, 소비자들은 절반 이상이 농산물 농약 오염에 대해서 불안감이
있는 것으로 조사되었다. (통계청, 2005)

이에 따라서 한국 정부도 친환경 농업을 육성하기 위한 노력을 시

작하고 있다. 농림부는 1991년에 이미 유기 농업 발전 기획단을 설치하고 1994년도에는 친환경 농업과를 설치했으며, 1997년에는 '친환경 농업 육성법'을 제정했다. 그런데 처음 제정된 '친환경 농업 육성법'에서는 친환경 농업의 정의를 농약과 화학 비료의 사용을 줄인다는 것에 초점이 맞춰져 있어서, 유기 농업 이외에도 저농약 농산물까지도 폭넓게 포함하도록 되어 있었다. 2006년 법 개정을 통해서 "합성 농약, 화학 비료 및 항생·항균제 등 화학 자재를 사용하지 아니"한다는 점을 명시해 보다 엄격히 제한했으나, "이를 최소화"하는 것도 정의에 포함시키고 있다. 이에 따라서 친환경 농산물은 유기 농산물 이외에도 무농약 농산물, 저농약 농산물까지 포함되게 되었다. 그럼에도 2006년도 현재 친환경 농산물의 생산량은 전체 농산물 생산량의 6.2퍼센트에 불과하고, 유기 농산물은 이보다 더 작은 0.5퍼센트에 머물러 있다.

　　그런데 이와 같은 친환경 농업의 정의는 농림부 정책, 특히 아래에서 살펴보게 될 농업 과학 기술 연구 개발 정책에 상당한 혼란을 야기하고 있다. 유기 농산물·식품에 대한 국제적 규약인 Codex의 '유기 식품의 생산·가공·표시·유통에 관한 가이드라인'에 따르면, 농업 생명 공학 기술을 이용한 유전자 조작(Genetically Modified, GM) 농산물을 유기 농산물에서 제외한다고 명확히 밝히고 있다.[18] 또한 농림부 역시도 농산물 표기 관리법의 하위 법령에서 유전자 조작된 종자를 이용하는 경우에는 유기 농산물로 표기하지 못하도록 규정하고 있다. (흙살림 출판부, 2005) 하지만 농촌진흥청은 GM 기술을 이용한 품종 개발을 연구 개발 사업을 친환경 농업 기술 개발 계획으로 상당수 포함시키고 있다.[19] 이는 농림부 등이 친환경 농업을 단순히 화학 비료와 화학 농약 사용을 줄이는 것에만 초점을 맞추면서, 내병·내충성을 갖도록 한다든가 BT독소를 배출하도록 작물을 유전자 조작해 농약 사용을 줄일 수 있다면 이를 친환경 농업 기술로 인정해 주고 있기 때문이다.

그런데 이런 혼란은 우연한 일이 아니다. 팀 랭과 마이클 해즈먼(2006)은 『식품전쟁』에서 한계에 봉착한 관행 농업의 패러다임을 대신해서 유기 농업 기술과 농업 생명 공학 기술에 각각 기반을 둔 생태학적 식품 공급 패러다임과 생명 공학적 식품 공급 패러다임이 출현해 경쟁하고 있다고 주장하고 있다. 그리고 현재 전 세계적으로 벌어지고 있는 두 패러다임의 그 경쟁을 두고 식품 전쟁이라 명명하고 있는 것이다. 이런 분석은 한국에서 관행 농업의 대안으로써 제시되고 추진되는 친환경 농업 육성 정책 내에서 생태학적 식품 공급 패러다임의 기술적 요소라고 할 수 있는 유기 농업 기술과 생명 공학적 식품 공급 패러다임을 구성하는 농업 생명 공학 기술 개발이 혼재되어 경쟁하고 있는 상황에 잘 부합한다.

그렇다면 한국 정부의 유기 농업 기술과 농업 생명 공학에 대한 연구 개발 투자 현황을 살펴보도록 하자. 이를 위해서 정부의 농업 분야 연구 개발 활동의 상당 부분을 수행하는 농진청의 연구 개발 투자에 초점을 맞춰 보도록 하자.[20] 또한 유기 농업 기술의 경우, 농진청은 2004년에 친환경 농업과를 설치하고 2006년에 유기 농업 기술 개발단을 출범시켜서 투자하고 있다. 그리고 농업 생명 공학의 경우, 농진청은 정부가 1994년부터 추진되고 있는 생명 공학 육성 기본 계획 내에서 농업 분야를 실질적으로 담담하면서, 바이오그린 21 사업 등을 통해서 중점적으로 추진하고 있다.

농진청에서는 2001년도부터 유기 농업 관련 연구 개발 투자가 진행된 것으로 확인되는데, 산하 농업과학기술원에서 2001년도에 8개 과제 3억 6000만 원의 예산으로 연구가 시작되었다. 이어 2002년에는 전년도에 비해서 감소해 대략 2억 원이 투자되었다가, 2003년부터 비교적 큰 폭으로 증가해서 2006년도에는 57개 과제에 연구비가 23억 원까지 증가해, 연평균 증가율 92퍼센트에 달했다. 이와 같은 증가에는 2003년도부터는 축산 기술 연구소에서도 유기 축산과 관련된 연구 개발을 시작했고, 2006년도에는 유기 농업 기술 개발단이 출범하면서 연구 개발 예산이 큰 폭으로 증가했기 때문이다. 그러나 유기 농업 기술의 연구 개발 투자의 증가율이 높다고는 하지만 농진청 연구 개발 예산의 평균 0.4퍼센트에 불과해 높은 증가율의 의미는 그리 크지 않다.

한편 농진청 산하 연구소들에서 일상적으로 진행하는 농업 생물 자원 기술 개발 사업 등의 경상 연구 및 바이오그린 21 사업 등의 기획 사업을 통해서 농업 생명 공학 분야의 연구 개발이 진행되고 있다. 농진청의 자료에 따르면 2001년부터 2006년까지 농업 생명 공학 기술 개발에 2307억 원의 예산이 투자된 것으로 확인된다. 2002년과 2003년에 큰

표 8. 농진청 내 유기 농업 기술 및 농업 생명 공학 연구 개발 투자 현황 비교

(단위: 억 원, 퍼센트)

연도	농진청(A)*		유기 농업 기술(B)**		비중 (B/A)	농업 생명 공학(C)***		비중 (C/A)	비중 (C/B)
	연구비	증감율	연구비	증감율		연구비	증감율		
2002	2,232	–	2.0	–	0.1	117	–	5.2	59.4
2003	2,239	0.3	4.5	126.9	0.2	321	174.4	14.3	71.8
2004	2,497	11.5	10.9	143.0	0.4	496	54.5	19.9	45.7
2005	3,136	25.6	12.7	16.6	0.4	541	9.1	17.2	42.7
2006	3,361	7.2	23.0	81.6	0.7	609	12.6	18.1	26.5
총합/평균	13,465	11.2	53.0	92.0	0.4	2,084	62.6	17.4	46.7

* 농진청 연구 개발 투자 현황(KISTEP KORDI)

** 농진청 유기 농업 기술 분야 연구 개발 투자 현황(농진청 제출자료, 2007. 4)

*** 농진청 농업 생명 공학 분야 연구 개발 투자 현황(농진청 제출자료, 2007. 4)

폭으로 연구 개발 투자가 증가했으며, 2001년부터 2006년까지 연평균 62.6퍼센트 증가해 농진청 전체의 연구 개발 투자 증가율 11.2퍼센트의 거의 6배에 달하는 높은 증가율을 보여 준다. 그리고 농진청 전체 연구 개발 예산에서 차지하는 비중도 2002년 5.5퍼센트에서 2006년도 18.1퍼센트로 3배 이상 증가했으며, 평균 비중은 17.4퍼센트에 달한다.

또한 농진청의 유기 농업 기술과 농업 생명 공학 연구 개발 투자 현황을 직접 비교해 보면, 연평균 증가율에서는 유기 농업 기술이 앞서지만 연구 개발 투자 규모 면에서는 훨씬 작다. 2002년부터 2006년까지 투자된 연구 개발 예산 총액을 비교해 보면, 유기 농업 기술은 53억 원이며 농업 생명 공학 분야는 2084억 원으로 46.7배에 해당할 만큼 크다. 이와 같은 상황은 정부가 추진하고 있는 친환경 농업 육성이라는 슬로건 아래에 실제로는 다른 방향의 농업 체계와 연계된 연구 개발 활동들이 경쟁하고 있으며, 그중에서도 현재의 관행 농업의 연장선상에 있는 생명 공학적 접근과 그것과 상호 얽혀 있는 지배적인 농식품 체계가 우세하다는 것을 보여 준다고 할 것이다.

4. 결론을 대신해:
한국 공익 연구 개발 발전을 위한 제안

1) 국가 연구 개발 사업 중 공익 연구 개발 분야 확립

국가 연구 개발 투자가 공공성 및 공익성의 달성이라는 목표를 확고히 하기 위해서는, 공공성 및 공익성이라는 기준으로 기존의 국가 연구 개발 사업을 재평가하는 작업이 선행되어야 할 것이다. 그러나 앞서 살펴본 것처럼 현재 국가 연구 개발 투자에 대한 통계 등의 정책 인프라는 이런 재평가 작업을 수행하기에는 대단히 미흡한 상황이다. 공공성 및 공익성의 기준을 반영해 국가 연구 개발 사업에 대한 독립적인 분류 체계를 확립하는 것이 필요하다. 이것은 국가 연구 개발 사업을 평가하는 새로운 기준으로 공공성/공익성을 포함시키는 것을 의미한다.

공익 연구 개발을 위한 기준을 설정하고 분류 체계를 확립하는 것은 어떤 연구 개발 분야가 공공성/공익성에 해당하는 것인지를 평가하는 문제이기 때문에, 상당한 수준까지 민주주의 문제이기도 하다. 그리고 이런 기준에 따라서 분류되는 공익 연구 개발 분야가 국가 연구 개발 투자의 포트폴리오에서 어느 정도의 비중을 차지하는 것이 적정한 것인지에 대해서는 정치적 수준에서의 토론이 필요하다. 따라서 이는 과학 기술과 관련된 이해 관계자, 특히 일반 시민들의 공적 가치를 반영할 수 있는 대표자/대변인의 참여가 보장되어야 할 것이다. 또한 이런 토론에 대한 필요한 정보를 제공한다는 차원에서 국가 연구 개발 사업 중의 공익 연구 개발 투자 현황과 성과에 대한 지속적인 모니터링이 진행되어야 할 것이다.

2) 국가 과학 기술 거버넌스 구조 개혁 및 참여 확대

국가 연구 개발 사업에서 공공성/공익성을 확보하기 위해서 공익 연구 개발 분야를 확립하는 것은 국가 과학 기술 거버넌스 구조의 개혁과 병행되지 않을 수 없다. 앞서 언급했듯이, 국가 연구 개발 사업에서 어떤 것이 공공성/공익성인 것인지 평가하며 그 투자 비중을 어느 정도까지 확대할 것인지에 대해서 시민 사회의 의견을 충분히 반영할 만큼의 참여의 확대가 필요하다. 구체적으로 국가과학기술위원회 및 산하 위원회(특히 국가 연구 개발 투자의 우선 순위 결정 등에 관여하는)에 시민 사회의 공적 가치가 반영될 수 있도록 구성원을 다양화해야 한다. 지금과 같이 정부 부처 장관이 절대다수를 차지하며, 제한된 수의 민간 위원도 산업계, 학계, 연구계로 편중되어 있는 구조는 개혁되어야 할 것이다.

그런데 일부 시민 사회의 인사를 국가과학기술위원회에 참여시킨다고 하더라도, 당장 실제 국가 연구 개발 사업의 산업적·경제 성장 편향성에 변화를 기대하는 것은 힘들 수 있다. 이것은 국가 연구 개발 사업 중에서 어떤 것이 공공저·공익적인지 판단할 합의된 기준도 만들이지지 못한 상태이며, 또한 관련된 의사 결정에 필요한 적절한 통계와 같은 정책 인프라도 부재하기 때문에 시민 사회의 인사의 개별적 참여는 고립화·무력화될 가능성이 높다. 무엇보다도 과학 기술과 관련된 시민 사회의 공적 수요가 적극적으로 발굴되지 못하고 있으며, 이를 확대·발전시킬 선순환적인 네트워크의 개발·형성이 미비했기 때문이다.

이런 점을 생각할 때, 국가과학기술위원회에서 '(가칭)공익 연구 개발 특별 위원회'를 설치할 필요성에 대해서 진지하게 고려할 필요가 있다. 이 특별 위원회는 어떤 영역이 공익 연구 개발 분야인지에 대한 예비적인 발굴·검토와 함께, 이를 분류할 합의된 기준을 폭넓은 의견 수렴을 통해서 제시하는 일을 해야 할 것이다. 또한 그와 같은 기준에 따라서 기존 국가 연구 개발 사업을 재평가하며, 공익 연구 개발 투자의 적정 비중이 어느 정도가 되는지 안을 제시할 수 있어야 할 것이다. 이런 과정을 통해서 시민 사회에서 과학 기술과 관련된 공적 가치가 어떤 것인지 발굴·확인하며, 또한 그런 가치를 대변할 집단과 개인들을 확인하고 이들과의 네트워크를 형성해야 할 것이다. 그리고 무엇보다도 이 위원회의 시야는 단지 좁은 의미에서의 과학 기술 정책에 국한되지 않으며, 넓은 정치·사회적 변화 전망에 개방적이어야 할 것이다.

3) 공익 연구 개발을 위한 하부구조 구축 및 지원

앞서 제기했던 공익 연구 개발 분야 확립과 거버넌스 개혁이 위로부터의 변화를 통해 공익 연구 개발 활동이 이루어질 수 있고 의견이 반영될 수 있는 구조를 만드는 것이라면 동시에 공익 연구 개발이 수행되는 하부 구조를 어떻게 형성할 것인가에 대한 관심도 필요하다.

특히 공익 연구 개발과 관련된 개인, 집단, 연구자 그룹, 기업들이 활동할 수 있는 거점의 확보가 필요하다. 공익 연구 개발 활동이 본질적으로 기존의 연구 개발 활동과 차이가 있는 것은 아니며 개별 과제의 수준보다 그것들을 틀지우고 실제로 활용하기 위한 프로그램이 더욱 중요한 것도 사실이다. 그러나 이런 개별 활동들을 대표할 수 있고 노하우들을 축적할 수 있는 안정된 거점도 필요하다. 이런 거점의 모델로는 네덜란드 등 유럽의 과학 상점을 모델로 현재 대전에서 운영되고 있는 시민 참여 연구 센터나 환경 및 산업 안전 시민 단체를 거점으로 만들어진 연구소들이 주요한 사례가 될 수 있다.[21]

한재각

현재 에너지기후정책연구소 부소장. 유네스코 한국 위원회, 참여연대 시민과학센터, 민주노동당 정책위 등에서 활동했다. 국민 대학교에서 환경·과학기술사회학을 전공하고 있다. 관심 분야는 녹색 일자리, 기후 거버넌스, 적록 연대, 정의로운 전환, 과학 기술의 민주화 등이다. 지은 책으로 『침묵과 열광』(2006년, 공저), 『민주주의 강의4: 현대적 흐름』(2010년, 공저), 『착한 에너지 기행』(2010년, 공저), 『세계의 정치와 경제』(2011년, 공저)가 있다.

4

기술과 시민

'국가 재난 질환 대응 체계 시민 배심원 회의'의 사례[1]

1. 머리말

현대 사회는 기술화 경향을 내용적 특징으로 하고 있다는 점에서 '기술 사회'라고도 불리고 있다.(대표적으로 Ellul, 1996) 그런데 '기술 사회'에서는 사회 구성원 개개인의 삶에 대해 커다란 영향을 미치는 기술들이 사회 도처에 증대될 뿐만 아니라, 시민들의 사회적 삶과 직결되어 있는 공공 정책 자체도 기술화된다. 공공 정책의 기술화란 공공 정책의 내용과 수단 모두 기술적 전문성을 띠게 되는 경향을 가리킨다. 현대 사회의 공공 정책은 전문성과 기술적 복잡성을 지니고 있으므로 그에 대한 의사 결정이 전문 지식을 내세우는 전문가와 기술 관료들에 의해 이루어지는 것은 당연하다는 믿음 체계에 의해 공공 정책의 기술화는 더욱 강화된다.

지금까지 우리나라의 기술적 공공 정책의 결정 과정을 보면 사회 구성원들에게 직접적으로 영향을 미치는 사안에 대해서조차 시민들의 참여는 거의 보장해 주지 않고 전문가와 기술 관료들이 정책 결정 과정을 독점하다시피 했다. 공공 정책의 기술적 내용에 대해서는 전문가들만이 가장 잘 알 수 있다는 전문가주의 논리와, 전문 지식이 결여되어 있는 일반 시민은 그러한 의사 결정에 대한 참여 능력과 자격이 주어져 있지 않다는 기술 관료적 정당화 논리가 이러한 행태를 뒷받침해 왔음은 물론이다. 그 결과, 겉으로는 사회의 민주화가 점차 확산되어 가는 것처럼 보이지만 실질적으로는 사회 자체가 보다 기술적으로 복잡한 시스템으로 변모하면서 일반 시민들이 자신의 삶에 중요한 영향을 미치는 기술적 의사 결정에서 점차 소외되고 오로지 소수의 전문가들만이 그러한 의사 결정 과정을 독점하는 비민주성이 동시에 증대되는 역설적 상황이 전개되고 있는 것이 현실이다.

그러나 전 세계적으로 이미 많은 나라들에서 이러한 전문가주의적이고 기술 관료적 정책 문화에 대한 도전이 이뤄지고 있다. 현재 많은 나라들에서 일반 시민들이 매우 다양한 방식으로 기술적 공공 정책의 결정 과정에 대한 참여의 틈을 넓히는 노력을 전개하고 있는 것이다. 시위나 집회, 피케팅과 같은 사회 운동적 참여 행동에서부터 라운드 테이블, 합의 회의, 시민 배심원 회의 등과 같은 제도적 참여 행위에 이르기까지 참여 방식은 매우 다양하다.

우리나라에서도 지난 몇 년 동안 기술적 공공 이슈들을 대상으로 하는 시민 참여 시도들이 꽤 있어 왔다. 대표적인 사회 운동적 참여 행동으로는 반핵 운동, 반GMO 운동, 광우병 관련 촛불 집회, 운하 반대 운동 등을 들 수 있을 것이고, 대표적인 제도적 참여 행위로서는 정부의 각종 위원회에의 참여, 합의 회의나 시민 배심원 회의와 같은 숙의적 시민 참여를 들 수 있을 것이다. 물론 사회 운동적 참여 행동도 매우 중요한 시민 참여의 한 방식임에는 틀림없으나 이 글에서는 제도적 참여 방식, 그중에서도 특히 숙의적 시민 참여 방식에 논의를 국한한다. 이 글에서는 숙의적 시민 참여 방식 중에서도 최근 시민과학센터가 새롭게 시도한 바 있는 시민 배심원 회의의 경험이 갖는 민주주의에 대한 함의를 중심으로 논의를 전개하고자 한다. 논의의 전개 과정에서 시민 배심원 회의의 특징을 부각시키기 위해 또 다른 숙의적 시민 참여 방식인 합의 회의와의 비교도 시도될 것이다. 이러한 비교를 통해 일반 시민들의 무작위 추출 방식에 이거하고 있는 시민 배심원 회의가 지원자 선발 방식에 의기한 합의 회의에 비해 일반적인 시민들의 목소리를 대변할 가능성이 더 높고, 시민들 사이의 차이를 더 잘 드러내 줄 수 있음을 보여 주고자 한다.

2. '기술 시민권'과 숙의적 시민 참여

1) 기술 시민권론의 등장과 숙의적 시민 참여

기술 시민권(technological citizenship)이란 한마디로 요약하자면 기술 사회에서 과학 기술 정책 결정과 관련해 사회 구성원들이 향유해야 하는 참여의 권리를 뜻한다. 근대 사회를 가져온 시민 혁명 이후 확립된 전통적 시민권 개념은 국가에 의해 통치되는 일정한 영역 내에서 개개인이 사회 구성원으로서 누려야 하는 자격, 참여 권리, 지위 등과 같은 기본적인 시민 생활에서의 권리를 의미하는 것이었다. 그러나 기술이 대다수의 사회 구성원들에게 막대한 영향력을 행사하는 오늘의 기술 사회에서는 기술의 개발 방향과 내용에 대한 시민의 참여에 기초한 민주적 통제가 절실하게 요청된다는 문제 의식에서 나온 개념이 바로 기술 시민권이다. 따라서 기술 시민권 개념은 전통적인 시민권 개념을 현대 기술 사회에 맞게 확장한 것이라고 할 수 있다.

프랑켄펠트에 따르면, 기술 시민권은 지식 혹은 정보에 대한 접근 권리, 기술 정책 결정 과정에 대한 참여의 권리, 의사 결정이 합의에 기초해야 함을 주장할 권리, 집단이나 개인들을 위험에 빠지게 할 가능성을 제한시킬 권리 등으로 구성된다.(Frankenfeld, 1992) 물론 기술 시민권을 구성하는 이 네 가지 요소들은 사실 서로 결합되어 있지만, 여기에서 가장 중요한 것은 시민들이 중요한 기술적 공공 정책에 대한 의사 결정 과정에 어떠한 형태로든지 참여함으로써 기술이 보다 민주적인 방향으로 전개될 수 있도록 영향력을 행사할 수 있어야 한다는 점이다. 이렇게 본다면 지식 혹은 정보에 대한 접근 권리는 기술 정책 결정 과정에 대한 참여 권리의 하위 범주이고, 의사 결정이 합의에 기초해야 함을 주장할 권리는 참여 권리의 근거이며, 집단이나 개인들을 위험에 빠지게 할 가능성을 제한시킬 권리는 참여 권리 행사를 통해 이루고자 하는 바를 뜻한다고 할 수 있다.

이러한 기술 시민권론은 선진 산업 사회의 '일차원적 인간'을 비판했던 마르쿠제(Marcuse, 1964)나 '체계에 의한 생활 세계의 식민화'를 우려했던 하버마스(Habermas, 1968) 등의 프랑크푸르트 학파에게서 뿌리를 찾을 수 있다. 본격적으로는 과학 기술과 사회의 상호작용을 보다 실천적인 관점에서 연구하던 STS 학자들에 의해 지난 1960년대 이후 서구에서 확산되었던, 시민 참여를 통한 기술의 민주화 노력들을 담아내기 위한 이론적 개념으로 발전한 것이라고 할 수 있다.[2]

기술적 공공 정책에 대한 시민 참여는 다양한 방식으로 이루어져 왔다. 제도적 참여 방식에 국한해도 그 형태는 다양할 수 있다. 일반 시민들이 직접 참여하는 방식이 있는가 하면 시민 사회 단체의 대표들에 의한 참여 방식도 있다. 또한 여론 조사처럼 참여자들의 선호를 일순간에 단순하게 취합하는 방식이 있는가 하면 참여자들이 보다 오랫동안 심사숙고한 다음에 선호를 결정하게 하는 방식도 있다. 이처럼 제도적 시민 참여의 방식은 첫째 참여의 주체가 누구인가, 즉 일반 시민인가 엘리트 시민(시민 사회 단체의 대표자들)인가, 둘째 시민들의 참여 방식은 어떠한가, 즉 선호 취합(preference gathering)인가 숙의(deliberation)인가의 여부를 기준으로 보면 표 1의 A, B, C, D와 같은 네 가지 방식이 도출된다. (괄호 안은 그 대표적인 방식들을 예시한 것임.)

예컨대 공청회나 위원회, 혹은 라운드 테이블 등을 통한 시민 사회 단체 대표들의 참여(B와 D 방식), 또는 일반 시민들을 대상으로 하는 여론 조사나 투표(A 방식) 등도 제도화된 시민 참여의 방식들이다. 그러나 시민 사회 단체 대표들의 참여는 그 자체 의미가 없는 것은 아니지만 일반 시민들의 직접적인 참여가 아니라 시민 사회 단체의 대표와 같은 '엘리트 시민'의 참여라는 점에서 진정한 의미의 시민 참여라고 하기에는 무리가 있다. 아울러 여론 조사나 투표 등을 통한 참여는 보다 많은 수의 시민들의 참여를 끌어낼 수 있다는 장점을 지니고 있지만, 특정 시점에서 고정

표 1. 제도적 시민 참여의 방식들

	일반 시민	엘리트 시민
선호 취합 방식	A(여론 조사, 투표)	B(공청회, 청문회, 여론 조사)
숙의적 방식	C(합의 회의, 시민 배심원 회의)	D(라운드 테이블)

된 시민들의 선호를 단순 취합하는 데 머물고 만다는 점에서 커다란 한
계를 지니고 있다.[3] 바로 이러한 한계로 인해 일반 시민들에 의한 숙의적
방식의 시민 참여(C 방식)가 중요하게 떠오르는 것이다.

　　숙의는 참여자들이 학습과 토론, 성찰을 통해 자신들의 판단, 선
호, 관점을 변화시켜 나가는 동태적인 과정이다. 특히 이러한 선호의 전
환이 강제, 위협, 상징 조작, 기만이 아닌 토론과 논변에 기초한 설득과
상호 학습을 통해 일어난다는 점이 큰 특징이다. (조현석, 2006) 따라서 숙의
에 기반한 시민 참여는 특정 시점의 정태적인 선호 취합을 목적으로 하
는 투표나 여론 조사 등을 통한 시민 참여와는 현격한 차이를 보여 준다
고 할 수 있다.[4] 이러한 점을 감안하면, 특히 기술적 비전문가들인 일반
시민들이 기술적 사안들에 대한 논의 과정에 실제적으로 참여하려면 균
형 잡힌 정보의 제공과 학습 및 숙고의 과정이 선행되는 이러한 숙의적
방식을 통하는 것이 더 바람직하다. 왜냐하면 시민들이 참여해 논의해
야 할 대상으로 제시되는 사안은 일반 시민들에게는 다소 익숙하지 않
은 기술적 내용이 있으므로 일반 시민들이 이에 대한 선호를 바로 결정
하기는 현실적으로 매우 어렵기 때문이다. 바로 이러한 점 때문에 우리
는 최소한 기술적 사안에 대해 일반 시민들이 참여할 경우 단순한 선호
취합과 같은 전통적인 시민 참여 방식보다는 숙의적 시민 참여 방식이
훨씬 더 바람직한 시민 참여의 방식이라고 평가할 수 있다.

2) 숙의적 시민 참여의 두 형태: 합의 회의와 시민 배심원 회의

　공공 정책에 대해 일반 시민들이 참여하는 제도화된 방식들 중에서 숙
의적 시민 참여의 대표적인 두 가지 형태로 합의 회의와 시민 배심원 회
의를 들 수 있다. 덴마크에서 1980년대 후반에 개발된 합의 회의는 통상

"선별된 일단의 보통 사람들이 정치적으로나 사회적으로 논쟁적이거나 관심을 불러일으키는 과학적·기술적 주제에 대해 전문가들에게 질의하고 그에 대한 대답을 청취한 다음 내부 의견을 통일해 최종적으로 기자 회견을 통해 자신들의 견해를 발표하는 하나의 포럼"이라고 정의된다. 신문 등의 대중매체를 이용한 광고를 보고 지원한 시민들 중에서 뽑은 15명 정도의 시민 패널(lay panel)에게 문서화된 자료의 제공과 전문가 강의 등을 통해 관련 주제에 대한 지식과 정보를 제공하면, 학습과 토론을 통해 시민 패널이 자신들이 청취한 다양한 전문가 의견을 평가한 기초 위에서 정부가 취해야 힐 행동들을 시민의 이름으로 제출하게 된다. 우리나라에서는 합의 회의가 시민과학센터에 의해 1998년(GMO), 1999년(생명 복제 기술), 2004년(원자력 발전)에 시도됨으로써 사회적으로 알려지게 되었다. 이를 계기로 합의 회의는 KISTEP에 의해 2006년과 2007년도에 참여적 기술 영향 평가의 한 형태로 추진된 시민 공개 포럼의 모델로 활용되기도 했고, 2007년에는 정부의 재정 지원을 받는 한 대학 연구소에 의해 동물 장기 이식을 주제로 해 실행되기도 했다. (이영희, 2008)[5]

한편 시민 배심원 회의는 미국의 비영리 단체인 제퍼슨 센터가 1970년대 초반에 고안한, 공공 정책에 대한 시민 참여를 위한 체계적 프로그램이다. (The Jefferson Center, 2004) 시민 배심원 회의는 무작위로 선택된 시민들이 4~5일간 만나 공공적으로 중요한 문제를 주의 깊게 숙의하는 절차로 구성된다. 시민 배심원단은 일반적으로 지원자들이 아니라 무작위 추출 과정을 통해 15명 내외로 구성이 되어 보통 시민들을 대표해서 일한다. 시민 배심원들은 자신들이 배심원에 참여하는 대가로 일정한 보수를 받으며 부여된 과제에 대해 해당 전문가 증인들의 증언을 듣고 해결책을 토론하고 숙의하는 과정을 거친다. 전문가들의 증언은 다양한 시각과 주장들을 담게 되고 시민 배심원들은 제기된 문제 해결을 위해 질의 응답식 증언 과정에 참여한다. 증언은 문제의 모든 측면들을 공정하게 다루도록 하기 위해 다양한 의견 간에 균형을 맞추도록 설계되어야 함은 물론이다. 이러한 일련의 과정을 거쳐 나온 시민 배심원의 최종 의견을 정책 권고안 형태로 한다. 미국의 제퍼슨 센터는 1974년 국가 의료 보건 계획에 관한 시민 배심원 회의를 실시한 이래 농업 문제에 있어 수질 문제, 생명 윤리의 문제, 조세와 예산안 개혁 등에 관한 시민 배심원 프로그램을 개최한 바 있다. 현재 이 시민 배심원 회의 역시 전 세계적으로 활발하게 활용되고 있다.[6]

합의 회의나 시민 배심원 회의 모두 일반 시민들이 주제에 대한 충분한 정보를 제공받고 그에 대한 학습과 토의와 같은 깊이 있는 숙의 과정을 거쳐 최종적인 의견을 형성하는 숙의적 시민 참여 제도로서의 성격을 지니고 있다. 양자 모두 참여자들 사이의 숙의를 극대화하기 위해 참여하는 시민의 수를 15명 내외로 제한한다는 점도 공통적이다. 그러나 둘 사이에는 상당한 차이도 존재한다. 먼저 시민 배심원 회의는 배심원들을 무작위로 선발한다는 점에서 지원자 중에서 시민 패널을 구성하는 합의 회의와 크게 다르다. 아울러 합의 회의의 경우 주관 기관은 큰 주제만 정하고 구체적인 질문들은 시민 패널들이 만들도록 하는 반면, 시민 배심원 회의는 구체적인 질문들 역시 주관 기관이 미리 정해 준다는 점에서 임무 지향적이라고 할 수 있다. 시민들의 최종적인 의견을 도출해 내는 방식에도 차이가 있다. 합의 회의는 대체로 행사 마지막 날 전날 밤부터 시민 패널들이 모여 회의를 진행하면서 보고서를 스스로 쓰게 되어 있는 반면, 시민 배심원 회의는 배심원 회의 과정에서 정리된 의견 리스트를 대상으로 시민 배심원들이 투표한 결과를 사무국이 보고서에 담는 형식을 취한다. 각각 장단점이 있다. 합의 회의의 경우에는 대상 주제에 대한 시민 패널의 대체적인 '합의' 의견을 강조함으로써 사회적 여론 환기에 기여할 수 있다는 장점이 있지만 시민 패널 내부의 세세한 차이들은 무시될 가능성이 높다. 반면 시민 배심원 회의의 경우는 참가한 시민 배심원들 내부의 세세한 의견 차이들도 잘 드러내게 할 수 있다는 점에서 장점을 지니지만, 시민들의 다양한 의견 분포만을 보여 준다는 것이 사회적 여론 환기의 측면에서는 오히려 단점이 될 수도 있다

3. '국가 재난 질환 대응 체계 시민 배심원 회의'의 전개 과정

1) 배경

교육과학기술부는 2001년에 통과된 과학 기술 기본법에 근거해 2003년부터 정부 출연 연구 기관인 한국과학기술기획평가원(KISTEP)을 통해 매년 사회적으로 논란이 될 소지가 있는 신기술을 선정해 전문가 및 일반 시민에 의한 기술 영향 평가 사업을 실시하고 그 결과를 국가 정책에 반영한다.[7] 일반 시민에 의한 기술 영향 평가의 경우 2006년과 2007년은 KISTEP이 '시민 공개 포럼'이라는 이름으로 행사를 직접 주관했다. 이 시민 공개 포럼은 서구에서 시민 참여 방법으로 널리 활용되고 있는 합의 회의를 모델로 했는데, 합의 회의는 앞에서 간략히 살펴본 바와 같이 신문 광고를 보고 지원한 일반 시민 중에서 시민 패널을 구성해 이들로 하여금 영향 평가 대상 주제에 대한 토론과 학습을 통해 의견을 도출해

내도록 하는 숙의적 시민 참여 방식의 하나이다.

그런데 2008년에는 과학 기술 분야에서의 시민 참여 제고를 위해 적극적으로 활동해 온 비영리 시민 단체인 시민과학센터가 KISTEP으로부터 일반 시민에 의한 기술 영향 평가 사업을 의뢰받았다. 일반 시민이 참가하는 기술 영향 평가 사업을 의뢰받은 시민과학센터는 일반 시민에 의한 평가 방법으로 지난 두 해에 걸쳐 시도된 바 있었던 합의 회의에 기반한 시민 공개 포럼 형식에서 더 발전된 형태를 모색했다. 그 결과 광고를 통해 시민 패널을 선발하는 합의 회의 방식 대신 국내에서는 처음으로 무작위 선발 방식으로 시민 배심원을 모집하는 시민 배심원 회의 방식을 시도해 보기로 결정했다.[8]

2) 대상 주제: 국가 재난 질환 대응 체계(AI를 중심으로)

2008년 기술 영향 평가 대상 기술 선정 위원회는 영향 평가의 대상 주제로 '국가 재난 질환 대응 체계'를 선정했다. 그러나 기술 영향 평가 위원회는 국가 재난 질환이라는 개념의 범위가 너무 넓기 때문에 대상 주제를 인수 공통 전염병(AI 중심), 탄저균에 의한 생물 테러 전염병, 기후 변화성 신규 전염병(말라리아 중심)으로 압축했다. 그럼에도 불구하고 여전히 다루어야 할 대상 영역이 다소 포괄적이기 때문에 시민 배심원 회의 운영팀은 시민 배심원 회의의 대상 주제를 AI로 인한 국가 재난 질환에 국한하기로 결정했다.

AI(Avian Influenza)는 일반적으로 '조류 독감' 혹은 '조류 인플루엔자'로 불린다. AI는 조류 인플루엔자 바이러스의 감염에 의해 나타나는 조류의 급성 전염병으로서 닭, 칠면조, 기타 가금류 등에서 급성의 호흡기 증상을 보이면서 100퍼센트에 가까운 폐사율을 보이는 등 피해가 매우 심한 질병이다. 그런데 최근 AI가 조류만이 아니라 사람에게도 전염된다는 사실이 알려지면서 문제가 더욱 심각해지고 있다. 1997년 홍콩에서 AI A형 H5N1 바이러스에 사람이 처음 감염되어 사망자가 발생된 이래 신종 인플루엔자에 의한 대유행성 전염병의 발발에 대한 우려가 높아지고 있다. 실제로 2003년 말부터 동아시아 및 동남아시아 각국의 가금류에서 유행하던 H5N1 조류 인플루엔자가 지역 간, 생물 종 간 장벽을 뛰어 넘어 계속 확대되고 있기 때문이다. 2003년 말 이후 2007년 6월 말까지 공식적으로 12개국에서 317명의 환자가 H5N1 감염으로 확진되었으며 이 중 191명(60.3퍼센트)이 사망했다. 아직 제한적이지만 사람에서 사람으로의 전파가 의심되는 사례도 보고되어 있다고 한다. (천병철, 2007)

　　만약 AI 바이러스가 유전자 변이를 통한 진화를 거듭하면서 효율적인 사람 대 사람간 감염 전파 능력을 획득하는 경우 신종 인플루엔자 대유행(PI, Pandemic Influenza)이 발생하게 되는데, 전 세계적으로 이로 인한 사망자 수는 최대 1억 명에 이를 것으로 추산되고 있다. (Davis, 2005) 실제로 당시 세계 인구의 1퍼센트를 차지하는 약 4000만 명의 목숨을 앗아가 인류 역사의 대재앙으로 불리는 1918년의 스페인 독감의 원인이 바로 AI임이 최근 밝혀지기도 했다. 이처럼 문제가 심각해짐에 따라 세계보건 기구(WHO)는 1999년과 2005년 두 차례에 걸쳐 인플루엔자 대유행 대비 계획 지침서를 발표하고, 각국이 실정에 맞는 구체적이고 실행 가능한 단계별 국가 대응 계획을 세우도록 촉구해 왔다. 우리나라 정부역시 국립보건원 질병 관리 본부를 중심으로 AI로 인해서 발생할 수 있는 대유행성 국가 재난 질환(PI)에 대한 대응 체계를 나름대로 구축해 놓고 있다.

3) 시민 배심원 회의의 구성

시민 배심원 회의는 크게 보아 자문 위원회, 전문가 증인, 시민 배심원단으로 구성된다. 국가 재난 질환 대응 체계 시민 배심원 회의 역시 이러한 틀에 따라 조직되었다. 먼저 프로젝트 운영 팀[9]은 프로젝트의 원활한 수행을 위해 프로젝트 진행 과정과 전문가 섭외 과정에서 자문을 해 줄 수 있는 전문가들로 자문 위원회를 구성했다. 프로젝트 운영 팀은 'AI에 기반한 국가 재난 질환 대응 체계'라는 대상 주제에 대해 기술적 전문성을 지니고 있는 인사들과 사회 과학 분야의 전문가들로 자문 위원회를 구성했다.[10] 아울러 4일 동안 진행되는 시민 배심원 회의에서 시민 배심원단을 대상으로 강의를 하고 질의 응답에 응해 줄 전문가 8명이 자문 위원들의 추천을 받아 선정되었는데, 이들은 각각 정부 보건당국, 학계, 시민 단체(인도주의 실천 의사 협의회, 국민 건강을 위한 수의사 연대) 등을 대표하는 전문가들이었다.

한편 국가 재난 질환 대응 체계 시민 배심원 회의에 참가할 시민 배심원들은 전문 여론 조사 기관이 무작위 추출 과정을 통해 선발했다. 인구 통계적 구성비를 반영한 15명의 시민 배심원 선발을 목표로 한 프로젝트 운영 팀은 전문 여론 조사 기관인 미디어리서치에게 용역을 주어 서울, 경기 지역 거주 19세 이상 성인 남녀를 대상으로 최종 선발 인원인 15명의 3배수인 45명의 배심원 후보 명단을 제출해 달라고 요청했다. 모집단을 서울, 경기 지역에 한정한 것은 예산상의 이유 때문이었지만, 어쨌든 이처럼 시민 배심원들을 무작위 선발 방식에 의해 선정하고자 한 것은 국내에서는 처음 시도된 일이었다.

이에 미디어리서치는 45명의 3배수인 135명을 기준으로 모집에 착수했다. 미디어리서치는 135명의 100배수인 1만 3500개의 전화번호를 무작위로 추출했고 이 중 5500명과 통화에 성공했다. 이 5500명 중 118명이 시민 배심원 회의에 대한 참여 의사를 밝혔다. 미디어리서치는 이 118명을 인구 통계적 특성에 따라 분류한 다음 최종적으로 59명을 프로젝트 진행팀에 보냈다. 프로젝트 팀은 이 중 16명을 다시 무작위 추출해 최종 시민 배심원 후보로 확정하고 본인들에게 통보했다. 실제 시민 배심원 회의에는 이 16명 중 2명이 빠져 14명이 참석하게 되었다. 시민 배심원 회의에 최종적으로 참여한 14명의 시민 배심원들은 표 2에서 보는 바와 같이 성별로는 남성과 여성이 6 대 8로 약간 여초 현상을 보이고 있지만[11] 연령별로는 20대 초반부터 70세까지 포함하고 있으며, 지역저

표 2. 시민 배심원 명단

이름	성별	나이	직업	지역
강OO	남	47	자영업(인테리어)	경기도 안양시
강OO	여	25	공무원(보건소 계약직)	서울시 구로구
김OO	여	44	어린이집 교사	서울시 도봉구
김OO	남	31	인터넷 쇼핑몰 운영	서울시 영등포구
류OO	남	27	병원 물리 치료사	경기도 부천시
박OO	여	51	주부	경기도 파주시 조리읍
이OO	여	53	학원 상담실장	서울시 송파구
이OO	여	45	건강식품업	경기도 구리시
이OO	남	66	자영업(부동산 임대업)	서울시 동대문구
전OO	여	62	프리랜서(영어 회화)	경기도 성남시
정OO	남	55	자영업(학습지)	경기도 김포시 하성면
조OO	여	70	무직	경기도 수원시
지OO	남	40	금융 기관 근무	경기도 파주시
황OO	여	22	대학생	서울시 강북구

으로는 대도시, 중소도시, 농촌 지역을 다 포괄하고 직업별로도 무직, 주부, 학생, 자영업, 전문직을 망라하고 있다.

4) 시민 배심원 회의의 진행 과정과 결과

시민 배심원 회의에서 시민 배심원들은 '국가 재난 질환 대응 체계'에 대해 다양한 전문가들의 발표를 듣고, 질의 응답하고, 자체적으로 토의하는 과정을 거쳐 최종적인 평가 의견과 정책 권고안을 내게 된다. 시민 배심원들의 평가 의견과 정책 권고안을 도출하기 위해 프로젝트 진행팀은 자문 위원들의 도움을 받아 시민 배심원들이 최종적으로 답해야 하는 질문들을 작성했다. 이 질문들은 궁극적으로 국가 재난 질환 대응 체계에 대한 시민 배심원들의 의견이 무엇인지를 잘 드러낼 수 있도록 설계되었다. 질문은 크게 네 가지로 구성되었다. 첫 번째 질문은 AI에 기반한 국가 재난 질환의 발생 가능성을 묻는 질문이고, 두 번째 질문은 국가 재난 질환의 발생에 대비한 우리나라의 준비 정도를 묻는 질문이며, 세 번째와 네 번째는 국가 재난 질환 대응 체계의 개선을 위한 정책 권고 의견을 도출하기 위한 질문이다.

- 1. 우리나라에서 조류 인플루엔자로 인해 국가 재난형 대규모 전염 질환이 발생할 가능성은 어느 정도인가?
- 2. 국가 재난형 대규모 전염 질환의 발생에 대비한 우리나라의 대응 체계는 어떻게 평가될 수 있는가?
- 3. 국가 재난형 대규모 전염 질환의 발생에 대한 대비 및 대응 과정이 효과적으로 이루어지기 위해 개선되어야 할 점은 무엇인가?
- 4. 국가 대응 체계에 대한 시민들의 이해와 신뢰를 높일 수 있는 방안은 무엇인가?

이상의 네 질문에 대한 시민 배심원들의 심사숙고를 거친 의견을 형성하기 위한 시민 배심원 회의가 2008년 8월 30~31일(토, 일), 9월 6~7일(토, 일) 2주에 걸쳐 주말을 통해 4일 동안 서울 올림픽파크텔 회의실에서 진행되었다.[12] 4일 동안 총 8명의 전문가 증언과 그에 대한 질의 응답과 시민 배심원단 전원 혹은 소집단별 토론이 이루어졌다. 마지막 날 앞에서 제시된 네 질문에 대한 시민 배심원들의 숙고된 의견을 수렴했다. 의견 수렴 방식은 다음과 같다.

먼저 현재 상황에 대해 평가하는 1, 2번 질문은 5점 척도의 선택지를 부여하고 그중 하나를 선택해 의견을 제시하도록 했다. 3, 4번 질문의 경우는 우선 배심원 토론을 통해 다양한 의견을 제출하도록 했다. 제출된 의견은 몇 차례의 토론 과정을 거쳐 비슷한 의견은 통합하거나 제출된 의견을 보완하는 등의 과정을 거쳐 최종 의견 리스트를 도출했다. 마지막으로 최종 의견 리스트를 대상으로 투표를 해 의견들의 선호의 차이를 확인할 수 있도록 했다. 이 때 각 배심원에게는 의견 수의 절반에 해당하는 투표권이 주어졌다. 다만 다양한 의사를 표시할 수 있도록 하기 위해 한 의견에 투표할 수 있는 수를 제한했다. 3번 질문은 한 의견에 최대 5개까지, 4번 질문의 경우 최대 3개까지 투표할 수 있도록 했다. 또한 찬반이 대립되는 의견은 이를 나타낼 수 있도록 비토권을 부여했다. 비토권은 투표수에 비례해 각 배심원에게 3번 질문은 5개, 4번 질문은 3개의 비토권이 주어졌다. 하지만 투표권과는 달리 비토권은 반드시 사용하지 않아도 됨을 주지시켰다.[13]

국가 재난 질환 대응 체계에 대한 시민 배심원들의 평가 의견을 간략히 살펴보면 다음과 같다. 시민 배심원들은 조류 인플루엔자로 인해 국가 재난형 대규모 전염 질환이 일어날 가능성이 매우 높을 때를 4점으로, 매우 낮을 때를 0점으로 환산해 계산했을 때 발생 가능성을 1.79점으로 상대적으로 낮게 보았다. 하지만 발생할 경우 위험은 크기 때문에 예방에 많은 노력을 기울여야 한다는 의견이 많았다. 국가 재난 질환에 대한 우리나라의 대응 체계를 예찰, 인력/장비, 백신/치료제, 보상 등의 측면에서 평가하는 질문에 대해서는, 가장 긍정적으로 평가할 때를 4점, 가장 부정적으로 평가할 때를 0점으로 했을 때 배심원들은 총괄 평가에서 1.5점으로 부정적인 의견을 냈다. 특히 백신이나 치료제 확보는 매우 미흡하다고 평가(0.86)했다. 그나마 가장 잘하는 것으로 평가한 예찰의 경우도 1.5점에 그쳤다.

국가 재난 질환 대응 체계의 개선 방안에 대해서 묻는 질문에 대해 배심원 토의를 통해 총 25개의 최종 의견이 도출되었다.[14] 각 배심원에게는 13개의 투표권과 5개의 비토권이 주어져서 총 투표수는 182개였고, 사용된 비토권의 수는 11개였다. 이 질문에 대해, '가금류에 사용되는 항생제, 성장 촉진제 남용에 대한 법적 규제 강화(17표), 방역 및 살처분 전담 인력 확보, 전문적인 교육 훈련 실시, 후속 관리 감독 강화(13표), 살처분으로 인한 환경 오염 등 2차 피해를 막기 위한 지속적인 관리 감독 및 홍보(13표), 조류 인플루엔자 발생 시 확산 방지를 위해 신속한 초기 차단(출입 통제) 및 방역 체계 강화(12표), 조류 인플루엔자 백신과 치료제를 개발하고 생산할 전담 기구 설립 및 민간 자본 참여 유도(12표), 과거 조류 인플루엔자 발생 지역 및 향후 발생 가능 지역(철새 도래지, 축산 밀집 지역 등)에 대한 감시 체계 강화(11표), 국가적으로 최소한 총 인구의 20퍼센트가 사용할 수 있는 분량의 치료제(타미플루 등) 비축'(10표) 등의 의견이 나왔다. 마지막으로 국가 재난 질환 대응 체계에 대한 이해와 신뢰를 제고할 수 있는 방안에 대해서 묻는 질문에 대해서는 배심원 토의를 통해 총 11개의 최종 의견이 도출되었다.[15] 따라서 각 배심원에게는 6개의 투표권과 3개의 비토권이 주어져서 총 투표수는 84개이며, 사용된 비토권의 수는 10개였다. 이 질문에 대해서는, '영화관이나 TV 등을 활용한 예방 교육용 공익 광고 활성화(16표), 언론이 과장/축소하지 않고 정확하고 충분한 정보를 제공할 수 있는 제도적 환경 마련(13표), 지역 주민들에 대한 지역 언론 및 지방 자치 단체 차원에서의 적극적인 교육 및 홍보(11표), 국가 재난 질환 예찰 및 대응 체계 마련 및 홍보 과정에서 온라인/오프라인을 통한 시민 참여의 활성화'(10표) 등의 의견이 제출되었다.

4. 토론: 시민 배심원 회의의 민주적 함의

이제 결론적으로 시민 배심원 회의가 갖는 민주적 함의에 대해 토론해 보기로 한다. 그런데 시민 배심원 회의의 민주적 함의라는 주제 자체가 너무 포괄적이므로 여기에서의 토론은 또 다른 대표적인 숙의적 시민 참여 방식인 합의 회의와의 비교에 기반을 두고 시민 배심원 회의의 민주적 함의를 도출하는 데 치중하기로 한다. 합의 회의와 비교해 볼 때, 시민 배심원 회의는 첫째, 무작위 선발을 통해 시민 참가자들을 모집한다는 점, 둘째, 의견 수렴 및 발표 방식이 참가 시민들 사이의 차이와 불일치를 잘 드러내도록 한다는 점에서 그 특징을 찾을 수 있는데 시민 배심원 회의의 이러한 특징이 갖는 민주적 함의는 과연 무엇일까?

　돌이켜 보면, 지금까지 우리나라에서도 '시민 배심원'이라는 명칭을 쓴 시민 참여가 몇 차례 이루어진 바 있다. 대표적으로는 2001년 초에 녹색연합, 참여연대 시민과학센터, 환경운동연합 등이 공동으로 개최한 "인간 유전 정보 보호를 위한 시민 배심원 회의"와 2004년 말 울산 북구청이 개최한 "음식물 자원화 시설 시민 배심원제", 2007년 중순 대통령자문 지속가능발전 위원회에서 개최한 "심야 전기 제도 시민 배심원단 회의"를 들 수 있다.[16] 그러나 이 세 사례 모두 시민 배심원이라는 명칭을 쓰기는 했지만 배심원들을 무작위 추출 방식이 아니라 추천 혹은 지원자 선발 방식을 썼던 것으로, 진정한 의미의 시민 배심원제라고 하기는 어렵다. 따라서 배심원 선발 방식의 측면에서 보자면 2008년 8~9월에 시민과학센터에 의해 조직된 국가 재난 질환 대응 체계 시민 배심원 회의가 우리나라 최초로 무작위 선발 방식을 활용한 시민 배심원 회의로 기록될 수 있다.

시민 배심원들이 지원자가 아니라 무작위 선발 과정을 거친다는 것은 시민 배심원들이 보다 평균적인 일반 시민에 근접할 가능성, 즉 시민 배심원단의 인구 통계적 대표성을 높이는 데 매우 중요한 의미를 지닌다. 합의 회의처럼 신문 광고를 통해 지원자를 모집할 경우, 기본적으로 평균적인 일반 시민이 아니라 대상 주제에 대해 관심이 많은 사람들만이 참여하게 됨으로써(self selection) 여기서 나온 결론이 결코 일반 시민들의 생각을 대변해 준다고 보기 어렵다는 문제를 지니게 된다. 비록 시민 배심원제라는 명칭을 쓰고 있더라도 무작위 선발이 아니라 지원자에 대한 선발을 통해 시민 배심원을 구성했던 기존의 시민 배심원 회의들 역시 이 문제로부터 자유로울 수 없다. 아울러 사회적으로 민감한 쟁점 사안을 다룰 경우에는 이 사안에 대해 이해 관계가 있는 사람들이 의도를 숨기고 시민 패널에 지원하는 경우도 종종 발생할 수 있다는 점에서 치명적인 한계를 지닌다. 이러한 위장 지원자의 문제는 실제로 2004년 원자력 발전을 둘러싼 합의 회의 때 발생한 바 있다.[17] 무작위 선발을 통해 시민 배심원을 구성할 경우는 그러한 위장 지원자의 문제를 원천적으로 방지할 수 있게 된다.

무작위 선발을 통한 시민 참여 방식은 이미 정치 사상사에서 대의 민주주의의 한계에 대한 유력한 대안으로 주목되어 왔다. 존 번하임(Burnheim, 1985), 버나드 마냉(Manin, 1997), 린 카슨과 브라이언 마틴(Carson & Martin, 1999) 등이 무작위 선발(random selection) 방식이 갖는 민주주의적 함의를 적극적으로 강조해 왔다면, 제임스 피시킨(Fishkin, 1991)은 이러한 무작위 선발 방식에 기반한 시민 참여 모델(공론 조사, Deliberative Polling)을 활용해 대의 민주주의의 대의 결손 문제를 해결하자고 주장하고 있다. 우리나라에서도 정치 제도 혁신의 한 방향으로 무작위로 선발된 시민들로 이루어지는 '시민 의회'를 구성하자는 제안(오현철, 2006; 김상준, 2006), 또는 의회를 비례 대표로 선출하는 하원과 고대 아테네에서처럼 추첨을 통해 선발(무작위 선발)하는 상원의 양원제를 도입해 법안의 발의와 심사, 대안 모색은 하원에서, 그렇게 토의를 거친 법안의 결정은 상원에서 하도록 하자는 제안(정원규, 2005)이 최근 주장되고 있기도 하다.[18] 이들이 제안하는 제도의 구체적인 작동 방식은 조금씩 다르기는 하지만 제도 구성의 기본 원칙으로서 무작위 선발을 통한 시민 참여를 주장하고 있다는 점에서는 공통적이다. 그리고 이러한 제안들은 기본적으로 일반 시민들의 숙의 능력과 판단 능력에 대한 신뢰를 바탕으로 하는 것이다.

그런데 만약 이처럼 무작위 선발된 시민들이 공공 정책 이슈에 대해, 특히 기술적 복잡성을 지니고 있는 공공 정책 이슈에 대한 숙의 능력이 결여되어 대상 주제에 대한 합리적인 판단을 내릴 수 없을 지경이라면 무작위 선발에 기반한 시민 참여는 결코 민주주의를 강화시킬 수 있는 제도로 안정화되기는 어려울 것이다. 그럼 국가 재난 질환 대응 체계 시민 배심원 회의는 이와 관련해 어떻게 평가될 수 있는가?

앞에서 언급한 바와 같이 이번 8~9월에 걸쳐 실시된 시민 배심원 회의는 무작위 선발 방식에 기반을 두고 시민 배심원들을 모집했다. 그렇기 때문에 시민 배심원들은 주거 지역, 직업, 학력, 연령 등의 측면에서 아주 다양한 사람들로 구성되었다. 지원자들 중에서 선발하는 합의 회의에 비해 이 방식은 앞서 살펴본 것처럼 긍정적인 측면이 많지만 무작위 선발 방식의 특성상 배심원으로 참가하는 시민들의 헌신성을 이끌어내는 데 어려움이 있을 수 있다. 이번 국가 재난 질환 대응 체계 시민 배심원 회의의 경우에도 전체 4일간의 일정 중 첫 번째 날은 그러한 우려를 자아낼 만큼 시민 배심원들이 전문가 증언과 자체 토론에 임하는 모습에서 적극성을 찾아보기 어려웠다.

그러나 두 번째 날부터 시민 배심원들의 태도가 눈에 띄게 달라졌다. 배심원 내부의 토론 방식을 배심원들이 5명 정도의 소집단으로 나뉘어 토론을 하고 다시 전체가 모여 토론을 하는 방식으로 진행하면서 배심원들 사이의 친밀성이 증가하고 대상 주제에 대한 이해도가 높아짐에 따라 배심원들이 전문가 증언과 자체 토론에 임하는 태도가 훨씬 적극적으로 변화했다.[19] 증언자로 등단한 몇몇 전문가들이 시민 배심원들의 질문이 매우 전문적이고 정곡을 찌르는 날카로움을 지니고 있어 놀랐다는 이야기를 한 것도 이 시점이었다.[20] 이것은, 물론 일반 시민이 대상 주제에 대해 전문가와 같은 기술적 전문성을 단시일 내에 쌓을 수는 없는 것은 분명하지만, 배심원 회의 과정이 참가자들의 흥미를 유발할 수 있도록 잘 조직된다면 비록 기술적으로 꽤 복잡한 대상 주제라고 하더라도 학습과 토론, 의사 결정 과정에 일반 시민들도 일정 지식 기반 위에서 참

여하는 것이 불가능한 것은 아님을 의미한다.[21] 요컨대 시민 배심원 회의
는 전문적 지식이 없는 일반 시민들도 체계적인 숙의 과정을 통해 다소
복잡한 기술적 사안에 대해서도 시민적 판단을 행하는 숙의 능력을 형
성해 갈 수 있음을 보여 준다.[22] 이러한 점은 이번 시민 배심원 회의에 참
가했던 한 시민이 시민 배심원 회의에 대한 평가 설문지에 자유롭게 적
은 다음과 같은 글에서도 잘 드러난다.

> 사실 이 시민 배심원 회의라는 다소 낯설고 생소한 것에 대해 참여한다고 했
> 을 때, 과연 아무런 전문적인 지식도 없는 제가 뭘 하고, 정책 권고안이라는
> 중대한 사항에 큰 영향을 미칠 수 있을지 걱정·의문스러웠지만, 다양한 전
> 문가들의 발표와 질의 응답 및 저와 같은 입장의 일반 시민들의 토론 과정을
> 통해 마지막 정부, 국가에 정책 권고안을 도출해 냈을 때 한 나라의 국민으
> 로서 뿌듯함을 느끼고 이런 기회를 통해 작고 미흡하지만 우리의 목소리를
> 낼 수 있다는 게 앞으로 더 발전해 나가는 지름길의 또 하나의 방안이라고
> 생각되어 정부 주도 및 민간 차원에서 이러한 제도가 더 적극적으로 홍보되
> 었으면 합니다.

아울러 시민 배심원 회의가 갖는 또 다른 민주적 함의로는 숙의를
통한 차이와 불일치의 드러냄과 이해를 들 수 있다. 앞에서 살펴본 바와
같이, 이번 시민 배심원 회의는 쟁점 사안들에 대해 시민 배심원의 이름
으로 합의된 단일 의견을 제시하는 것이 아니라, 설문 조사, 의견 리스트
제출 및 그에 대한 토론과 최종적인 투표 등을 실시함으로써 시민 배심
원들이 갖고 있는 의견들 사이의 작은 차이까지도 잘 드러날 수 있도록
설계되었다. 예컨대 국가 재난 질환 대응 체계의 개선 방안에 대해 묻는
질문에 대해 시민 배심원들은 수많은 의견들을 제시했고, 집중적인 토론

을 통해 의견들을 압축했어도 최종적으로 25개의 독립적인 의견이 살아 남았다. 이는 그만큼 시민 배심원들의 다양한 의견이 존중된 것이라고 할 수 있는 것이다.

영국에서 개최된 시민 배심원 회의를 평가하고 있는 반즈에 따르면 (Barnes, 1999), 숙의적 시민 참여 방법이 과연 성공했느냐에 대한 판단은 참가 시민들 사이에 최종적으로 합의에 기반을 두고 의사 결정이 이루어졌느냐가 아니라, 숙의 과정에서 참여 시민들 사이에 차이와 불일치를 드러내고 그것을 서로 이해하도록 숙의적 방법이 잘 설계되었느냐에 의해 이루어져야 한다. 합의 형성을 강조할 경우, 합의에 도달해야 한다는 무언의 압력이 참가자들 사이의 차이와 불일치를 억압하는 효과를 낳게 됨으로써 숙의가 제대로 이루어지지 않을 수 있음을 경계해야 한다는 의미이다. 이러한 점에서 보면, 합의 회의에서 참가 시민들의 의견을 수렴해 발표하는 방식보다는 참가 시민들 사이의 차이와 불일치를 훨씬 더 잘 드러내도록 설계된 시민 배심원 회의의 의견 수렴 및 발표 방식이 좀 더 민주적 함의를 많이 지니고 있다고 평가할 수 있다.

이처럼 시민 배심원 회의는 여러 가지 측면에서 민주주의를 심화시킬 수 있는 시민 참여 제도로서의 잠재력을 지니고 있지만, 물론 한계가 없는 것은 아니다. 가장 큰 한계는 역시 대표성의 문제이다. 비록 무작위 선발 방식을 통해 배심원 구성의 자의성과 편중성을 어느 정도 회피할 수 있기는 하지만 기본적으로 15명 내외의 시민들로 구성되는 시민 배심원단이 인구 통계적 대표성을 지니고 있다고 보기에는 그 숫자가 너무 적기 때문이다. 따라서 시민 배심원 회의가 진정으로 강력한 의사 결정 단위가 되고자 한다면, 시민적 대표성을 주장하는 데 부족함이 없을 정도로 참가자의 숫자를 확보하면서도 동시에 참가하는 시민들의 깊이 있는 숙의를 저해하지 않을 정도의 적절한 크기가 되도록 사려 깊게 설계되어야 할 것이다. 그렇게 될 경우, 시민 배심원 회의는 공공 정책의 결정과 관련해 단순한 선호 취합형 참여 민주주의가 아니라 숙의형 참여 민주주의를 우리 사회에 구체적으로 실현할 수 있는 매우 강력한 제도적 기반으로 기능할 수 있을 것이다.

이영희

연세 대학교 사회학과를 졸업하고 현재 가톨릭 대학교 사회학과 교수로 재직하고 있다. 과학 기술과 사회, 과학 기술과 시민 참여, 전문성의 정치 등의 주제를 중심으로 연구하고 가르치고 있다. 지은 책으로는 『과학기술의 사회학: 과학기술과 현대사회에 대한 성찰』(2000년), 『과학기술과 민주주의』(2011년) 등이 있고, 옮긴 책으로는 『과학과 사회운동 사이에서』(공역, 2009년) 등이 있다.

5

한국의 과학 기술 시민 참여, 평가와 과제[1]

'국민의 정부'와 '참여정부' 10년을 중심으로

1. 들어가며: 1997년과 2007년, 과학 기술 시민 참여의 '달라진' 모습

시민과학센터가 과학 기술 정책에 대한 시민 참여를 기치로 내걸고 출범해 활동을 전개해 온 첫 10년간은 '국민의 정부'와 '참여정부' 10년간에 상응한다. 주지하다시피 이 기간은 과거 군사 독재 시절과 '문민정부' 시기에 비해 사회 전반의 민주화가 한층 더 진전되고 다양한 영역의 시민사회 운동이 전례 없이 활발하게 전개되기 시작한 시기이다. 그렇다면 같은 기간 동안 과학 기술 영역에서는 어떤 변화가 일어났을까? 시민과학센터가 창립 이후 줄곧 주장해 온 과학 기술 정책에서의 '민주화'는 과연 얼마나 진전되었는가?

이 질문에 답하기 위해 1997년과 2007년 각각을 한 장의 스냅 사진으로 놓고 이 둘을 비교해 보자. 센터가 창립하기 직전인 1997년의 시점에서 과학 기술 민주화니 과학 기술 정책에 대한 시민 참여니 하는 개념은 정부와 시민 사회는 물론이고 학계에서도 거의 논의된 적이 없는, 그야말로 생소한 개념이었다. 1994~1995년의 굴업도 사태가 상징적으로 보여 주듯 당시 과학 기술과 관련된 각종 사회 현안에서 정부의 대응은 전형적인 DAD(Decide-Announce-Defend) 방식이 지배적이었다. 나중에 참여연대 과학기술민주화를위한모임(과민모, 시민과학센터의 전신)에 합류하는 대학과 과학기술정책연구원(STEPI) 등 정부 출연 연구소의 몇몇 연구자들이 과학 기술 민주화 개념이 지니는 의의를 설명하고 서유럽에서 주로 시행되고 있는 실험적 시민 참여 제도를 소개하는 논문과 보고서를 몇 편 발표했지만 반향은 그리 크지 않았다. 1997년 말경에 《한겨레》에서 서유럽 여러 나라에 대한 직접 취재를 통해 '과학 기술 민주화 현장을 가다'라는 일련의 기획 기사를 연재하면서 합의 회의, 과학 상점, 참여 설계 등의 대표적 시민 참여 제도들을 소개했으나 당시 이에 주목한 사람들은 극소수였다.

그러면 10년이 지난 2007년의 시점에서는 어떤 변화가 일어났는가? 먼저 분명히 해두어야 할 점은, 과학 기술 민주화나 과학 기술 정책에 대한 시민 참여가 (서유럽 일부 국가들과는 달리) 주류 담론으로 진출하지는 못했다는 사실이다. 우리 사회 구성원들 중 대다수에게 이 개념은 여전히 생소하게 여겨지고 있고, 개념의 의미를 둘러싼 혼동이나 오해도 여전하다. 전반적으로 볼 때 한국의 과학 기술 정책 결정 과정은 여전히 엘리트 중심이며, 2005년의 황우석 사태가 잘 보여 주었듯 그것이 지향하는 가치에서도 국가 경쟁력과 성과주의가 굳건히 뿌리를 내리고 있다.

그러나 이런 한계에도 불구하고, 시민과학센터의 첫 10년이 한국 사회에서 과학 기술 정책에 대한 시민 참여가 괄목할 만한 성취를 이룬 기간이었음은 부인할 수 없다. 이 기간 동안 담론, 법·제도, 관행의 차원에서 나타난 수많은 변화들 덕분에 과학 기술 민주화는 비록 주류는 못 될망정, 더 이상 이상주의적이라거나 비현실적이라고 간단히 무시될 수 없는, 현실적 힘을 지닌 개념으로 자리를 잡았다.

우선 시민 단체들의 주도 하에 이루어진 일련의 시민 참여 제도 운영에 힘입어 실험적 제도들은 더 이상 '실험적'인 것이 아니게 되었다. 유네스코 한국 위원회가 주최했지만 실제 진행 과정에서 과민모 소속 회원들의 활동이 두드러졌던 1998년 유전자 조작 식품 합의 회의, 1999년 생명 복제 합의 회의와 시민과학센터가 단독으로 개최한 2004년 전력 정책 합의 회의는 몇 가지 아쉬운 점들에도 불구하고 일반 시민들이 복잡한 과학 기술 관련 쟁점들에 대해 학습하고 토론해 균형 잡힌 견해를 내놓을 수 있음을 실제로 보여 주었다. 1990년대 말에 서울 대학교와 전북 대학교에서 시도되었다가 흐지부지된 후, 2004년 대전 지역에서 좀 더 튼실한 형태로 다시 시작된 과학 상점 운동 역시 어려운 여건 속에서도 지역 사회에 기반을 둔 참여적 연구 개발의 가능성을 입증하고 있다.

부분적으로는 이러한 시민 단체들의 주장과 실천에 힘입어 법률적 환경도 변화했다. 2001년 제정된 과학 기술 기본법은 14조에서 "정부는 새로운 과학 기술의 발전이 경제·사회·문화·윤리·환경 등에 미치는 영향을 사전에 평가하고 그 결과를 정책에 반영해야 한다."라고 기술 영향 평가(TA)의 시행을 명시했고, 이어 제정된 시행령 23조에서는 " 기술 영향 평가는 …… 민간 전문가 및 시민 단체 등의 참여를 확대하고 일반 국민의 의견을 모아 실시해야 한다."라고 명시해 과학 기술 정책에 대한 시민 참여의 제도적 통로를 열어 놓았다. (아래에서 설명하겠지만, 2006년과 2007년에 한국과학기술기획평가원(KISTEP)이 주도해 열린 두 차례의 '시민 공개 포럼'은 바로 이 법률과 시행령에 근거한 것이다.) 또한 2005년 4월 국무조정실이 입법 예고했다가 국회의원들의 반발에 부딪쳐 입법이 사실상 무산된 '공공 기관의 갈등 관리에 관한 기본법'(안) 15조에서는 "갈등의 예방·해결을 위해 …… 이해 관계자·일반 시민 또는 전문가 등이 참여하는 의사 결정 방법을 활용할 수 있다."라고 명시한 바 있고, 이 법안의 내용을 거의 그대로 본떠 2007년 2월에 대통령령으로 제정된 '공공 기관의 갈등 예방과 해결에 관한 규정' 역시 15조에서 동일한 조항을 담음으로써 합의 회의와 같은 참여적 의사 결정 방법의 활용 가능성을 제시하고 있다.

관행의 측면에서도 가시적인 변화가 있었다. 먼저 중앙 정부 산하에 조직된 각종 심의 위원회나 자문 위원회들에 대한 시민 사회 대표의 참여가 일상적인 모습이 되었다. 이러한 경향은 참여정부 들어 더욱 강화되었고, 시민 사회 단체와 환경 단체들에는 정부 산하의 각종 위원회에 시민 사회 몫으로 들어갈 인사를 추천해 달라는 각급 정부 부처의 요청이 끊이지 않고 이어졌다. 이들 위원회는 역할 자체도 형식적일뿐더러 위원 구성에서도 시민 사회 인사를 한두 명 정도 요식으로 끼워 넣는 경우가 대부분이었지만, 형식적 역할이 아니라 시민 사회 대표가 위원회에서 일정 비율 이상을 차지하면서 실제로 특정 영역에서 국가 정책의 근간을 논의하고 결정하는 역할을 부여받은 경우도 일부 나타났다.

지역 사회에서 개발이나 환경과 관련된 현안의 해결 방법을 둘러싸고도 유사한 변화가 생겨났다. 이른바 혐오 시설의 입지나 환경 파괴를 수반하는 개발 문제에 있어 과거에는 일단 결정을 내린 후 지역 주민들이나 환경 단체의 반대 움직임을 억압하는 방식이 일반적이었다면, 최근 들어서는 그러한 현안 해결에도 시민 사회 대표나 더 나아가 지역 주민들의 참여가 필수적이라는 인식이 서서히 자리를 잡아가고 있다. 특히 참여정부 들어 새만금, 교육 행정 정보 시스템(NEIS), 부안 핵 폐기장, 경부고속철 천성산 관통 터널, 북한산 관통 터널 등 과학 기술·환경 관련 갈등이 폭발하면서 더 이상 과거와 같은 접근 방식으로는 이들 문제를 해결할 수 없다는 인식이 대두하게 되었고, 2003년 이후 지속 가능 발전 위원회가 이른바 '갈등 관리' 문제에 나서게 된 것도 이런 일련의 사건들을 배경으로 하고 있다.[2] 이에 따라 주민 투표, 시민 배심원, 시나리오 워크숍, 공론 조사, 조정(mediation) 같은 다양한 시민 참여 방식들이 지역 사회의 갈등 현안에서 이용되거니 제안되었다.

이러한 변화들은 학계에서의 논의를 촉발시켰다. 2000년 이후 행정학계를 중심으로 학술 대회나 학술지에 발표된 숱한 논문들은 과거의 의사 결정 방식에 문제가 있었음을 지적하면서 이해 당사자와 일반 시민들의 참여를 근간으로 하는 새로운 '거버넌스'의 필요성을 역설했다. 이러한 논문들은 주로 지역 사회의 구체적인 갈등 사례들을 예로 들어 '바람직한' 갈등 해결 방안을 모색하는 내용을 담았다. 최근 몇 년 동안 유사한 내용의 사례 연구들을 모은 단행본이 여러 권 출간되기도 했다.[3]

지금까지 열거한 10년간의 변화들을 보면, 과학 기술 정책에서의 시민 참여가 완전히 정책 주류의 문제의식으로 자리 잡지는 못했을지 몰라도 최소한 그런 논의 속에서 일정한 '시민권'을 획득하는 결코 적지 않은 성과를 거두었음을 알 수 있다. 여기서 이제 질문을 던져 볼 수 있다. 그렇다면 현재의 시점에서 이러한 성과들을 어떻게 평가해야 할 것인가? 담론, 법·제도, 관행의 측면에서 나타난 과학 기술 민주화의 성과들은 과학과 시민의 상호 관계에서 어떠한 실질적인 변화를 낳았는가? 그러한 성과들은 과학 기술 민주화가 목표로 하는 일반 시민의 권한 강화와 의견 반영을 통한 기술 관료주의의 극복이라는 궁극적인 목표로 이어졌는가?

이 글에서는 '국민의 정부'와 '참여정부' 10년간 과학 기술 분야에서 이뤄진 일련의 시민 참여 시도들을 되돌아보며 이런 질문들에 대한 답변을 시도한다. 이를 위해 먼저 2절에서는 중앙 정부 차원에서 조직된 각종 위원회들에 시민 사회가 참여한 사례들을 생명 공학 분야를 중심으로 살펴보고, 3절에서는 지역 사회의 갈등 현안 해결을 위해 다양한 시민 참여의 방법들이 동원된 여러 사례들을 돌아보며, 4절에서는 2000년대 중반 이후 시작된 정부 주도 내지 후원의 합의 회의와 같은 숙의적 시민 참여 실험들이 지니는 의의와 한계를 평가해 본다. 그리고 마지막으로 5절에서는 앞서의 논의를 종합해 한국의 시민 참여가 어디까지 도달했는지를 평가하고, 이명박 정부 들어 변화한 환경이 앞으로의 시민 참여 실천에 던져주는 함의가 무엇인지를 생각해 보도록 하겠다.

2. 중앙 정부 위원회 참여

민주화 운동과 더불어 '국민의 정부'와 '참여정부'를 기치로 삼은 지난 김대중 정부와 노무현 정부는 국민의 목소리에 귀를 기울이고 국민이 중심이 되는 정부가 될 것이라 말했다. 이렇듯 국민의 목소리에 귀를 기울이고 국민을 중심에 두겠다던 정부의 입장에서는, 중요 국가 정책을 수립하는 과정에 일반 시민의 관점이 반영될 수 있는 공식적인 통로를 마련해 주는 것이 선택이 아닌 필수 요건처럼 되었다. 그러나 이런 기구들이 진정한 의미의 시민 참여의 장이었는가라는 물음에 답하기 위해서는 실제 기구들의 구성과 운영 과정 등을 살펴볼 필요가 있다. 이에 1990년대 이후 생명 공학 기술과 관련해 중앙 정부 산하에 설치된 생명윤리자문위원회와 국가생명윤리심의위원회의 구성, 운영 과정 등을 전체적으로 평가해 보고자 한다.

1) 생명윤리자문위원회

1997년 영국에서 복제양 돌리가 탄생하면서 국제적으로 생명 공학 기술의 발전으로 야기될 수 있는 안전성 및 윤리적인 쟁점들을 둘러싼 논쟁이 확산되기 시작했다. 국내에서는 종교계, 시민 단체, 여성계, 생명 윤리학계 등을 중심으로 과거 과학 기술 육성을 위한 법안 일색이었던 국내법에 대한 비판이 제기됨으로써, 점차 사회적으로도 생명 공학 연구 규제의 필요성을 인식하게 됐다.[4]

정부에서도 생명 윤리 관련 법안을 마련하려는 움직임을 보이기 시작했다. 이 과정에서 생명 공학 기술 관련 부처에 해당하는 과학기술부와 보건복지부는 주관 부처를 결정하지 못한 채 각각 독자적으로 입법안을 추진해 나갔고, 최종적으로 2000년 9월 국무조정실에서는 과학기술부 장관 산하에 '생명윤리자문위원회' 구성과 법제정을 추진하라는 결정을 내렸다.[5] 과학기술부 장관이 임명한 인문 사회학자 및 법학자(5명), 시민 단체(NGO) 대표(2명) 종교계(3명), 생명 과학자(5명), 의학자(5명), 이렇게 총 20명으로 구성된 "생명 공학의 발전에 따른 윤리 문제의 검토"를 위한 생명윤리자문위원회가 11월 설치됐다.[6]

이로써 일단 형식적인 측면에서 범사회적 차원의 생명 공학 윤리에 대한 여론 수렴과 정책 수립을 위한 조직 구성이라는 요건을 갖춘 생명윤리자문위원회가 1년을 임기로 출범했다. 과거 과학기술부를 비롯한 몇몇 부처들을 중심으로 '생명 공학 육성 기본 계획'의 수립과 집행 조정 등에 관한 최고 기구인 '생명공학정책심의회'와 '생명공학실무추진위원회'가 구성되었던 것과 비교해 보면, 다양한 분야의 전문가와 시민 단체로 구성된 생명윤리자문위원회의 출범은 정부의 생명 공학 윤리 규제법 제정에 시민의 의견이 반영될 수 있는 창구가 한시적으로나마 마련됐다는 점에서 진일보했다고 볼 수 있다.

2000년 11월 21일 제1차 전체 회의를 시작으로 2001년 8월 14일까지 매달 2회씩 총 18차례의 회의를 진행시키면서 생명윤리자문위원회는 생명 윤리 기본법(가칭) 마련을 위한 위원 간 견해 차이를 조율하기 위한 노력을 기울였다.[7] 뿐만 아니라 세부적인 전문 주제에 대해서는 관련 전문가의 의견을 듣기 위해 회의에 과학자, 여성 단체 대표 등의 외부 전문가들을 참석시켰다. 전체 과정을 투명하고 공개적으로 운영할 목적으로 홈페이지(http://www.kbac.or.kr)를 개설해 매 회의 결과를 게시하는가 하면, 시민들이 자신의 의견을 개진할 수 있는 자유 게시판을 운영하고, 2000년 4월 10일과 5월 22일 공개 강연 및 토론회, 공청회도 열었다.

2001년 11월 공식 활동을 끝마치기 앞서, 자문 위원회는 일단 5월 18일 "생명 윤리 기본법(가칭)"의 기본 골격안을 발표하고 7월 10일 최종 내용을 공개했다. 위원회가 공개한 기본 법안은 일차적으로 "생명 과학 기술이 생명의 존엄성을 확보하고 신장시키면서 건전한 발전을 하도록 돕는 것"을 근본 목적으로 하며, 1) 국가 생명 윤리 위원회의 설치 및 운영, 2) 생명 복제와 종간 교잡 행위, 3) 인간 배아의 연구와 활용, 4) 유전자 치료, 5) 동물의 유전자 변형 연구와 활용, 6) 인간 유전 정보의 활용과 보호, 7) 생명 특허 등 생명 공학의 다양한 윤리적 쟁점들을 다루고 있었다. 이와 관련해 생명윤리자문위원회는 사회적 합의를 통해 생명 공학이 야기할 수 있는 전반적인 사회 윤리 문제를 다루는 법률적 초안을 이끌어 내는 데 중요한 역할을 수행했다고 평가할 수 있다.[8] 무엇보다 참여연대 시민과학센터를 비롯한 시민 단체들이 법안의 중요 논제 마련에 상대적으로 주도적인 역할을 했다는 데서 생명 공학에서의 시민 참여가 거의 부재했던 국내 상황에서 이 법안이 차지하는 의미는 크다.

이 지점에서 정부는 애초에 어떤 의도로 생명윤리자문위원회를 설립했을까를 생각해 볼 필요가 있다. 정부의 생명윤리자문위원회 설립의 진정성을 의심할 수밖에 없는 이유는, 일단 전반적으로 민주적이고 공개적인 절차 속에서 운영된 위원회에서 마련한 생명 윤리 기본 법안을 기초로 한 생명 윤리법 제정을 정부가 차일피일 미루었다는 점 때문이다. 그리고 이듬해 2002년 1월 15일에는 생명윤리자문위원회를 주관하던 과학기술부가 생명 윤리 규제 제도 마련과는 충돌하는 "21세기 프론티어 연구 개발 사업"으로 총 9개 과제를 선정하고, 이 사업의 일환으로 생명 윤리 논쟁이 격렬했던 줄기 세포 연구에 당해 90억 원을 포함해 10년간 총 1000억 원을 투자하겠다고 발표했기 때문이다.[9] 즉 자문위원회가 운영된 지 1년 만에, 정부 스스로 이율배반적으로 과학 기술 성장 패러다임을 담지하고 있는 생명 공학 육성 사업을 일방적으로 발표해 추진한 것이다.

그렇다면 정부는 왜 생명 공학 연구에 대한 규제 제도 마련을 목적으로 한 생명윤리자문위원회를 설립했을까? 자문 위원회 운영이 종료된 이후 생명 윤리법 제정 과정에서 정부가 보여 준 모습은, 정부에게 다양한 시민의 의견을 반영하면서 생명 공학 분야에서의 과학 기술 민주화를 실현시키려는 의지가 있었는지조차 의심하게 한다. 실제로 2000년 생명윤리자문위원회가 설립되기 이전부터 참여연대 시민과학센터를 비롯한 여러 시민 단체들과 종교계, 생명 윤리학자 등이 지속적으로 생명 복제 기술을 규제하는 법률을 제정할 것을 촉구하고 있었다. 여기에 더해 1983년에 생명 공학 육성을 목적으로 제정된 '생명 공학 육성법' 개정을 위한 국회의원의 입법 청원[10]까지 있었다. 그래서 결국 정부는 새롭게 생명 공학 윤리 법안을 추진할 수밖에 없었던 것이다.

그렇게 해서 생명윤리자문위원회 구성과 관련해서 2000년 6월 과학기술부가 국무총리에게 생명 윤리와 관련된 범부처 차원의 법 제정 추진을 건의했다. 그러나 국무조정실 산하에는 이미 위원회가 너무 많을 뿐더러 총리실 소속의 생명윤리자문위원회에서 건의되는 사항은 법제화로 연결되기가 어렵다는 반응이 나오면서,[11] 결국 그 해 9월 과학기술부 주관으로 생명윤리자문위원회를 구성해 법 제정을 추진하라는 통보가 내려졌다.

주무부처가 국무조정실에서 과학기술부로 변경된 데에는 사실 생명 공학 기술을 둘러싼 보건복지부와 과학기술부 간의 주도권 싸움도 하나의 요인으로 작용한 것으로 보인다. 생명 공학 기술은 기본적으로 엄청난 부가가치가 기대될 뿐만 아니라 범국가적으로 추진되는 기술 개발 사업으로서 매년 수천 억 단위의 예산이 배정될 정도로 규모가 크기 때문에 과학기술부, 보건복지부를 비롯한 관련 정부 부처들 사이에서 이미 상당히 오래 전부터 눈에 보이지 않는 주도권 경쟁이 있었다. 그런데 생명 윤리 문제는 생명 공학 기술 개발에 중요한 영향력을 미칠 것이 예상되기 때문에 과학기술부와 보건복지부가 앞다투어 주도권을 쥐어야 한다는 입장에서 먼저 생명 윤리 관련 법안 마련에 관심을 기울였고, 여기서 보건복지부가 경쟁에서 밀렸다 하겠다.[12]

그런데 생명윤리자문위원회 구성과 관련해 보다 근본적인 문제는 단순히 보건복지부와 과학기술부 간의 권력 다툼에 있지 않다. 오히려 최종적으로 생명윤리자문위원회 활동을 주관하게 된 과학기술부가 생명 윤리 문제에서 어떤 철학을 기반으로 사회적으로 중요하게 논의되어야 하는 문제인가를 인식하고 이를 추진해 가려는 의지를 가지고 있었느냐 하는 점이다. 사실 과학기술부는 1994년 범부처적 기술 개발 프로그램으로 시작된 '생명 공학 육성 기본 계획'(Biotech 2000)을 주관하는 핵심 부처로서, 기본적으로 생명 공학 기술의 육성·발전을 자신들의 주된 임무로 자처해 왔던 기관이었기에 이런 과학기술부가 다양한 집단 간에 충분한 사회적 논의와 합의가 요구되는 생명윤리자문위원회 활동을 주관하는 데 의문이 생기는 것도 자연스럽다.

이런 의구심의 타당성은 처음 생명윤리자문위원회 구성 과정에서 입증되었다. 과학기술부가 처음 생명윤리자문위원회를 구성할 때 생명 윤리 문제의 윤리적 검토 대상자라고 할 수 있는 체세포 복제 기술 연구자인 당시 서울 대학교 황우석 교수와 인간 수정란 연구자인 박세필 마리아 기초 의학 연구소 소장을 포함시켰기 때문이다. 이에 종교계와 시민 단체들은 "두 과학자가 위원회에 참가한다면 두 연구에 대한 객관적이고 중립적인 평가가 불가능할 뿐만 아니라 합리적인 윤리 법안을 만드는 데 한계가 있을 것"이라고 즉각 이의를 제기했다. 또한 각계를 대표하는 위원 구성에서도 생명 윤리학자를 비롯한 인문 사회 과학자, 종교계, 시민 단체 인사의 참여가 과반수를 넘어서 독립성을 유지해야 하며, 생명 공학 연구가 여성의 신체에 직접적인 위해를 가할 수 있다는 점에서 여성의 의견을 대표하는 위원이 꼭 참여해야 한다고 비판했다.[13] 보건복지부도 과학기술부의 대표성을 문제로 지적하며 독자적으로 법안을 국회에 상정할 것이라고 밝히면서 생명윤리자문위원회 활동에 곱지 않은 시선을 드러냈다.[14] 결국 과학기술부는 이러한 의견을 받아들여 위원 구성에서 두 전문가를 최종적으로 제외시켰다.

2001년 5월 29일 과학 기술 정보 통신 위원회가 개최한 공청회에서도 또 한 번 과학기술부가 생명 윤리에 관한 법안의 중요성을 얼마나 인식하고 있는가에 대해 의문을 들게 했다. 2001년 5월 22일 생명윤리자문위원회의 생명 윤리 기본법(가칭)의 기본 골격 마련을 위한 공청회가 열렸을 때 생명 공학 연구원은 생명 과학계의 의견을 담아 생명 윤리법이 생명 공학 기술 발전을 저해한다고 비판했다. 그리고 인간 배아 복제 연구를 허용해 달라고 요청하는 직원 일동 명의의 건의문을 국회에 제출했다. 그러자 과학기술부는 생명 윤리 기본 법안은 생명윤리자문위원회의 의견일 뿐 과학기술부의 공식 입장이 아니라면서 생명 윤리 기본 법안에서 한발 빼는 태도를 취했다.[15]

비록 과학기술부가 생명윤리자문위원회의 운영과 논의만큼은 자율에 맡겼고 생명 윤리 기본 법안이 과학자와 인문 사회학자, 종교계, 시민 단체 등 사회 집단을 대표하는 인사들의 숙의 과정 속에서 도출되었다고 할지라도, 생명 공학 육성 기관인 과학기술부가 생명윤리자문위원회를 주관한 것에서부터 이미 생명윤리자문위원회 활동의 위상과 활동 전체를 부정하게 만들 수 있는 위험이 내재되어 있었다. 의제 설정에서도 위원회의 취지에 부합할 수 있도록 참여 위원들의 민주적 의사 결정에 따르는 것이 아니라, 정부가 처음부터 일방적으로 의제를 인간 및 동물 복제 허용 범위, 인간과 동식물 간의 교잡 허용 범위, 인간 유전 정보 보호 문제 검토로 제한해 버렸다.[16] 이는 생명윤리자문위원회 활동 평가에서 중요하게 짚고 넘어가야 할 부분일 것이다.

2) 국가생명윤리심의위원회

국가생명윤리심의위원회는 2005년 1월 1일부터 시행된 '생명 윤리 및 안전에 관한 법률'(이하 '생명 윤리법')에 따라 4월 7일 공식 출범했다. 생명 윤리법에 따르면 생명윤리심의위원회는 대통령 소속하에 설치된 대통령 자문 기구로서 국가의 생명 윤리 및 안전에 관한 정책의 수립에 관한 사항, 잔여 배아를 이용할 수 있는 연구와 체세포핵 이식 연구의 종류·대상 및 범위에 관한 사항, 금지되는 유전자 검사의 종류, 유전자 치료를 할 수 있는 질병의 종류, 그 밖의 윤리적·사회적으로 심각한 영향을 미칠 수 있는 생명 과학 기술의 연구·개발 또는 이용에 관한 사항을 심의하는 기구로서의 역할 수행을 담당한다. (생명 윤리 및 안전에 관한 법률 제6조)

국가생명윤리심의위원회는 위원장 1인과 부위원장 1인을 포함한 16인 이상 21인 이하의 위원으로 이뤄지는데, 구체적으로 법제처장을 포함해 교육인적자원부 장관, 법무부 장관, 과학기술부 장관, 산업자원부 장관, 보건복지부 장관, 여성가족부 장관 등 총 6개 부처 장관이 정부 위원으로, 그리고 생명 과학 또는 의과학 분야에 전문 지식과 연구 경험이 풍부한 학계·연구계 또는 산업계를 대표하는 7인, 종교계·철학계·윤리학계·사회 과학계·법조계·시민 단체 또는 여성계를 대표하는 7인, 이렇게 총 14명의 민간 위원으로 구성된다.[17]

국가생명윤리심의위원회는 2005년에 제1기가 공식 출범한 이래로 계속해서 위원 구성과 활동을 둘러싼 비판과 논란에 휩싸여 왔다.[18] 무엇보다도 위원 구성과 관련해서 생명 윤리 문제를 제대로 '심의'할 수 있겠느냐는, 역할에 대한 근본적인 문제 제기가 있었다. 정부가 이미 황우석 교수의 배아 연구를 지지하고 나선 상황에서, 생명 윤리법에 명시된 총 21인의 위원 중 3분의 2가 국가 경제 발전을 우선시하는 부처 장관

7인에 생명 공학 기술 연구와 이해 관계가 있는 과학계 7인으로 이뤄졌기 때문이었다. 국가 차원의 생명 윤리 정책을 결정하는 위원회는 다른 국가들에도 많이 있지만, 위원회 구성에 행정부 장관들이 이렇게 많이 참여하는 경우는 한국이 유일무이하다.[19]

이에 위원회 구성에서부터 생명 윤리법을 통해서 생명 공학이 불러올 사회 윤리적 문제를 규제하기보다 생명 공학을 육성하려는 정부의 의지가 엿보인다는 비판이 제기됐다.[20] 당연직 장관들의 경우 생명 윤리에 관한 전문성이 의심스러울 뿐만 아니라 바쁜 공식 일정으로 인해 심의 회의에 참여가 어렵기 때문에 결국은 실무적인 선에서 많이 참여하게 되지 않을까 하는 우려도 있었다.[21] 이런 비판은 정부 소속 장관들이 7인이나 포함되어서 생명 윤리 심의가 다분히 정부의 정책 의도에 맞추어지고, 생명 과학 기술의 정책 입안이 소수의 소외된 의견을 반영하고 수렴하는 과정을 거치지 않은 채 거대 권력의 담합으로 정해지는 하향식 의사 결정으로 전락할 수 있다는 점을 염두에 둔 것이라 하겠다.[22]

위원들에 대한 비판은 민간 위원에 대해서도 예외는 아니었다. 민간 위원의 경우 전반적으로 '무난'하다고 했지만, 생명 윤리 문제를 다루는 심의 기구에 정작 생명 윤리학자가 배제되었다는 비판이 제기됐다. 한 생명 윤리학자는 임명된 민간 위원들 중에서 "생명 윤리와 관련된 문제를 책임 있게 심의할 수 있는 전문성이 의심되는 분이 있어서 앞으로 위상에 맞는 역할을 할 수 있을지 걱정된다."라고 밝히기도 했다.[23] 결국 시민 사회를 대변할 인사들이 민간 위원으로 일부 위촉됐다고는 하지만 상대적으로 소수였다. 반면 생명 공학 기술 육성을 지지하는 입장에서 논의를 진행시킬 인사들이 절대적인 다수를 차지했다는 측면에서 국가 생명윤리심의위원회는 근본적으로 다양한 시민의 목소리가 나오기 힘들었고, 국민의 신뢰와 공감을 얻기에 힘든 구조였다.

황우석 사태가 발생하자, 출범 초기부터 제기되었던 위원회 구성을 둘러싼 우려는 현실로 드러났다. 우선 구성원에 대한 문제는 양삼승 위원장의 자격 시비에서 불거졌다. 양삼승 위원장이 2005년 11월 22일 MBC「PD수첩」방영을 전후해서 황우석 전(前) 교수 측에 일종의 자문 역할을 했다는 사실이 밝혀진 것이다. 조사 과정에서도 일관되게 소극적인 입장을 취하면서 조사를 '지연'시키거나 조사 범위를 '축소'하려 했던 것으로 확인되면서, 위원장 자격 문제는 위원장직을 사퇴하는 것으로 마무리되었다.[24] 결국 위원회에는 20명의 위원들만이 남게 됐고, 호신에 의해 선출된 부위원장이 위원장을 대행하는 체제로 운영됐다. 지난 생명 윤리 자문 위원회 구성에서도 처음에는 황우석 전 교수가 포함되었다가 종교계·시민 단체의 문제 제기로 배제되었는데, 이번에도 황 전 교수와 연관해 위원장이 사퇴하는 상황이 벌어진 것이다.

황우석 사태 이후 생명 윤리법 개정 과정에서도 위원회 구성으로 인해 객관적이고 중립적인 심의가 제대로 이뤄지지 못했다. 2006년 11월 23일 열린 '체세포 복제 배아 연구 재평가에 관한 결과 심의' 회의에서, 과학계와 정부 위원들의 절대적인 수에 밀려 당일 참석했던 3명의 윤리계 위원들의 의견이 제대로 반영되지 못했던 것이다. 이 회의에서는 체세포 복제 배아 연구의 허용 여부에 대해 제한적 허용안과 한시적 금지안을 놓고 전문 위원회의 보고가 있은 후에 간단한 의견 교환만이 있었다.[25] 그리고 당일 불참했던 여성가족부와 서면 결의로 참여했던 보건복지부 장관을 제외한 5인의 정부 위원과 과학계 위원 7인 전원이 체세포 복제 배아 줄기 세포 연구를 제한적으로 허용하는 쪽에 찬성표를 던졌다.[26] 결국 체세포핵 이식 연구를 '제한적 허용'하는 방향으로 논의가 모였고, 2007년 3월 23일 열린 심의 회의에서 체세포 복제 배아 연구를 제한적으로 허용하는 것으로 의결됐다.[27]

국가생명윤리심의위원회는 말 그대로 '심의' 기구라는 점에서 운영 상에서도 난항을 거듭했다. 왜냐하면 국가생명심의위원회에게는 실질적인 조사 권한이 주어지지 않은 채, 해당 관계 기관이나 단체에 자료 또는 의견 제출을 요청하거나 조사 연구를 의뢰하는 것으로 제한되어 있기 때문이다. 이는 정책 자문을 행하는 여타 위원회가 가지고 있는 조사 권한의 내용과 비교해 보았을 때 훨씬 제한적이고 미흡한 것이다.[28] 이로 인해 황우석 사태 조사에서 "사실상 식물 위원회", "위원회에 투입되는 연간 2000만 원의 예산조차 아깝다", 국가생명윤리심의위원회가 "허송세월"했다는 차가운 시선 속에서 위원회의 존립 필요성 재고론까지 나왔다.[29] 이런 가운데 관련 당사자는 물론 관계 기관장의 출석이나 의견 진술을 요청해 정확한 상황에 대한 이해를 구할 수 없었고, 제출된 서류나 의견서의 진정성에 대한 의심에도 불구하고 제출된 자료에 의존할 수밖에 없었고, 수사권의 집행과 같은 강도 높은 조사는 서울 대학교 조사 위원회에 맡겨야만 했다.[30]

'참여정부'라는 이름으로 시민 참여를 정부의 모토로 삼고 있는 노무현 정부에서 대통령 산하 자문 기구로서 국가생명윤리심의위원회가 지녔던 시민 참여의 진정성은, 시민 사회의 의견을 충분히 반영할 수 있는 전문가들이 민간 위원으로 참여했음에도 불구하고, 절차상의 정당성 확보 차원에만 머물러야 했다. 결국 생명윤리심의위원회 또한 위원회의 구성과 운영 과정에서, 2003년 이래로 제기되었던 정부 자문 위원회의 전문성과 객관성, 실효성에 대한 평가가 필요하다는 비판을 벗어날 수는 없었다.[31]

기본적으로 우리나라의 위원회는 위원 구성이 장관 제청, 대통령 임명 형태로 이루어져 있다. 이 때문에 위원의 선정이 정치적 관계에 좌우될 가능성이 크고, 중요한 정책 논의에서도 사실상 관련 부처에서 미리 자신들의 부처에 유리한 방향으로 정책 결정 사항을 내려놓고 위원회를 관련 정부 기구의 대리인으로 활용하기도 한다. 즉 위원회의 독립성, 중립성은 표면적인 것일 뿐, 실제 활동에서는 정부가 직·간접적으로 개입하고 의사 결정을 주도하고, 최종적인 결과에 대해서는 전문가들의 의견이라고 밝힘으로써 정치적 개입이 있었다는 것을 부정해 버릴 가능성이 존재한다. 과연 국가생명윤리심의위원회는 이러한 비판으로부터 얼마나 자유로울 수 있을까? 이런 점에서 지금까지 진행된 국가생명윤리심의위원회의 활동은 '참여정부' 시절 시민의 목소리를 담아낼 수 있는 독립적, 중립적, 객관적 기구로서의 역할을 충실히 해내지 못한 여러 위원회들보다 더 나은 평가를 받기는 어렵다.

3. 지역 사회 갈등 해결

중앙 정부 차원에서 시민 참여에 대한 다양한 논의들이 진행되면서 지자체들에서는 지역 갈등 현안들을 해결하기 위해 다양한 시민 참여 방식들에 대한 실험이 이루어졌다. 이는 혐오 시설 입지나 환경 파괴를 수반하는 개발 문제를 중심으로 전개된 이들 지역 갈등을 과거와 같이 일방적인 DAD 방식으로는 해결할 수 없다는 인식이 확산된 결과라고 볼 수 있다. 이들 지역 갈등 해결의 사례들 중에서 성공적인 사례로 평가된

것은 지속 가능 발전 위원회(이하지속위) 등을 통해 널리 소개되기도 했다.[32]

　여기서는 이들 성공적인 예에 속하는 것으로 평가받는 갈등 관리 사례들을 돌아보면서, 이 사례들이 '시민 참여 실천에 의한 시민권의 확대'라는 점에서 어떤 의의와 한계를 갖고 있는지를 살펴보도록 하겠다.

1) 최초의 참여 의사 결정: 울산 북구 시민 배심원제[33]

울산의 시민 배심원제는 '심의적 시민 참여 모델'을 실제 행정 갈등 사안에 적용한 국내 최초의 사례로서뿐만 아니라 성공적인 숙의 모델 실험, 모범적인 환경 거버넌스의 예로 소개되어 왔다. 음식물 자원화 시설 설치에 반대해 초등학생 등교 거부 등의 양상으로 2년 넘게 치열하게 전개되던 주민과 울산 북구청 간의 공방이 시민 배심원의 결정을 양쪽에서 모두 수용하기로 합의하면서 해결되었기 때문이다. 시민 배심원을 통한 합의가 있은 후, 주민들은 더 이상 극단적인 방식으로 시설물 설치에 반대를 제기하지 않았고, 울산 북구에서는 시설 운영에 주민 참여를 보장하는 '조례'를 제정하는 등 배심원단의 권고 사항을 충실히 이행했다.

　울산 북구의 시민 배심원제 사례는 행정 기관에 의해 일방적으로 주도되지 않고 배심원제 도입의 전 과정에 주민 대표가 참여해 배심원단 구성, 인원수, 활동 기간 등의 전반적인 사항을 합의에 의해 진행했다는 점에서 한국 사회에서 보기 드물었던 참여적 의사 결정의 사례로 평가받았다. 북구청과 주민 대표는 개별 배심원으로 활동할 인사를 추천할 시민 단체와 종교 기관에 대해서도 합의를 했고, 개별 참여자 추천에 관해서도 기본 원칙을 정해 진행했다. 그밖에 15일 동안의 배심원단 활동 기간, 배심원단 심리 과정 공개, 최종 표결 방식에까지 주민들의 의사가 반영되도록 했다. 이런 주민 합의로 이루어진 배심원단 활동이었기 때문에 주민들은 초기 주민들의 의사에 반하는 배심원단의 음식물 자원화 시설 설치 찬성에 더 이상 반대할 수가 없었다. 사례를 분석한 연구자 중에는 투명하고 공정한 진행 이외에 배심원단의 인적 구성을 성공 요인으로 지적한 이들도 있다. 사회적으로 공정성과 신뢰성이 있는 시민 단체와 종교계 인사들로 배심원을 구성했기 때문에 배심원단의 결정에 대한 수용성을 높일 수 있었다는 것이다. 이밖에 은재호는 시민 배심원단에 대한 우호적인 여론의 존재도 성공 요인으로 들고 있다. 갈등의 양 당사자가 합의의 틀을 만들고, 신뢰성 있는 종교 단체와 시민 단체가 결합되어 극한적인 대립 갈등이 합의를 통해 해결되었다는 점에서 울산 북구의 시민 배심원제는 갈등 성공 사례로 충분히 평가될 수 있어 보인다.

그러나 합의를 통한 사회적 신뢰의 구축이나 시민들의 참여 확대라는 점에서 크게 기여하지는 못한 것으로 나타났다. 김소연의 연구에 따르면, 시민 배심원제 실시 이후로 북구청에 대한 주민들의 신뢰가 높아진 것은 전혀 아니었다고 한다. 설치 반대를 주장하던 비상 대책 위원회 위원들은 북구 음식물 자원화 시설 지원팀에 참여를 하지 않았고, 배심원제 도입을 주장한 민주노동당은 선거에서 한나라당에 패배하기까지 했다. 주민들은 별다른 선택이 없는 상황에서 배심원제 도입이 제기되어 어쩔 수 없이 받아들여야 했다는 입장이다. 자발적이고 적극적으로 이루어진 참여 형태가 아니었기에 합의에 이르기는 했지만, 그 이후의 활동에는 참여를 꺼리고 있는 것이다. 이런 상황이 발생한 이유로 김소연은 배심원제 도입 시기의 적절성을 들고 있다. 갈등 예방의 차원에서 주로 도입되던 배심원제를 갈등 해결을 위한 사후적인 조치로 도입하다 보니 배심원제 구성, 배심원단 활동이 원래 취지와 다르게 진행될 수밖에 없었다는 것이다. 합의를 이끌기 위해 참여의 공정성 원리를 따르는 무작위 추출 방식의 배심원단 구성보다 사회적 대표자들로 배심원단이 구성되었던 것도 한계였다. 그밖에 자신들의 의사를 대변할 수 있는 변호사 수임을 주민 모금을 통해서 진행해야 했던 주민 대표와 북구청 예산을 전용할 수 있는 행정 기관 사이에 공정한 참여가 이루어질 수 있다고 보는 것은 무리일 것이다. 은재호는 또 다른 실패 요인으로 합의안 이행을 감독할 수 있는 주민 지원 협의체가 주민이 아닌 시민 단체 회원이 맡게 되면서 대표성에 문제를 갖게 된 것 등을 지적하고 있다.

갈등 당사자 간의 참여 의사 결정을 통한 갈등 해결이라는 점에서 시사점이 크기는 하지만 주민들의 자발적인 참여는 결여되어 있었다는 점에서 한계가 있었다. 다양한 의견을 포괄적으로 수렴할 수 있는 배심원단의 구성, 지속적인 정보 공개와 충분한 토의와 공정한 중재로 합의에 이를 수 있게 함으로써 울산 북구의 사례는 숙의 민주주의의 가능성을 보여 주는 사례라고 할 수 있다. 그러나 자발적인 참여가 보장되지 않은 채로 시작된 것이었기에 실제 주민들의 참여를 통한 시민권 확대로 이어지지는 못하고 있었다. 이런 한계는 이후 주민 협의체 운영의 실패, 자원화 시설의 가동 중지라는 정책 실패로 결과했다.

2) 개발을 위한 합의: 시화 지역 지속 가능 발전 협의회

2007년 7월 환경 단체는 경기도 시화호 개발을 막기 위한 농성에 들어가 언론의 주목을 받았다. 농성에 들어간 환경 단체는 '불법 행위를 방조하고 시화호 파괴에 앞장서는' 시화 지역 지속 가능 발전 협의회(이하 시발협) 해체를 요구했다. 그 이유로는 시발협이 수자원의 맹꽁이 서식지 파괴와 불법 매립에 적극적인 대책 마련 없이 형식적인 논의와 절차만을 진행한 것, 주민 여론 조사 방법과 질문지에 대한 자료를 공개하지 않는 것 등을 들고 있었다.

그런데 시발협 활동은 앞서 울산의 시민 배심원제와 마찬가지로 지속위에서 또 다른 참여 의사 결정의 성공 사례로 인정받았던 것이기도 하다. 2007년 8월, 언론에서는 시발협이 그동안 논란이 지속되어 온 시화호 간척지의 친환경적인 개발 방안에 대한 사회적 합의를 이끌어 낸 단체라고 대대적으로 홍보하기도 했다. 시발협은 3년 8개월 동안 140여 회의 논의를 거쳐 지역 환경 단체와 정부 사이에 친환경 개발 방안에 대한 합의를 이루어내, 2007년 민관 협력 포럼이 주는 대상을 수상하기도 했다 이런 시발협에 환경 단체는 왜 해체를 요구하고 있는 것일까?

시발협의 결성은 시화호 간척지 개발을 둘러싼 논란이 한창이던 2000년으로 거슬러 올라간다. 2000년 시화호 주변 3개시의 시민 단체는 1997년 시화호의 외해 방류와 1999년 4월 공룡 알, 발자국 화석 발견 등으로 시화호와 그 주변 환경의 복원과 이용 가능성에 대해 희망을 갖게 되었다. 단체들은 '희망을 주는 시화호 만들기 화성, 시흥, 안산 시민 연대 회의'를 결성하고 그동안 단체별로 관찰한 자연 생태 환경, 인류 문화재 및 천연기념물 등의 자료를 평가해 자연 생태계 보전 및 관광화 방안, 시화호 생태 공원 조성을 위한 시민안을 작성했다.[34] 한편, 정부는 2000년 9월에 시화호 장기 종합 계획을 수립하기 위한 조직으로 13개 관계 기관만으로 구성된 "시화 정책 협의회"를 구성했다. 하지만 이 정책 협의회에서는 시민 단체나 시민들의 참여를 보장하지는 않은 채 산업 단지 개발을 추진하고자 했으나 즉각 단체의 반발을 맞게 된다. 갯벌 잠식을 우려하는 시민들과 시민 단체의 반발이 언론에 의해 지원을 받게 되자, 정부는 2003년 12월 지역 주민의 의견을 수렴해 정부 계획을 확정하겠다는 의사를 표명하기에 이른다. 그리고는 12월 29일 정부 부처(건교부),

3개시 시민 단체, 지자체는 지역 발전과 환경 문제를 공동으로 논의할 수 있는 민관 공동 협의체를 구성키로 합의하고, 이듬해 1월 16일 시화 지역 지속 가능 발전 협의회를 구성한다.

시발협의 탄생은 음식물 자원화 사례처럼 사후 처리 과정에 시민들의 참여를 보장한 것이 아니라 지역의 장기 종합 계획에 시민들의 참여를 보장한 것이라는 점에서 정책사적으로 의미가 큰 것이었다. 지금까지 정부 일변도의 개발 정책 수립과 강행, 사후적인 주민 반발이 일반적이던 정책 과정이 시발협의 출현으로 변화를 맞게 된 것이었다.

시발협은 시화호 유역의 개발과 수질 및 대기 개선을 위해 지자체, 시민 단체, 사업자가 참여하는 협의회로 출발했고, 시발협에 참가할 시민 단체 대표는 시화호 연대 회의에서 결정되도록 했다.[35] 간척지 개발을 둘러싼 논의들을 중심으로 이루어진 만큼, 시발협의 구성도 개발 분과, 대기 분과, 수질 생태 분과로 이루어졌다. 분과 위원장은 시민 단체가 추천한 시민이, 각 분과 간사는 개발 주체인 건교부(수자원공사)가 맡고, 초기 출발 시 위원 구성은 33인으로 했다. 하지만 각 분과의 참여 위원 수에 대한 제한이나 각 분과에 참여하는 시민 단체, 관련 공무원, 시의원, 전문가에 일정 비율 할당 등은 논의되지 않았다. 이런 까닭에 출발 당시 개발 분과에는 관련 전문 공무원이, 수질 생태 분과는 시민 단체 위원들이 편중되어 있는 인적 구성을 보였다.[36] 이런 운영 원칙상 문제점은 시민 단체들에 의해 이루어져 온 개발안이 종합 계획에 제대로 반영되지 못하는 결과를 낳게 한 것으로 보인다.

이런 운영상의 결함이 있긴 했지만, 협의회는 협의회 운영 공개를 원칙으로 회의 결과를 홈페이지에 공개해 일반 시민들이 열람할 수 있도록 하고, 필요한 사안에 대해서는 전문가 교육, 외부 용역 등을 활용해 충분한 숙지가 이루어진 후에 합의를 하도록 하는 등의 합리적 운영을 보였다. 협의회 활동을 통해 시화 지역 수질, 대기질 개선 대책 로드맵에 대한 합의(재원 마련을 위한 시화호 Multi-Techno Valley 개발 제안), 시화호 남측 간척지 개발 계획 수립 착수에 대한 합의도 이루어졌다.

시발협의 활동을 두고 한 분과 위원은 협의회 운영의 가장 큰 소득으로 정부, 지자체, 시민 단체 간 상호 신뢰감의 형성을 언급했다. "정부와 지자체는 제의된 사안들에 대해 신속하게 해결하거나 해결의 의지를 보여 왔고, 시민 단체들도 일방적 주장보다는 자료에 근거해 의사를 발표하는 등 성숙한 토론 문화를 정착했다."라고 평가하고 있다.[37]

하지만 시발협에서의 합의라는 것이 합리적인 운영에도 불구하고 결코 쉽지는 않았던 것 같다.《프레시안》에 기고된 시화호 연대 회의 사무국장의 글에 따르면, 2004년 초기부터 수질 보전의 재정 확보안으로 내놓은 시화 MTV 개발에 대한 다양한 이견이 존재했고, 이를 극복하기 위해 수십 차례 내부 토론을 거쳤지만 입장 차이가 좁혀지지 않았다는 것이다. 결국 이 논의는 비교적 합의가 쉬운 한국수자원공사의 4가지 개발 계획안(100만 평, 220만 평, 280만 평, 317만 평)에 대한 경제성과 사회성, 환경성의 측면에서의 타당성 조사로 좁혀졌다.[38] 한편, 이 타당성 조사에 대한 합의는 정책을 추진하는 수자원과 건교부에게는 타당하다는 조사가 나올 경우, 개발 계획 실행을 의미하는 것으로 해석되었다. 이와 달리 시민 단체의 경우, 여전히 개발에 대한 반대 의견을 갖고 있음에도 조사 결과에 따라 이와는 무관하게 절차에 따라 손을 들어주어야 하는 입장에 놓이게 되었다. 이런 과정에서 용역 조사를 근거로 수자원공사와 건교부가 시민 단체들에 정책 수용을 종용하게 되었고, 이들 단체들 내부 의견 통일이 되지 못하는 가운데 시발협에서 일방적인 합의를 선언하게 되면서 시민 단체가 탈퇴하고 시발협 해체 주장이 나오게 된 것이었다.

시발협은 장기적인 발전 계획에 대해 이해 당사자 간의 공개적인 참여와 협의가 이루어졌다는 점에서 시민 참여를 한 단계 전진시킨 사례라고 평가될 수 있다. 하지만 시발협은 발족에서부터 시민들의 다양한 의사를 반영할 수 있는 시민 참여 공간은 아니었다. 시발협의 논의들은 처음부터 "시화호 및 주변 지역에 대한 개발 계획 수립에 관한 사항, 개발 계획 상의 수질, 생태 및 대기 등 환경 대책에 관한 사항"에 국한되어 있어서 개발 반대의 입장이 피력될 수 있는 여지는 제한될 수밖에 없었다. 자연히 참여한 시민 단체들은 개발에 동조하는 사람들로 구성되었고, 이에 따라 이들 시민 단체들이 시민을 대표하고 있는 것인가 하는 의문이 제기될 수밖에 없었다. 합의에 주안점이 두어진 회의 운영은 시화호 MTV 논란에서 보다시피 근본적인 시각으로부터 첨예하게 대립하는 사안들을 충분히 논의하는 데 한계를 노정하고 있었다. 각 부서 운영진 구성에서도 협의회는 주로 수자원공사와 건교부 공무원들에 의해 입안되는 개발안을 시민 단체들에서 사후적으로 평가하는 식으로 운영될 수밖에 없게 만들었다. 지역 시민 환경 단체를 제외하고는 분과 구성원들이 정부와 지자체 공무원, 수자원 공사 처장, 해양 연구원 등 연구소 위원으로 되어 있어 진정한 의미의 시민 참여 형태라고 볼 수는 없었다.

3) 정부의 절차적 승리:

경주 중·저준위 방폐장 부지 확정을 위한 주민 투표

2005년 11월 2일 주민 투표를 통해 경주가 중·저준위 방폐장 부지로 확정됨으로써 우리 사회의 오랜 갈등 중 하나가 '민주적인' 방식으로 해결된 것으로 기록되었다. 참여정부는 이를 2005년 올해의 10대 뉴스 1위로 선정하며, 언론 매체를 통해 정부의 대표적인 업적으로 홍보하는 데 인색함이 없었다. 정부로서는 19년 동안 계속되어 온 사회적 갈등을 시민 참여적인 방식으로 해결한 대표적인 사례이므로 이런 요란스러운 홍보도 문제될 것이 없다고 보았던 것이다.[39]

하지만 이 사례는 대다수의 사람들 눈에는 참여정부에 의해 참여 민주주의 제도가 대표적으로 악용된 예로 보였다.[40] 주민 투표는 지역의 중대한 영향을 미치는 문제에 대해 지역 주민의 의사를 모으기 위해 실시되는 것으로 세계 각국에서 주민의 직접적인 정치 참여의 수단으로 인정되고 있다. 주로 정부가 주도하는 '국가 정책에 대한 주민 투표'는 주민의 의견을 듣기 위해 필요하다고 인정하는 때에 실시되는 것으로 주민 투표의 결과가 국가 정책을 결정하는 구속력을 갖고 있지는 않다.[41] 주민 투표는 또한 주민들의 발의에 의해 지역 현안 문제를 결정하기 위해 실시되기도 한다.

그런데 경주의 주민 투표 실시는 여러 가지 점에서 주민의 직접적인 정치 참여의 수단으로 기능하고 있지 못했다. 성숙된 민주주의의 표현이 아닌 "풀뿌리 민주주의를 유린하는 반민주적인 폭거"로 비판받기도 했다. 이런 반론은 주민 투표 실시 결정에서부터 실시 과정에서 나타난 여러 가지 문제점에서 비롯되고 있다.

우선, 핵 폐기장 부지 선정을 위한 주민 투표가 '주민 수용성' 제고를 근거로 주민 의견 확인 절차가 아닌 국가 정책을 결정하는 절차로 변형 실시했던 것이다. 주민의 자발적인 발의에 의해 정부의 말대로 참여 민주주의적 절차에 의해 실시된 부안의 방폐장 찬반 주민 투표[42]에 의해 부안 방폐장 유치가 어렵게 되자, 정부는 2005년 6월 새로이 부지 공모에 들어가게 된다. 이 부지 신규 공모에서 정부는 8월 31일까지 지방 의회의 동의를 얻어 유치 신청을 하고 주민 투표를 실시해 찬성률이 가장 높은 지역으로 확정할 것임을 공표했고, 병행해 유치 지역에 3000억 원 지역 지원금과 반입 수수료, 양성자 가속기 사업, 한수원㈜ 본사 이전 등을 법으로 약속했다. 이렇게 주민 투표 실시 결정은 철저히 정부의 정책 관철이라는 목적에서 이루어진 것이지, 주민들의 다양한 의사를 정책에 반영하겠다는 목적에서 실시된 것이 전혀 아니었다. 유치 지역에 대한 막대한 지원은 방폐장 유치에 따른 지역의 경제적, 문화적 손실을 사회 정의 차원에서 보상하는 것이라기보다는 주민 투표 찬성률을 높이기 위한 수단으로 이용되었다.

정부의 정책 관철을 위해 주민 투표가 실시되다 보니 주민 투표 시행 과정은 '민주주의를 역행하는' 방식으로 이루어질 수밖에 없었다. 투개표 관리 등 실무에서부터 지역 주민의 광범위한 참여와 투명한 절차에 따라 이루어진 부안의 주민 투표와 달리 경주의 주민 투표는 노골적인 관권의 개입과 부정으로 얼룩지고 있었다. 비정상적으로 높이 나타난 부재자 신고 비율은 투표의 공정성 시비를 일으켰다.[43] 선관위에 따르면, 주민 투표가 실시된 4개 지역에서 185장의 부재자 투표자 신고서가 본인 의사와는 무관하게 작성된 것으로 확인이 되기도 했다. '주민 수용성'을 높이기 위해 주민 투표 투표율이 어느 정도 수준을 넘어야 했고 이는 관권이 동원된 부재자 신고 방식을 통해 달성된 것이었다. 이밖에 공무원들에 의한 유치 찬성 홍보 활동은 사실상 주민들의 공정한 선택을 가로 막았다. 시민 단체나 민간 전문가들은 지역 주민들에게 유치 반대의 이유를 제대로 전달할 수 있는 기회조차 갖지 못했다. 일부 언론사는 지속적으로 방폐장 유치에 따른 경주 지역에서의 경제적 파급 효과만을 보도하기도 했다. 지역 간 찬성률을 높이기 위해 지역주의에 근거한 홍보도 아무런 장애 없이 이루어지고 있었다. 투표 과정에서 주민들이 정책 현안에 대한 균형 잡힌 정보를 접하면서, 자신들의 의사를 표현할 수 있는 학습의 과정은 존재하지 않았다. 부지 선정을 위한 주민 투표에서 지역 주민들은 다시 한번 정부 정책을 위한 거수기로 전락하고 말았다.

정부의 주민 투표 실시 결정에 대해 일부 환경 단체에서는 핵 폐기장 부지 선정이라는 사안에 타당하지 않은 정책임을 지적한 바 있다. 부지의 안정성을 최우선으로 해야 하는 핵 폐기장 부지를 지역 주민의 의사, 그것도 정부 지원에 따른 이해 관계에 민감한 지역 주민의 의사로 결정해서는 안 된다는 것이었다. 유치 지역에 대한 안정성 연구도 철저히게 이루어지지 않은 채, 당장의 경제적 이익만을 앞세워 지역 주민들에게 결정을 강요하는 것은 제대로 된 정부의 역할이 아니었다.

핵 폐기장 부지 선정을 위한 주민 투표는 정부에게는 어려운 과제를 풀어 준 참여 민주주의 제도로 기능했겠지만, 정작 투표에 참여한 주민들로부터는 핵 폐기장 문제와 관련해 정당한 의사 표현 기회를 빼앗고 말았다. 전례 없었던 부안에서의 핵 폐기장 유치 반대 운동을 통해 사회적 공론의 장에 떠오른 원자력 발전 정책의 문제점은 유치에 따른 지역 경제 활성화, 유치 지역 선정에 대한 관심에 밀려 버리고 말았다. 현안 해결에 급급한 정부에 의해 유치 반대 주장은 '막연한 공포에서 기인하는 맹목적인 반대'로 다시 낙인찍히면서, 그간의 갈등 구조를 다시 재연했다. 결국 부지 선정이라는 표면적인 문제 해결은 이루었지만, 핵 폐기장을 둘러싼 사회 갈등 요인들은 전혀 해소되지 못했다고 할 수 있다. 더구나 주민 투표가 사회적 합의를 이루는 통로가 아닌, 지역 갈등을 야기하는 제도로서 악용되었던 것은 민주주의에 역행하는 것으로 볼 수 있다.

이렇게 대표적인 참여 민주주의 제도 활용 역시 알려진 것과는 달리 아직은 많은 문제점들을 안고 있는 것으로 나타났다. 원래 제도가 갖는 장점들이 잘못 적용됨으로 인해 전혀 발휘되지 못하고 있거나 정부에 악용되고 있기도 하다. 또한 실행에 필요한 절차적인 부분들이 정비되지 못하거나 미비함으로 인해 참여에 의한 학습의 효과들이 나타나지 못했다. 무엇보다 이들 제도를 시민들의 참여 민주주의 의식 성장과 성숙된 사회적 합의 문화 성장을 통한 사회 갈등 해결이 아닌 정책 합리화 수단으로 여기는 정부의 자세가 가장 큰 문제로 지적되어야 할 것이다. 시민의 다양한 의사를 정책의 걸림돌로 여기는 인식이 전환되지 않는 한, 이들 제도의 정착은 어려워 보인다. 현재까지 시행된 제도들에 대한 보다 심층적인 분석을 통해 우리 실정에 맞는 제도 운영 또한 찾아져야 할 것으로 보인다.

4. 정부 주도의 숙의적 시민 참여 실험

1990년대 말부터 한국 사회에서 숙의적 시민 참여 제도의 대표주자로 자리 잡은 합의 회의는 시민과학센터와 떼려야 뗄 수 없는 관계였다. 1998년, 1999년, 2004년에 각각 개최된 세 차례의 합의 회의 모두가 과민모나 시민과학센터의 주도적 노력 하에 개최되었고, 프로젝트 책임자도 시민과학센터의 소장이 맡았기 때문이다. 전국 규모로 열린 이들 합의 회의 외에 대학 내에서 소규모로 열린 합의 회의 역시 시민과학센터의 회원들이 실무 간사와 조정 위원을 맡아 진행되었다.

이러한 시민과학센터 주도의 합의 회의들은 일반 시민들이 복잡한 과학 기술 쟁점에 관해 충분한 정보에 근거한 결정(informed decision)을 내릴 수 있음을 보여 주었다는 점에서 일단 대성공이었고, 운영 과정에서의 중립성 역시 잘 지켜졌다는 평가를 받았다. 그러나 이들 합의 회의는 (대학 내에서 열린 소규모 합의 회의를 제외하면) 정작 실제 정책에 대한 영향력은 극히 미약했고, 그런 점에서 상당히 큰 한계를 지녔다.[44]

2006년과 2007년에 한국과학기술기획평가원(KISTEP)의 기술 영향 평가 사업의 일환으로 합의 회의의 틀을 빌어 진행된 시민 공개 포럼과 2007년에 바이오 이종 장기 사업단의 후원을 받아 유네스코 한국 위원회와 이화 여자 대학교 생명윤리법정책연구소가 공동 주최한 동물 장기 이식 합의 회의는 바로 이 점에서 진일보할 수 있는 가능성을 보여 주고 있다. 법적으로는 임의 단체에 불과한 시민 단체 주최가 아니라 실제 정책 반영을 법 조문으로 명시하고 있는 기술 영향 평가의 일부로,[45] 혹은 실제 해당 연구 개발 사업을 진행 중인 사업단과의 연계 하에 합의 회의 틀을 가진 시민 참여 제도가 운영되었다는 점에서 정책과의 연관성 제고를 점쳐 볼 수 있기 때문이다. 그러나 이러한 잠재적 가능성에도 불구하고, 현실 속에서 정부 주도의 합의 회의 시도들은 법률에 규정된 요식 행위를 넘어서는 성과를 거두었다고 보기 어렵다.

1) KISTEP 시민 공개 포럼

KISTEP은 과학 기술 기본법에 근거해 2003년부터 NBIT 융합 기술(2003년), RFID 기술(2005년), 나노 기술(2005년), 줄기 세포 기술(2006년), 유비쿼터스 컴퓨팅 기술(2006년), 나노 소재 기술(2006년), 기후 변화 대응 기술(2007년), 국가 재난 질환 대응 기술(2008년) 등 총 8가지 기술에 대한 기술 영향 평가 사업을 진행했다. KISTEP은 과학 기술 기본법 시행령에 따라 2005년에 처음으로 "일반 국민의 의견을 모으기" 위한 시민 공개 포럼의 실시를 추진했으나 준비와 의지 부족으로 성사되지 못했다. 2006년에는 우여곡절 끝에 시민 공개 포럼을 합의 회의 틀에 따라 실시하기로 하고 이 해에 선정된 세 가지 TA 대상 기술 가운데 유비쿼터스 컴퓨팅 기술(UCT)에 대한 시민 공개 포럼을 열었고, 2007년에는 기후 변화 대응 기술에 관한 시민 공개 포럼을 같은 방식으로 개최했다.[46]

KISTEP 시민 공개 포럼은 합의 회의 조정 위원회에 해당하는 3인의 운영 위원회가 전 과정을 관장하고 KISTEP 연구원들이 운영 실무를 맡아 진행되었다. 공개 모집 광고를 통해 15인 내외의 시민 패널을 선정하고 1~2차례의 시민 패널 예비 모임을 운영하며 2박 3일의 본회의를 진행한 후 시민 패널이 작성한 보고서를 공개하는 방식은 합의 회의의 진행 순서를 약식으로나마 대체로 따랐다. 그러나 2006년과 2007년에 개최된 두 차례의 시민 공개 포럼은 일견 무난해 보이는 외양에도 불구하고 운영과 정책 반영 과정에서 여러 가지 문제점을 드러냈다.[47]

우선 2006년의 UCT 시민 공개 포럼은 합의 회의와 같은 숙의적 시민 참여 제도의 운영에 대한 KISTEP 실무진의 인식 부족과 무성의를 단적으로 드러낸 자리였다. 모니터링 보고서에서 지적된 바와 같이 시민 패널 선발, 운영 위원회 개최, 예비 모임 진행, 본회의 진행 등 운영의 전 과정에서 숙의적 시민 참여의 본 취지와 어긋나는 숱한 진행상의 문제점들이 노출되었다. 이는 지난 수년간 합의 회의의 진행 방식을 소상히 다룬 국내외의 논문과 보고서들이 많이 나와 있어 실무진이 손쉽게 참조할 수 있었음을 감안한다면 그야말로 의아한 일이다. UCT 시민 공개 포럼에 대한 모니터링 보고서의 신랄한 지적에 자극받은 탓인지 2007년에 열린 기후 변화 대응 기술 시민 공개 포럼은 진행상의 문제점에 있어서는 상당히 개선된 모습을 보였다. 그러나 두 번째로 열린 시민 공개 포럼 역시 행사의 개최 사실을 널리 알려 사회적 주목을 끌고 그 성과를 대중적으로 확산시키는 데는 거의 노력을 기울이지 않았다. 기술 영향 평가 홈페이지(http://www.takorea.or.kr) 역시 시민 공개 포럼과 관련해 행사가 모두 끝난 후 관련 자료를 올려놓은 것 외에는 쓰임새가 거의 없어 과정의 투명성을 제고하는 데 일익을 담당하지 못했다.

이러한 문제점은 과연 과학기술부 산하의 정부 출연 연구 기관인 KISTEP이 합의 회의와 같은 숙의적 시민 참여 제도, 좀 더 폭넓게는 기술 영향 평가를 담당하기에 적절한 기관인가 하는 근본적인 의문을 제기했다. KISTEP은 개발 부처인 과학기술부의 직접적인 영향 하에 있어 업무 영역이나 인적 구성 자체가 이런 활동에 높은 가치를 두기 어려운 구조인데다가 전담 인력 없이 거의 매년 실무 담당자가 교체되다시피 해서 경험과 노하우의 축적을 기대하기도 어렵기 때문이다.

둘째로 합의 회의와 같은 숙의적 시민 참여 제도를 전문가 중심 기술 영향 평가의 일부로 진행하는 데서 유래하는 문제가 있다. 물론 합의 회의를 전체 기술 영향 평가 프로그램의 일부로 진행하는 것 그 자체는 문제가 아니지만, KISTEP의 경우에는 시민들의 결론과 전문가들의 결론을 서로 비교하고 '조율'해 본다는 명목으로 이 둘의 주제가 일치하도록 정해 놓았기 때문에 문제가 발생했다. 결과적으로 2006년과 2007년의 시민 공개 포럼 주제였던 유비쿼터스 컴퓨팅 기술과 기후 변화 대응 기술은 둘 다 합의 회의의 주제가 되기에는 문제가 있었다. UCT는 관련 전문가들조차도 보고서에서 다룰 범위 선정에 난색을 표할 정도로 광범하고 종잡을 수 없는 주제여서 일반 시민들이 예비 모임 한 차례와 2박 3일의 본회의라는 제한된 시간 내에 다루기에는 어려움이 많았다. 반면 기후 변화 대응 기술은 다루어야 할 범위가 너무 넓다는 이유로 원자력을 제외하고 신재생 에너지로 주제를 제한해 사회적 논쟁이 될 만한 소재를 애초부터 배제하는 결과를 낳았다. 두 가지 경우 모두 사회적 논쟁이 이뤄지고 있어 일반 시민들의 가치 판단이 요구되는 중간 정도 범위의 기술이라는 합의 회의의 대상 기술 요건과 상당히 거리가 있었고, 이는 시민 패널의 토론을 심각하게 제약하는 요인으로 작용했다.[48]

그리고 마지막으로 시민 공개 포럼 결과의 정책 반영 문제가 있다. 앞서 설명한 대로 KISTEP에서 주관하는 기술 영향 평가는 그 결과를 국가과학기술위원회에 보고하고 해당 정책에 반영하도록 법조문에서 명시하고 있어 정책 반영을 위한 제도적 구속력은 이미 갖추고 있다. 그러나 국과위 보고나 이후 해당 부처의 정책 반영 및 대응 방안 마련 모두가 사실상 요식 행위에 그치고 있어 이런 제도적 통로의 존재 의미가 크게 퇴색하는 결과가 나타났다. 특히 시민 공개 포럼의 경우에는 시민 패널이 제시한 권고 사항이 단독으로 제출되는 것이 아니라 상대적으로 분량이 많은 TA 전문가 보고서 말미에 '첨부'되는 형태로 제시되어 별반 주목을 받지 못하는 결과를 낳았다.

2) 동물 장기 이식 합의 회의

이에 비하면 2007년에 개최된 동물 장기 이식 합의 회의는 정부 주도의 숙의적 시민 참여 제도 운영에서 훨씬 개선된 모습을 보여 주었다. 동물 장기 이식 합의 회의는 정부의 연구 개발 사업을 집행하는 사업단에서 합의 회의 운영에 소요되는 경비만 제공하고 실제 운영은 중립적인 입장의 외부 대학 연구소에 맡겼고, 연구소 측은 다시 다양한 전문 분야와 입장을 가진 6인의 조정 위원회를 구성해 합의 회의 진행 전 과정을 관장하도록 했다.[49] 합의 회의 주제 역시 일반 시민의 가치 판단을 요하는 중간 정도 범위의 주제로서, 황우석 사태 이후 해당 주제에 관한 일정한 평가가 요구되는 상황에서 적절한 시점에 선정되었다고 볼 수 있다.

합의 회의의 진행 과정에서 이화 여자 대학교 생명윤리법정책연구소의 준비팀은 KISTEP 시민 공개 포럼에 비해 나은 실무 능력을 보여 주었다. 예비 모임 자료집의 내용 중 상당 부분을 준비팀 스스로가 작성해 시민 패널에게 배포했으며, 세 차례의 예비 모임을 유기적으로 진행해 시민 패널이 해당 주제에 대한 궁금증을 풀고 문제의식을 가다듬을 수 있는 좀 더 많은 기회를 제공했다. 동물 장기 이식 합의 회의는 본회의 진행을 3차 예비 모임에서 제기된 질문들에 대한 추가적인 발표와 토론으로 채웠다는 점이 특이한데, 이는 예비 모임과 본회의에서 진행되는 발표 내용의 중복을 줄이고 시민 패널의 숙의가 원활하게 진행되도록 배려한 점에서 일단 긍정적인 측면이 있다.

그러나 동물 장기 이식 합의 회의 역시 KISTEP 시민 공개 포럼과 마찬가지로 몇 가지 문제점을 드러냈다. 먼저 시민 패널이 내린 결론의 대중적 확산과 논쟁 유도라는 합의 회의 본연의 취지가 제대로 살아나지 못했다. 가장 중요한 행사인 본회의 진행시에 언론은 물론이고 일반 방청객이 사실상 1명도 없어 행사에 직접 참여한 소수의 시민 패널만을 위한 폐쇄적인 행사가 되고 말았다. 이는 앞서 언급한 '특이한' 본회의 진행과도 연관이 있다. 본회의를 예비 모임의 연장으로 사고하면 그 자체로 독립된 하나의 공개 행사인 합의 회의 본회의의 의미가 줄어들 수밖에 없기 때문이다. 본회의에 대한 대중적 관심이 적었던 것은 물론 언론의 무관심 같은 고질적인 문제가 컸지만, 대중의 주목을 끌기 위한 적극적인 노력의 부족 역시 그에 못지 않게 작용한 것으로 보인다. 가령 동물 장기 이식 합의 회의는 홈페이지(http://eunasoft.com/biolaw) 운영에서 매우 소극적이어서 시민 패널 모집 과정에서 잠깐 활용된 것 외에 홈페이지에 행사 관련 내용은 전혀 업데이트가 되지 않았다.

그리고 둘째는 역시 정책 반영의 측면이다. 동물 장기 이식 합의 회의 시민 패널의 결론은 "생명 연구에 대한 엄격한 규제 장치가 없는 현 상태에서는 동물 장기 이식의 인간에 대한 임상 시험 및 적용에 대해 절대적으로 반대"한다는 것으로 요약해 볼 수 있는데, 이는 동물 장기 연구를 지원하고 있는 사업단 측의 입장과는 정면으로 배치되는 것이었다. 우려했던 대로 이러한 시민 패널의 권고 사항은 이후의 정책 결정 과정에 전혀 반영되지 못했으며, 시민 패널의 의견이 어떤 식으로 고려되었는지 하는 과정도 공개된 바 없다. 이는 시민들의 견해를 조사해서 정부에 유리하게 나오면 대대적인 선전에 나서지만 그렇지 못하면 결과를 무시하거나 의미를 애써 깎아내리는 정부 부처의 그간의 행태를 반복한 것이라 하겠다.

5. 마치며

영국의 사회학자 앨런 어윈은 2006년에 발표한 한 논문에서 과학 기술 정책에 대한 시민 참여를 포함하는 '새로운' 과학 거버넌스 양식을 재평가하고 그것이 지니는 한계를 지적해 관심을 모았다.[50] 그에 따르면 최근 각광받고 있는 새로운 과학 거버넌스는 과거의 기술 관료적 패러다임을 완전히 대체한 것이 아니며, 현재는 그 속에서 낡은 전제·관행과 새로운 문제 의식·제도가 뒤섞여 긴장을 빚어내고 있는 상황이다. 새로운 과학 거버넌스는 사회적 진공 상태에서 작동하는 것이 아니라 특정 사회에 고유한 기존의 사회적·제도적·문화적 틀 구조 내에서 형성된다. 이는 곧 시민 참여를 위한 기술적 장치의 도입도 중요하지만, 그것이 어떤 선입견이나 맥락 속에서 작동하게 되는가에 대한 고려도 그에 못지않게 중요함을 의미한다. 최근 '종주국'인 덴마크 이외에 뉴질랜드, 오스트리아, 일본 등지에서 개최된 합의 회의의 경험은 이를 잘 보여 주고 있다.[51]

따라서 시민 참여 제도의 도입을 만병통치약처럼 여기고 그것이 가져올 효과에 대해 과장된 기대를 갖는 것은 위험천만하며, 마찬가지로 '제대로 작동하지 못하고' 있는 시민 참여 제도의 작동 맥락을 고려하지 않고 이에 대해 환멸감을 표시하는 것 역시 잘못된 것이다. 과학 기술뿐 아니라 과학 기술 시민 참여 역시 사회적 진공 상태에서 형성되는 것이 아니라 사회 속에 존재하는 다양한 역관계 속에서 형성되는 것이기 때문이다.

이렇게 보면 한국 사회에서의 과학 기술 시민 참여는 일반 시민의 의사 결정권 강화를 추구하는 시민 사회 세력보다는 일반 시민들에 대한 '계몽'을 통해 당면한 갈등 문제를 '모면'하고 이를 '관리'해 나가려 하는 관료주의 세력의 영향을 더 많이 받고 있다고 할 수 있다. 이러한 맥락 하에서는 겉으로 참여의 시늉을 하면서도 정작 속으로는 이를 자신들이 원하는 목표를 달성하는 '수단'으로 여기는, 그럼으로써 실질적인 변화의 가능성은 회피하는 관료들의 왜곡 노력이 두드러지게 나타날 수밖에 없다.

따라서 이제 과학 기술 민주화에 대한 시민 사회의 과제는 과학 기술 시민 참여 제도의 도입 그 자체나 시민 참여의 '양적' 확대에 머물러서는 안 될 것이다. 시민 사회의 과제는 일차적으로 시민 참여 제도의 운영이 본뜻에서 벗어나 왜곡되는 것을 막고, '변화 없는 변화'에 시민 참여를 들러리세우는 데 맞서 싸우는 것이 되어야 할 것이다. 현재의 제도 운영이 제도의 본래적인 뜻인 참여를 통해 시민들의 다양한 의사가 수렴될 수 있는 방향으로 진행되고 있는지, 이들 제도 운영을 통해 시민들이 충분한 학습을 통해 사회적 합의 등을 새롭게 익힐 수 있는 구조인지에 대한 비판적 검토가 진행되어야 할 것이다. 이런 비판을 통해 제도적인 보완 노력이 이루어져야 할 것이다. 앞서 살펴보았듯이 정부의 의견이 관철될 수 있도록 관료들의 수적인 우세를 보장하는 인적 구성, 회의 운영에서 지나치게 합의를 강조해 소수의 다른 의견들이 충분히 개진될 수 없도록 하는 일 등을 일정한 제도 운영의 가이드라인 제정을 통해 문제가 해결될 수 있도록 해야 할 것이다.

무엇보다 앞서 사례들에서 나타난 공통적인 문제의 하나가 현재 제도를 운영하고 있는 주체가 적합하지 않은 경우들이다. 정책 집행자가 바로 심의를 주도하는 경우라든가, 시민이 주체가 되어야할 위원회를 정부에서 주도하고 있다든가 하는 문제들도 시정되어야 할 것이다. 또한 시민들의 참여를 높이자면, 실질적으로 이들 참여를 보장해 줄 수 있는 물질적 조건을 마련하는 것도 중요하다. 예를 들어 합의 회의 패널 모집 홍보에 대한 충분한 예산 마련과 패널들에 대한 보상 제도를 현실화해서 많은 시민들이 관심을 갖도록 하는 것이 필요하다. 이밖에 정부 참여자나 소위 전문가들에 대한 '계몽'도 필요해 보인다. 여전히 계도의 대상으로 시민을 보고 있는 시각, 시민과의 대화 능력 부재 등도 우리 사회에서 이들 제도들이 제대로 정착하지 못하는 걸림돌의 하나로 작용하고 있다. 이들에 대한 '의식적인 교육, 계몽'에 대한 논의도 있어야 할 것이다.

그런데 참여 정부 하에서 제한적이나마 활발하게 진행 중이던 시민 참여 실험들이 이명박 정부 들어서는 하나둘씩 중단되었다. 기술 영향 평가 과정과 더불어 진행되던 시민 공개 포럼은 영향 평가 자체가 실행되지 않으면서 더 이상 진행되지 못하고 있다. 시민 단체들의 참여가 보장되던 정부 위원회들은 정부가 바뀌면서 폐지되거나 위원회 위원들은 친정부 단체 소속 위원들로 채워지고 있다. 그동안의 민주화 운동 과정에서 자생적으로 성장해 온 시민 단체들 대신에 정부에 의해 의도적으로 지원되는 관변 단체들이 시민 참여 제도의 주체로 등장하고 있기도 하다. 이는 어렵게 자리 잡게 된 숙의 민주주의 제도를 내용적으로 전복시키는 시도에 다름 아니다. 나아가 MB 정부 하에서 시민들은 참여 주체로서보다는 과거와 같이 동원 대상으로서 퇴행하고 있는 것 같다.

현재의 시점은 그간 우리 사회에서 이루어져 왔던 참여 제도 실험들을 비판적으로 성찰하고 절차적인 제도의 실현을 넘어서 내용적으로 어떻게 성숙시킬 것인가에 논의가 모아져야 할 때이다. 그러나 현재 정부의 여러 시책들은 우리가 서 있는 지점이 과연 그러한지, 숙의 민주주의에 앞서 민주주의 자체에 대한 논의를 다시 시작해야 하는 것은 아닌지 의구심이 들게 한다. 시민 참여에 대한 보다 근본적인 성찰이 필요한 때임은 틀림없다.

박진희

서울 대학교 자연 과학 대학 물리학과를 졸업한 후 베를린 공과 대학에서 환경 기술의 역사로 박사 학위를 받고 현재 동국 대학교 조교수로 재직 중이다. 기술사 이외에도 과학 기술 정책, 과학 기술과 페미니즘, 환경 사회학 등에 관심을 갖고 있다. 시민과학센터 편집 위원으로 활동하고 있으며, 에너지기후정책연구소 소장을 맡고 있다. 지은 책으로는 『근현대 과학기술과 삶의 변화』(2005년, 공저), 『한국의 과학자 사회』(2010년, 공저) 등이 있고 옮긴 책으로 『생태적 경제기적』(2004년), 『테크노페미니즘』(2009년, 공역) 등이 있다.

김명진

김명진은 서울 대학교 대학원 과학사 및 과학철학 협동 과정에서 미국 기술사를 공부했고, 서울 대학교에서 강의하면서 시민과학센터 부소장으로 활동하고 있다. 원래 전공인 과학 기술사 외에 과학 논쟁, 대중의 과학 이해, 과학 연구 윤리, 과학자들의 사회 운동 등에 관심이 많다. 지은 책으로 『대중과 과학기술』(2001년, 편저), 『야누스의 과학』(2008년)이 있으며, 옮긴 책으로 『닥터 골렘』(2009년, 공역), 『셀링 사이언스』(2010년) 등이 있다.

조아라

이화 여자 대학교 자연 과학 대학 화학과를 졸업하고 고려 대학교 과학기술학 협동 과정에서 '폐경기 여성의 몸에 관한 연구'를 주제로 과학기술사회학 석사를 받았다. 현재 같은 대학원에서 박사 수료 후, 대학에서 강의를 하며 과학 기술과 젠더와 관련해 박사 학위 논문을 준비 중에 있다. 시민과학센터 편집 위원으로 활동하고 있으며, 지은 책으로는 『과학이 나를 부른다』(2008년, 공저)가 있다.

6

생명 공학 감시 운동의 전개 과정과 특징

1. 머리말

우리나라에서 생명 공학(biotechnology)[1]은 난치병과 같은 질병 치료나 국가 경쟁력 향상의 도구로 인식되고 있다. 생명 공학 분야에서의 과학적 발견이나 산업적 진전은 사회적으로도 의미 있는 성과로 주목받고 있으며 해마다 막대한 연구 자원이 이 분야에 투입되고 있다. 그런데 다른 한 편으로는 지속적으로 윤리·사회적 문제가 제기되고 있는 분야이기도 하다. 이는 생명 공학이 기본적으로 인체와 같은 생명체를 대상으로 하기 때문에 발생한다. 따라서 많은 국가에서 생명 공학의 진전으로 발생할 수 있는 위험과 윤리적 문제에 대한 논쟁이 진행되고 있으며 대부분 국가에서 연구 및 활용 범위와 절차를 법률이나 지침의 형태로 규제하고 있다. 우리나라에서는 1997년 복제양 돌리 출현 이후에 생명 공학 활동을 규제하려는 움직임이 본격적으로 나타나기 시작했다. 포유류인 양의 복제 성공으로 인해 인간도 복제가 가능할 것이라는 현실적 우려가 사회적으로 확산되었기 때문이다. 생명 공학 규제 형성에 대한 논의는 2000년부터 본격화되었으며 2005년 생명 윤리 및 안전에 관한 법률이 시행됨으로써 일단락되었다.

생명 공학에 대한 규제를 형성하기 위한 과정에는 다양한 행위자들이 참여했다. 보건복지부는 연구 프로젝트를 통해, 과학기술부는 생명윤리자문위원회를 구성을 통해, 시민 단체는 입법 운동이나 생명 복제 기술 합의 회의와 같은 숙의적인(deliberative) 시민 참여 제도 도입을 통해 규제 형성 과정에 개입했다. 특히 외국과는 달리 우리나라에서는 시민 단체들이 규제 형성에 주도적인 역할을 했다. 복제양 돌리의 출현에서부터 황우석 사건 이후까지 정부는 '선진국을 따라가야 하는 우리나라의 특수성'을 강조하면서 규제에 소극적이었다. 반면에 시민 단체들은 문제 제기뿐만 아니라 구체적인 대안까지 제시하면서 적극적으로 개입했다. 이 글에서는 우리나라의 생명 공학 논쟁과 규제 형성에 가장 큰 영향을 미친 시민 단체들의 활동과 그 과정에서 제기된 중요한 쟁점 중 일부를 간략히 살펴볼 것이다.

2. 생명 윤리법 제정 운동

2000년 초반은 우리나라 생명 공학 규제 형성에서 중요한 분기점이었다. 1997년 복제양 돌리 사건 이후 국회에 상정되어 있던 3개의 법률안이 국회 회기 만료를 앞두고 자동 폐기될 상황인 가운데, 시민 단체와 정부가 각각 자체 법률안을 제안하면서 생명 공학 규제에 대해 각축을 벌이기 시작했다.

생명 공학 감시 운동의 핵심 단체였던 시민과학센터는 2000년 2월 29일 생명 공학을 규제할 독자적인 법률을 만들겠다고 선언했다. 복제양 돌리 출현 이후 복제 인간 탄생에 대한 우려로 인해 국회에 생명 공학 육성법 개정안이 제출되었고 여기에 시민 단체들이 적극적으로 의견을 개진했지만 제대로 반영되지 않고 있었다. 시민 단체들이 보기에 더욱 큰 문제는 따로 있었다. 생명 공학 육성을 목적으로 제정된 법을 개정해 그 안에 생명 공학의 안전 및 윤리에 관련된 조항을 삽입하는 것 자체가 모순적이었다. 그리하여 정부에 입법을 촉구하거나 국회에 상정되어 있는 법률안에 의견을 제시하는 소극적인 활동을 넘어 시민 단체가 독자적으로 법률안을 만들겠다고 선언한 것이다.

이 선언의 후속 작업으로 시민과학센터는 관련 토론회를 연속해서 개최했다. 시민과학센터는 ●생명 안전 윤리 법제화를 위한 워크숍(2000년 6월) ●인간 배아 복제 '14일論' 토론회(2000년 6월) ●인간 유전 정보 보호 토론회(2000년 8월) ●유전자 치료 토론회(2000년 9월) 등을 연속해서 개최하면서 영역별 현황과 쟁점을 짚어 나갔다. '생명 과학 인권·윤리법 제정을 위한 연속 토론회'는 시민 단체가 정부나 학술 단체들보다 먼저 사회적으로 합의해야 할 생명 과학 의제를 구체적으로 제시하고 공론화를 시도했다는 데 의의가 있다. 당시 사회적으로는 생명 공학의 진전에 따른 막연한 우려가 있었을 뿐 구체적으로 어떤 쟁점들을 논의해야 하는지는 제대로 공유되지 않고 있었다.

한편 2000년 8월 9일 황우석 박사는 35세의 한국인 남성에게서 채

취한 체세포를 이용해 복제 실험을 진행해 배반포 단계까지 배양하는 데 성공했다고 발표했다. 당시 황우석 박사는 사람의 체세포를 복제해 배반 포 단계까지 진행한 것은 세계 최초이며 자신은 이미 1998년부터 인간 체세포 복제 실험을 하고 있다고 주장했다. 이에 대해서 시민과학센터를 비롯한 일부 시민 단체는 실험을 규탄하는 공동 성명을 발표하고 강력히 반발했다. 국회에 계류되어 있는 생명 공학 규제 법률안은 폐기될 위험 에 처해 있는데, 사회적 합의가 필요한 연구는 지속되고 있었기 때문이 다. 황우석 박사의 인간 배아 복제 실험에 대한 사회적 기대와 논란이 채 가시기도 전에 또 다른 인간 배아 연구가 공개되었다. 2000년 8월 30일 불임 치료 연구 기관인 마리아 의료 재단 기초 과학 연구소의 박세필 박 사는 5년 동안 냉동 보관된, 수정된 지 5~6일 된 인간의 배반포기 배아 를 녹인 후 이로부터 인간 배아 줄기 세포를 배양하는 데 성공했다고 발 표했다. 이 연구는 인간 수정란이 생식 목적이 아닌 연구용으로 사용될 수 있다는 사실을 실제로 보여 준 것이었으며, 수정란 및 난자의 상업적 활용에 대한 우려를 높이는 계기가 되었다.

국내 연구진들에 의한 인간 배아 연구가 활발히 진행되자 2000년 10월 18일 시민과학센터는 국회에 생명 과학 인권·윤리법에 관한 입법 청원서를 제출한다. 이 청원안은 연속 토론회의 결과물, 관련 학자들에 게 받은 자문, 시민과학센터가 수집한 국내 자료, 국내외 규제 동향 등을 종합적으로 고려해 작성되었다. 이 청원안의 기본 골격과 내용은 향후 시민 사회의 공동 입장 마련과 정부에 구체적인 대안을 제시하는 과정 에서 중요한 역할을 하게 된다. 당시 청원안은 ●인간 개체 복제 및 비윤 리적 연구 금지 ●유전적 차별 금지 ●유전자 치료 규제 ●국가생명윤리 위원회 설치를 중심으로 각각의 영역에 반드시 포함되어야 할 사항들을 제시하는 형태로 구성되어 있었다.

시민 단체들의 적극적 활동에 자극을 받은 정부도 대응에 나섰다. 복지부는 프로젝트를 통해, 과학기술부는 자문 위원회를 구성해 생명 공학의 규제에 대해서 논의하게 된다. 2000년 5월 보건복지부는 생명 과학 보건 안전 윤리법(안) 제정 추진을 위해 한국보건사회연구원에 '생명 과학 관련 국민 보건 안전 윤리 확보 방안'이라는 제목의 연구 용역을 발주한다. 1차 프로젝트는 2000년 12월 6일 공청회를 통해 공개되었고, 2001년 3월 2차 용역이 발주되어 2002년 7월 15일 2차 공청회를 통해 마무리된다.

보건사회연구원이 발표한 생명 과학 보건 안전 윤리법(안)은 시민 단체들이 그 동안 요구해 왔던 내용들을 대폭 수용하고 있었다. 이 법률 안은 시민과학센터가 10월 18일 입법 청원한 생명 과학 인권 윤리법(안) 과 구조나 내용 면에서 상당히 유사했다. 인간 복제 영역 이외에 유전 정 보 활용, 유전자 치료, 유전자 변형 생물체 등이 규제 대상에 포함되는 '포괄법' 형태였다는 점이다. 15대 국회에서 상정되어 있다 폐기되었던 생명 공학 육성법 개정안들은 모두 복제 쟁점만을 다루고 있었다. 인간 배아 연구의 경우 오히려 시민 단체안보다 더욱 강력하게 규제하고 있었 다. 과학기술부는 산하에 '생명윤리자문위원회'를 구성해 독자적인 법률 을 준비하기 시작한다. 생명윤리자문위원회는 과학기술부 장관이 임명 한 과학, 의학, 인문 사회, 시민 단체 인사 등 20명으로 구성되었다. 생명 윤리자문위원회는 2000년 11월 26일부터 2001년 8월 14일까지 회의를 총 18차례 개최해 2001년 7월 10일 생명 윤리 기본법(안)을 발표했다.

정부의 법률 제정 움직임에 기대를 가졌던 시민 단체들은 입법 과 정이 부처 간의 이해다툼과 유명 과학자들의 반대 속에 진전이 없자 생명 윤리법의 조속한 제정을 위한 활동을 더욱 적극적으로 전개한다. 이미 시민 단체, 보건복지부, 과학기술부의 안들이 공개되었음에도 불구하고 생명 공학계의 반대나 언론의 부정적 보도에 부딪혀 법률 제정이 불투명해졌다. 당시에는 종교, 환경, 여성, 동물권 단체들과 시민과학센터가 입법을 위해 활동을 하고 있었으나 분산된 형태로 진행되고 있어서 네트워크 구성이나 공동 대응의 필요성이 높아졌다. 게다가 경실련 소속 과학자가 배아 복제에 찬성을 공개적으로 밝히면서 마치 시민 단체들 사이에 입장이 엇갈리는 것처럼 보일 가능성까지 생겼다. 이러한 사회적 배경은 추구하는 가치와 입장이 다양한 69개의 단체들이 한 목소리를 내는 데 영향을 미쳤다.

　　'조속한 생명 윤리 기본법 제정을 위한 공동 캠페인단(이하 공동 캠페인단)'은 2001년 6월 25일 시민과학센터와 여성민우회가 공동으로 제안해 구성되었다. 33개의 단체로 시작해서 천주교, 개신교, 불교, 환경, 여성, 보건 의료 단체 등 69개 단체가 참여하는 조직으로 커졌다. 공동 캠페인단에 참여한 단체들 사이에는 인간 배아 연구나 동물 사용 등에 있어 이견이 있었으나 생명 윤리법을 빠른 시간 내에 만들어야 한다는 점에서는 모두 동의하고 있었다. 이러한 인식에 기초해 '조속한 입법'을 촉구하는 것이 캠페인단의 일차적 목표가 되었다. 그런데 생명 윤리법이 언제 제정될 수 있을지에 대한 단체들의 판단은 동일하지 않았다. 따라서 입법 자체뿐만 아니라 내용에 대한 준비, 즉 단체들 간에 합의할 수 있는 최소한의 입장을 만들어야 하는 필요성이 대두되었다. 결국 합의할 수 있는 내용을 만들되 이외의 내용들은 각 단체가 자체적으로 입장을 발표하는 방향으로 정리가 되었다. 결성 이후 공동 캠페인단은 각종 집회, 공동 성명 발표, 의견서 제출 및 기자회견, 내부 간담회, 100만 인 서명 운동(온·오프라인 동시 진행), 대중 홍보물 배포, 인터넷 사이트 제작 등을 통해 생명 윤리법의 필요성을 알리고 조속한 제정을 촉구하는 활동을 펼쳤다. 이런 활동은 주로 2001년 하반기에 집중적으로 이루어 졌다.

입법 일정이 계속 늦어지고 있는 상황에서 인간 개체 복제에 대한 우려는 갈수록 증가하고 있었다. 2001년 8월 인간 복제 회사인 클로나이드 사의 창립자인 클로드 라엘이 한국을 방문해 시민 단체들을 긴장시켰다.[2] 한국에 클로나이드 사의 자회사가 이미 설립되어 있는 상황에서 복제 인간이 태어나도 규제할 근거가 없었기 때문이다. 2001년 10월 7일에는 한양 대학교와 미즈메디 연구팀이 냉동 보관 중이던 잔여 배아를 이용해 인간 배아 줄기 세포를 확립했다고 발표해 시민 단체들의 반발을 샀다.

국내 연구진들의 논란이 되는 연구 지속에 자극을 받은 공동 캠페인단은 2001년 10월 30일부터 공식적인 범 시민 행동을 시작한다. 생명 윤리법 제정을 촉구 하는 대중적 활동은 집회, 안내 책자 배포, 100만 인 서명 운동, 인터넷을 통한 정보 제공 등의 형태로 진행되었다. 국외에서도 국내 상황에 영향을 미칠 만한 발표가 있었다. 2001년 11월 25일 미국의 ACT사는 체세포 핵 이식을 통해 인간 배아를 만들었고, 이 배아로부터 배반포를 얻는 데 성공했다고 주장했다. 이 실험은 인간 배아 복제가 기술적으로 가능하다는 것을 보여 주는 것으로 국내 규제 형성 지형에 영향을 미칠 가능성이 있었다.

2002년 초반 사회적 상황은 더욱 복잡하게 전개된다. 2002년 1월 15일 과학기술부가 21세기 프론티어 사업 중 하나로 세포 응용 연구 사업단[3]을 출범시키겠다고 발표한 것이다. 줄기 세포 연구에 매년 약 100억 원씩 총 1000억 원을 지원하겠다는 정부 발표에 시민 단체들은 줄기 세포의 연구 범위에 대한 구속력 있는 규제가 없는 상태에서 지원부터 하고 보는 것은 문제가 있다고 강하게 반발했다. 2002년 3월 7일에는 박세필 박사가 소 난자를 이용한 배아 복제에 성공했다고 공개해 '이종 간 핵 이식'에 대한 논란을 일으켰다. 4월 5일에는 이탈리아의 안티노리 박사가 인간 배아를 복제해 여성의 자궁에 착상시켰다고 주장해 전 세계에 파장을 몰고 왔다. 인간 개체 복제에 대한 '현실적인 우려'는 시민 단체가 정부를 압박할 수 있는 근거가 되기에 충분했으며, 정부에게도 부담이 되었다. 라엘리안 운동(Raelian Movement)의 자회사인 클로나이드 사의 한국 사무소[4]가 설립되었다는 소식이 전해지면서 이러한 우려는 더욱 현실적으로 다가오게 되었다.

복제 인간이 태어나도 규제할 법률이 없어 부담을 느꼈던 보건복지부[5]는 2000년 5월부터 준비해 오던 생명 윤리 및 안전에 관한 법률(안)에 대한 두 번째 공청회를 2002년 7월 15일에 개최했다. 규제 주도권을 놓고 다툼을 벌이던 과학기술부는 보건복지부의 공청회가 열린 뒤 3일 뒤인 7월 18일 기자 회견을 개최해 인간 복제 금지 및 줄기 세포 연구 등에 관한 법률(안)을 국무조정실에 제출했다고 밝혔다. 과학기술부의 법률안은 규제의 범위에서 '포괄법' 형태의 보건복지부의 안과 차이가 있었다. 누구나 반대하는 인간 개체 복제는 금지하고 성체 및 잔여 배아에 대한 연구는 허용하도록 했으며 배아 복제와 이종 간 핵 이식은 국무총리실 산하의 생명 윤리 및 안전 위원회에서 결정하도록 했다. 과학기술부가 밝힌 입법 취지에 따르면 사회적으로 논란이 있었던 배아 복제와 이종 간 핵 이식에 대해서는 "성급하게 연구를 금지하는 것보다 관련 전문가 등이 포함된 위원회에서 해외 동향을 분석하고 과학 발전과 생명 윤리 조화를 위해 좀 더 시간을 갖고 협의해 나가야 할 문제"라고 밝혔다.[6]

부처 간의 이해다툼이 본격화되자 2002년 7월 25일 국무조정실은 보건복지부를 주관 부처로 결정한 후 과학기술부와 협의 처리를 요구했다. 이러한 결정에 대해서 시민 단체들은 각 부처가 서로의 이해 관계를 바탕으로 적당히 주고받는 선에서 타협이 이루어질 것을 우려했다. 주관 부처로 결정된 보건복지부는 2002년 9월 23일 생명 윤리 및 안전에 관한 법률(안)을 입법 예고했다. 배아 복제는 원칙적으로는 금지하되 필요할 경우 국가생명윤리자문위원회가 허용할 수 있는 내용을 담고 있었으며, 유전 정보와 같은 생명 공학의 다른 영역에 대한 규제도 포함하고 있는 포괄법 형태였다. 법률안에 따르면 잔여 배아는 물론이고 인간 배아 복제까지 허용하고 있어 국제적으로 평가해도 그렇게 강력한 규제가 아님에도 불구하고 일부에서는 마치 이 법률로 인해 생명 공학 발전에 큰 문제가 생기는 것처럼 반발했고, 결국 국회 상정은 무산되었다. 우리나라에서 생명 공학 육성 담론이 얼마나 견고하고 강력한지를 확인할 수 있는 시기라고 할 수 있었다.

복지부 법률의 국회 상정이 무산되자 공동 캠페단은 2002년 11월 6일 김홍신 의원의 소개로 생명 윤리 및 안전에 관한 법률(안)을 제출했다. 이 법률안은 보건복지부의 법률을 바탕으로 공동 캠페인단의 주장을 반영해 작성되었다. 2000년 8월에 이어 또다시 시민 단체가 독자적으로 국회에 법률안을 제출함으로써 입법 의지를 밝힌 것이라고 할 수 있다.[7] 같은 날 과학기술부는 기존의 생명 공학 육성법을 개정해 인간 개체 복제만을 금지하는 내용을 담겠다고 밝혔다. 이런 움직임은 생명 윤리법 제정 논쟁의 수준을 복제양 돌리 출현으로 규제의 필요성이 제기되었던 1997년으로 되돌리는 것이었다. 2002년 12월 31일에는 과학기술부가 준비한 인간 복제 금지 및 줄기 세포 연구 등에 관한 법률안이 이상희 의

원 발의로 국회에 제출되었다. 이때부터 입법 논쟁의 중심이 인간 배아 복제 금지 찬반에서 '개별법' 대 '포괄법'으로 옮겨진다.

2003년 2월 6일 생명 윤리 및 안전에 관한 법률(안)에 대한 정부 단일안이 발표되었다. 부처 간의 조정 과정을 거치면서 보건복지부의 초안과 달리 배아 복제가 허용되었고, 과학기술부의 의견이 반영될 수 있는 조항들이 삽입되었다. 법률안 후퇴에 위기감을 느낀 공동 캠페인단은 1월 23일 기자 회견을 열어 각계 인사가 참여한 '생명 윤리법 제정 촉구를 위한 100인 선언'을 통해 포괄법 형태이면서, 배아 복제를 금지한 법률 제정을 촉구했다. 또한 2월 18일에는 규제 개혁 위원회의 심의관과 면담을 갖고 의견서를 제출하기도 했다. 2003년 4월 30일에는 정부 단일안이 규제 개혁 위원회를 통과해 법제처로 넘어갔다. 규제 개혁 위원회 심사 과정을 거치면서 법률의 내용에 변화가 생겼다. 당시에는 '국가생명윤리자문위원회'가 심의 위원회로 바뀌면서 관련 부처 장관들이 당연직 위원으로 대거 포함된 사실만 외부로 알려졌다. 이때부터 10월 초까지 생명 윤리법을 둘러싼 사회적 논쟁은 거의 없었는데, 정부나 시민 사회 단체의 대응도 없었다. 법률안의 변경이 정부 내에서만 이루어져서 구체적 내용이 공개되지 않았을 뿐만 아니라 2002년 중반 이후 공동 캠페인단의 활동력이 급속히 약화돼 있었기 때문에 시민 단체들도 적극적으로 대응하지 못했다.

2003년 10월 15일 복지부는 부처 간 조정을 마친 생명 윤리 및 안전에 관한 법률(안)을 국회에 제출했다. 시민 단체들이 볼 때, 생명 공학에 대한 규제가 없는 상태에서 정부가 관련 법률을 국회에 제출한 것은 나름대로의 진전이라고 평가할 수 있었지만 내용면에서는 기존의 논의 내용보다 더욱 후퇴했다. 법률안의 후퇴는 부처 간 이해를 조정하면서 발생했다. 이종 간 핵 이식을 세계 최초로 명시적으로 허용했고, '국가생명 윤리자문위원회'가 '국가생명윤리심의위원회'로 바뀌면서 7개 정부 부처 장관이 당연직 위원으로 포함되었다. 또한 국가 기관이 유전자 검사를 하는 경우에는 연구 시설 및 내용 등을 신고하지 않아도 되도록 예외 규정을 두었다. 이는 대규모 유전자 검사나 은행을 계획하고 있던 보건 복지부 산하의 국립보건원과 신원 확인 유전자 데이터 베이스를 추진하고 있던 법무부 요구가 반영된 것이다. 2003년 12월 17일 국회에 제출되어 있던 6개의 법률 중에서 정부가 제출한 법률안이 원안 그대로 국회 보건복지위원회를 통과했고 29일에는 국회 본회의를 통과했다.[8]

3. 줄기 세포 연구와 시민 단체

1) 줄기 세포 연구를 둘러싼 논란

줄기 세포 연구가 주목받고 있는 이유는 줄기 세포가 파킨슨 병, 척수 손상, 뇌졸중, 심장 질환, 당뇨병 등의 치료에 이용되는 대체 세포를 만들 수 있는 잠재력이 있기 때문이다. 뇌 질환으로 신경 세포가 파괴된 사람에게 손상되지 않은 '건강한' 뇌 세포를 이식해 치료한다면 이론적으로는 난치병 치료의 한 방법이 될 수 있는 것이다.

이러한 의학적 가능성에도 불구하고 줄기 세포의 '출처'와 '임상적 가능성'을 둘러싼 논란이 지속되어 왔다. 줄기 세포는 배아 줄기 세포와 성체 줄기 세포로 나눌 수 있는데, 배아 줄기 세포는 배아 복제나 인공 수태 시술 후 남은 잔여 배아에서 얻을 수 있으며, 성체 줄기 세포는 제대혈이나 성체의 각 조직 등에서 얻을 수 있다. 그런데 분화 능력이 상대적으로 뛰어난 줄기 세포는 주로 수정란에서 분화된 얼마 되지 않은 초기 배아에서 얻을 수 있어 논란이 된다. 잔여 배아를 이용하는 경우 불임 시술에 대한 규제, 잔여 배아의 관리에 대한 문제가 중요하게 제기되는데, 연구를 위해 필요 이상의 잔여 배아를 만들 가능성이 높기 때문이다. 복제의 경우 다량의 난자가 필요하기 때문에 이를 어떻게 공급할 것인지를 두고 논란이 되어 왔다. 잔여 배아나 복제를 이용하는 것 모두 수정란을 파괴하는 것으로 가톨릭과 같은 종교계에서는 허용하기 힘든 연구라고 할 수 있다. 배아 줄기 세포에 대한 연구는 과학적 가능성에 대한 논란을 떠나 윤리적, 사회적 쟁점들과 밀접하게 연결되어 있는 것이다.

인간 배아 줄기 세포(embryonic stem cell)의 적극적 옹호자들은 잔여 배아나 복제를 통해 얻은 배아 줄기 세포는 이론적으로 210가지의 모든 신체 조직으로 분화가 가능하다고 주장한다. 그런데 여러 형태로 분화가 가능하다는 특징이 단점으로 작용하기도 한다. 임상 적용을 위해서는 배아 줄기 세포로부터 신체의 특정한 세포가 분화되고 증식되어야 하는데, 이 과정을 조절하가 쉽지 않다. 분화에 대한 과학적 이해가 부족하며 이를 통제할 수 있는 기법 또한 초보적인 수준이다. 어떻게 보면 배아 줄기 세포는 어디로 튈지 예측하기 힘든 럭비공과 같다고 할 수 있다. 배아 줄기 세포 연구의 핵심은 복제 행위 자체가 아니라 줄기 세포에서 원하는 특정한 세포를 분화시키는 기술이라는 것을 이해할 필요가 있다.

연구자들이 지적하고 있는 배아 줄기 세포 연구의 난제는 분화(differentiation)와 증식(proliferation)의 어려움이다. 배아 줄기 세포를 얻으면 여기에 각종 성장 호르몬 등을 처리해 특정한 세포로의 분화를 유도하게 된다. 그런데 이 조건을 맞추기가 쉽지 않다. 배아 줄기 세포를 세포 치료에 쓰기 위해서는 '균질하면서도 단일한 특정 세포가 다량'으로 필요한데 현재의 기술 수준으로는 쉽지 않은 상황이다. 순수한 세포를 얻기는커녕 여러 세포들이 섞여 있는 종양이 관찰되고 있다. 분화 조절이 힘들다 보니 연구자가 근육 세포로 분화를 유도했는데 실제로는 근육 세포뿐만 아니라 신체를 구성하는 다양한 세포들이 섞여 있는 무정형의 종양, 즉 테라토마(teratoma)가 만들어지는 것이다. 최근 들어 미국과 국내 일부 기업들이 배아 줄기 세포를 이용한 임상 시험을 신청했지만 회의적인 시각들이 적지 않다.

성체 줄기 세포(adult stem cell)는 제대혈, 성인의 골수·지방·피부·신경 등에서 얻을 수 있어서 윤리적인 문제는 상대적으로 적다. 그 동안 한계로 지적돼 왔던 분화의 제약도 극복되고 있다. 이미 2000년대 초반부터 쥐의 골수나 뇌에서 분리한 줄기 세포가 심장·폐·장·신장·신경계·근육 등의 조직으로 성장하는 것이 확인된 바 있고, 사람의 지방이나 태반에서 분리된 줄기 세포도 근육·뼈·신경 등으로 분화할 수 있는 능력이 있음이 밝혀졌다. 특히 성체 줄기 세포는 배아 줄기 세포에 비해 분화 가능성이 적은 대신 조직 특이성이 강해 특정한 세포만으로 유도가 가능하고, 종양 형성도 거의 없는 것으로 밝혀지고 있다. 이와 같이 성체 줄기 세포는 실제 임상에서 부분적으로 사용되고 있으며 안전성·반복성·윤리적 문제 등에 있어서 배아 줄기 세포보다 뛰어난 측면이 있다. 따라서 많은 연구자들은 장기적으로 성체 줄기 세포가 치료에 선호될 것으로 보고 있다.

그런데 사회 전반으로 확산된 줄기 세포에 대한 성급한 기대와 거품은 다른 형태의 사회 문제를 낳았다. 성체 줄기 세포의 임상 시험에 대한 논란은 2004년 3월 23일 식품의약품안전청이 세포 치료제 실태 조사 결과를 발표하면서 시작되었다. 식약청은 벤처 기업 다섯 곳과 병원 한 곳을 조사해 승인 없이 세포 치료를 실시한 네 곳의 벤처 기업을 적발한 후 검찰에 고발했다. 이 과정에서 시술 과정에 문제가 많았다는 점도 일부 밝혀졌다. 적발된 모든 업체들이 시술 전에 거쳐야 하는 동물 실험을 하지 않았고, 세포의 배양 중에 생길 수 있는 오염에 대한 대책도 없었으며, 심지어 환자에게 줄기 세포를 얼마나 투여했는지에 대한 기록도 없었다. 더욱 문제가 된 것은 이런 시술을 받은 환자의 건강 상태에 대해서 누구도 알지 못하고 있었다는 점이다. 시술한 병원은 물론이고 정부조차 환자 상태를 제대로 파악하지 못하고 있었다. 이 시술 과정에서 사망한 환자 두 명의 가족들은 회사와 병원을 상대로 소송을 제기해 최근 승소했다.[9]

한편 이 사건을 계기로 규제를 더욱 강화할 것이라는 예상과는 달리 식약청은 오히려 규제를 완화했다. 식약청은 '환자의 치료 권리 확대'와 '연구 활성화'를 명목으로 응급 임상과 연구자 임상에 대한 규제를 대폭 수정했다. 안정성과 유효성이 입증되지 않았더라도 기관 심사 위원회의 검토를 거치면 환자에게 시술할 수 있도록 한 것이다. 2004년 7월 규제 완화 이후 의학적 효능이 충분히 확인되지 않았더라도 환자와 의사의 합의만 있으면 시술이 가능한 '응급 임상' 건수가 31건에서 118건으로 대폭 증가했다. 이 가운데 피해자도 속속 보고되고 있다. 어려운 가정 형편 속에서 수천만 원을 지불하고 받은 성체 줄기 세포 치료의 효과가 제대로 나타나지 않는 경우가 많았기 때문이다. 한 환자 가족은 "현행 줄기 세포 응급 임상 제도에선 병원·업체가 환자의 고통을 외면해도 아무런 제재를 받지 않는다."라며 "임상 시험이 아니라 사실상 해부학 실험"이라고 주장하기도 했다.[10]

2) 배아 줄기 세포 연구와 '사회적 합의'

법률 제정 과정에서 가장 논란이 되었던 영역은 인간 배아 연구의 허용 범위에 관한 것이었고, 과학기술부와 관련 연구자 대 시민 단체 간의 대립 구도가 형성되었다. 이 과정에서 시민 단체가 '반 생명 공학 단체'나 연구의 발목을 잡는 집단으로 비춰지기도 했다. 시민 단체 특히 생명 공학 감시 운동을 이끌었던 '시민과학센터'가 줄기 세포 연구에 취한 입장과 그 배경을 살펴보는 것은 당시 배아 복제 논쟁을 제대로 이해하는 데 도움이 된다.

인간 배아 연구에 대한 최초의 입장은 1999년 1월 21일 생명 공학 육성법 개정안에 대한 전자 공청회에 제출한 의견서를 통해 표출되었는데, 인간 배아 연구는 의료적 목적으로만 진행되어야 하고, 배아 복제는 금지할 것을 요구했다. 당시는 논쟁의 초기 단계로 줄기 세포의 의학적 가능성이나 외국의 규제 현황들이 자세히 알려지기 전이었다. 복제 반대의 가장 큰 이유는 복제양 돌리 출현이나 경희 대학교 연구팀의 작업에서 보여 주었듯이 이 기술이 인간 개체 복제로 이어질 가능성에 대한 '우려'였다. 물론 수정란의 생명권에 대한 언급도 있었으나 근거들이 제대로 뒷받침되지 않았다.

1999년 개최되었던 생명 복제 기술 합의 회의는 시민과학센터의 입장 형성에 큰 영향을 미쳤다. 당시 복제 전문가로 대중들에게 잘 알려진 황우석 박사가 전문가 패널로 참석해 복제의 필요성을 역설했음에도 불고하고, 시민 패널들은 '배아 복제 금지'에 합의했다. 공정성에 대한 논란이 없이 성공적으로 개최되었다고 평가 받았던 합의 회의의 결과는 시민과학센터가 입장을 형성하는 데 중요한 근거가 되었다. 시민과학센터는 복제양 돌리 출현 이후 인간 개체 복제와 같이 누구나 반대하는 주제를 제외한 생명 공학의 다른 쟁점들은 일반 시민들의 참여를 통한 '사회적 합의(social consensus)'를 통해 결정해야 한다고 주장한 바 있었다. (김환석, 1997)

인간 배아 연구에 대한 입장은 독자적 법안인 생명 과학 인권 윤리법(2000. 8)제출 과정과 생명윤리자문위원회의 활동을 통해 더욱 구체화되었다. 독자적 법률을 준비하면서 마련한 '14일론 토론회' 등을 통해 배아 줄기 세포의 의학적 가능성과 문제점, 허용 범위 등을 학습했다. 또한 국내외 규제 현황에 대한 자료를 수집 분석하는 과정에서 관련 동향을 파악할 수 있었다. 이러한 전문성은 외국에는 규제가 없다거나 대부분의 선진국은 허용한다는 식의 과학기술부나 일부 이해 당사자의 모호한 주장에 구체적으로 대응할 수 있는 배경이 되었다. 생명윤리자문위원회의 활동도 입장 형성에 영향을 미쳤다. 단체 대표가 자문 위원회에 참여했을 뿐만 아니라 논쟁 과정에서 체세포 복제 연구 현황, 성체 줄기 세포의 가능성, 배아 연구의 한계, 불임 클리닉에서의 배아 관리 실태 등 국내 현황들이 구체적으로 드러났기 때문이다.

결국 인간 배아 연구에 대한 시민과학센터의 입장은 69개 단체로 구성된 공동 캠페인단이 합의하는 최소한의 입장이 되었으며, 보건복지부의 법률 초안, 과학기술부 생명윤리자문위원회의 생명 윤리 기본법에 그대로 반영되었다.

4. 인간 유전 정보 보호 운동

복제양 돌리의 출현으로 인간 복제 규제에 대한 논의가 시작되었던 것처럼 2000년 6월 15일 인간 유전체 사업(human genome project)의 초안 발표는 유전 정보 활용 문제를 논의하는 계기가 되었다. 초안이 발표되자 시민 단체는 유전 정보 이용으로 인한 사회적 차별을 우려하면서 생명 윤리법 제정을 촉구했다. 유전 정보의 활용이 질병의 진단이나 치료에 얼마나 기여할지에 대한 판단을 떠나 연구용 또는 상업적 목적으로 유전 정보의 이용이 급속히 증가할 것으로 판단한 것이다. 국내에서도 병원, 국가 기관, 벤처 기업 등 연구 목적으로는 '인간 유전체 기능 연구 사업'을 통해 개인의 유전 정보가 활용되고 있었지만, 구체적인 실태가 밝혀지지 않고 있었으며, 이를 규제할 구속력 있는 가이드라인도 없는 상태였다.

시민 단체가 주도했던 유전 정보 보호 운동은 크게 '의료 및 연구', '상업적 활용', '수사 기관의 DNA 데이터 베이스 구축'으로 나누어서 논의할 수 있다. 이 문제에 대한 시민 단체의 대응은 생명 윤리법 제정 운동에 포함되어 있으며 여기서는 당시 규제 논쟁을 통해 제기된 중요한 쟁점 일부를 간략히 소개한다. 특히 유전자 검사의 상업적 활용의 경우 맞춤 의학을 내세워 다시 등장할 가능성이 높고, DNA 데이터 베이스의 경우 여전히 논쟁 중이다.

1) 의료 및 연구 목적

유전 정보의 의료 및 연구 목적 활용에서 가장 논란이 되었던 부분은 당사자의 동의가 없는 상황에서 검체의 수집 및 활용이 이루어지고 있었다는 점이다. 개인 유전 정보의 활용 실태는 시민 단체가 처음으로 조사했고 나중에 보건복지부의 조사에서도 문제점들이 확인되었다. (시민과학센터, 2001; 남명진 외, 2004)

의료적 목적의 유전자 검사[11]는 다양한 이점을 제공할 수 있다. 다른 의료 정보와 함께 사용되면 의료진의 판단에 도움을 줄 수 있다. 일부 질병은 확진이나 예측을 통해 생활 습관을 변화를 유도하거나 약물 투여를 통해 증상을 완화 시키는 등의 처방도 가능하다. 그런데 현대 생의학 기술로는 진단이나 소인 예측만 가능할 뿐 대부분의 유전병에 대해서 근본적인 치료 방법을 제공하지 못하고 있다. 예를 들어 헌팅턴 병처럼 쉽게 진단할 수 있는 단일 유전자 유전 질환조차 발병 시기나 증상의 정도를 정확히 예측하기 힘들다. 심지어 환자에 따라서는 일반 노화 증상과 구별이 힘든 경우도 있고, 증상이 약해 생활하는 데 일반인과 큰 차이를 보이지 않는 경우도 있다. 발병이 거의 확실한 유전병도 이런 상황인데 암이나 일반적 질병, 약물 감수성 대한 유전자 검사의 불확실성은 더욱 높다. 유전자 검사의 정확성 논란과 상관없이 이런 정보가 외부로 공개되었을 때는 불이익을 받을 수 있고, 개인적으로도 충격을 입을 수 있다. 유전 정보로 인해 고용, 학교, 군대, 보험과 같은 영역에서 차별을 받을 수 있는 것이다. 따라서 유전자 검사에 앞서 유전자 상담(genetic counseling)을 통해 환자에게 검사의 혜택과 위험 등 유전자 검사의 의미에 대해 충분히 설명하고 동의를 구하는 절차가 필요하며, 검사 후에는 결과에 대한 기밀 유지가 중요하다.

생명 윤리법이 시행되기 전인 2005년 이전까지 우리나라의 대부분의 의료 기관은 유전자 검사에서 지켜야 할 가장 기본적인 원칙이라고 할 수 있는 동의서조차 제대로 받지 않고 있었다.[12] 이로 인해 일부 환자의 검체가 상업적 또는 연구 목적으로 외부로 유출되고 있었다.

2) 상업적 목적의 유전자 검사

인간 유전학 연구의 진척과 함께 질병이라고 보기 애매한 신체 특징이나 증상, 사회적 행위들을 특정 유전자와 연관시키는 일련의 연구들이 진행되고 있고, 이중 일부는 언론을 통해 알려지고 있다. 이들 연구의 유효성에 대해서 논란이 존재함에도 불구하고, 일부 병원이나 기업들은 단편적 연구 결과들을 상업적으로 활용하고 있어 논란이 되었다. 국내에서는 기업들이 의료 기관을 거치지 않고 직접 소비자를 상대로 하는 유전자 검사(Direct-to-Consumer Genetic Testing, DGT)를 실시해 논란이 되었다.

이러한 검사는 주로 소규모 바이오 벤처들에 의해서 진행되었는데, 과학적으로 명확히 입증되지 않은 내용을 상업적으로 활용해서 의료계와 시민 단체의 비판을 받았다. 이 기업들은 주로 2000년부터 2006년까지 활발히 활동했으나 현재는 일부만 남아 있으며 상당수 업체들은 비교적 논란이 적은 신원 확인 분야로 영역을 축소해 영업하고 있다. 당시 일부 병원과 기업들은 개인의 체력, 키, 지능, 호기심, 알코올 중독, 치매 등을 한 번의 유전자 검사를 통해 알 수 있다고 광고하면서 소비자들의 DNA를 수집했다. 일부 기업은 유전자 검사를 통해 배우자의 궁합까지도 알 수 있다고 홍보하면서 교육 상담이나 결혼 상담을 제공하는 사업을 벌인 바 있다. "한 번의 유전자 검사로 당신의 미래를 알 수 있다는" 식의 광고는 지하철, 주요 일간지, 여성 잡지 등에 광범위하게 실렸으며 각 기업에 소속된 직원들은 피라미드식 영업을 통해 의뢰자를 모집하기도 했다.

그러나 이러한 검사들은 대부분 불확실한 과학적 근거에 기반하고 있었으며, 상업적 목적으로 과대 포장한 것들이었다. 예를 들면 병적으로 심각한 정신 장애와 관련이 있다고 알려진 유전자를 바탕으로 '호기심 유전자 검사'를 실시하거나, 치명적인 유전병 환자의 일부에서 키와 관련된 유전자를 근거로 '롱다리 유전자 검사'를 실시한 회사도 있었다.

불확실한 과학적 근거와 과장 광고를 통한 이런 상업 행위는 소비자들에게 잘못된 정보를 제공해 줄 뿐만 아니라 경제적 손실을 입힌다. (한태희, 2001) 이러한 형태의 검사나 광고의 가장 큰 문제점은 시민들이 유전자 검사의 의미를 제대로 이해하는 것을 방해한다는 데 있다. 생명 공학이 발전해 유전자 검사를 통해 질병뿐만 아니라 성격이나 지능 등 인간의 거의 모든 것을 알 수 있다는 인식을 확산시켜 질병이나 개인 행동과 관련된 다양한 환경적, 사회적 요인을 무시하게 만드는 데 기여할 수 있다. (김병수, 2004)

3) 신원 확인 DNA 데이터 베이스[13]

개인의 DNA정보를 신원 확인 과정에서 개별적으로 사용하는 것을 넘어 데이터 베이스를 구축하게 되면 복잡한 쟁점들이 추가적으로 제기된다. 시민 단체들은 주로 확장 가능성과 한국의 기존 감시 시스템의 특징을 들어 이 문제에 대해서 반대했다.

(1) 유전자 감시의 확장

신원 확인을 위해 개별적으로 개인의 DNA 정보(DNA profile)를 활용하는 것과 달리 일단 데이터 베이스가 구축되고 나면 입력 대상, 활용 범위 등이 지속적으로 확장되는 경향이 있다. 우선 데이터 베이스의 속성상 입력 대상의 확대와 효율성이 직접적으로 연결되어 있다. 미국의 경우에도 처음에는 '사회적 정당성'을 쉽게 얻을 수 있는 강간, 아동 성범죄 같은 흉악범죄에서 나중에는 사소한 절도, 교통사고에 이르기까지 대상이 확장되고 있다. (Wendling, 2003) 세계에서 가장 먼저 신원 확인 DNA 데이터 베이스를 운영하기 시작한 영국에서는 입력 대상이 늘어나 형평성 논란이 일자 경찰이 아예 전 국민 데이터 베이스를 구축하자고 제안해 논란을 일으켰다. 국내 상황도 크게 다르지 않다. 2004년부터 경찰은 국내 최초의 신원 확인 DNA 데이터 베이스라고 할 수 있는 미아 찾기 DNA 데이터 베이스를 구축해 운영해 오고 있다. 그런데 현재는 수집 대상이 정상 미아뿐만 아니라 정신 지체 장애인, 치매 노인 등으로 확대되었다. 또한 유전 정보 보관 기관도 5년에서 10년으로 늘어났다.

입력 대상뿐만 아니라 범인 검거 이외의 활용이나 다른 신원 확인 데이터 베이스의 연동 가능성도 높다. 2009년 통과된 법률에 따르면 검찰과 경찰, 법원, 군법원 등이 유전 정보를 이용할 수 있는데 변사자 신원 확인이나 기타 상호 대조가 필요한 경우 이 데이터 베이스를 사용할 수 있도록 했다. 일반에 알려진 것과 달리 흉악범 검거뿐만 아니라 행정적 목적으로 다양하게 사용할 수 있도록 한 점은 신원 확인 DNA 데이터 베이스가 장기적으로 어떤 식으로 활용될지 단적으로 보여 주는 사례라고 할 수 있다. 더 나아가 이미 구축된 미아 및 치매 노인 DNA 데이터 베이스, 한때 논의된 바 있었던 군대 DNA 데이터 베이스, 이산가족 DNA 데이터 베이스가 상호 검색되거나 연동될 가능성도 배제할 수 없다.

신원 확인 DNA 데이터 베이스의 설립으로 DNA 프로파일링의 개별적 활용 또한 급격이 증가할 것으로 보인다. 이런 절차들이 범죄자와 같은 특정 집단에 한정된 것처럼 보이지만, 실제 상황에서는 상당히 많은 사람들이 분석이나 입력 대상이 된다. 범죄자뿐만 아니라, 피해자, 현장에서 발견된 다양한 검체, 용의자나 가족, 현장 주변 인물 등에 대한 분석이 이루어진다. 일반 시민의 유전자 프라이버시가 침해될 가능성이 있는 것이다. 특히 수사 과정에서의 DNA 채취는 범인이 아니라는 것을 증명해야 하기 때문에 동의서를 받는다고 해도 거부하기가 쉽지 않다.

(2) 유전자 프라이버시의 침해

DNA 프로파일링 과정에서 수집되는 유전 정보의 성격을 둘러싸고도 논란이 있었다. 수사 기관들과 관련 법의학자들은 DNA 프로파일에는 질병 정보가 없고 데이터 베이스에도 개인 식별 유전 정보만 저장되므로 문제가 없다고 주장했다.[14] 반면 시민 단체들은 이런 주장이 유전 정보의 개념을 편협하게 이해하고 있거나 논쟁을 유리하게 이끌기 위한 수사라고 할 수 있다고 주장했다. 또한 이들은 DNA 프로파일에 질병 정보가 포함되는지 여부는 유전자 프라이버시 보호의 핵심 쟁점이 아니라고 여긴다. 질병 정보가 없는 신원 확인 유전 정보 그 자체로 법적으로 보호받아야 할 정보라는 것이다. 유전 정보는 개인의 고유한 물질로 평생 변하지 않으며, 당사자의 인지 없이 수집이 가능하고, 가족 간에 공유하는 민감한 정보이기 때문이다. 유전 정보를 가족과 공유한다는 특징은 또 다른 쟁점을 만들어 내는데, 영국의 경우 가족 검색(familial search)이 논란을 일으키고 있다. (Falloon M., 2004) 범죄 현장에서 수거한 DNA 정보와 데이터 베이스에 있는 부분 일치 DNA 정보를 통해 용의자를 압축하는 방식이다.

또한 분석 과정이나 분석 후 남은 잔여 DNA에서 신원 확인 이외의 다양한 유전 정보를 추출 할 수 있다. 신원 확인 목적으로 미아의 DNA를 분석하면 성별은 물론이고 아이가 다운 증후군이라는 유전병에 걸렸다는 사실을 알 수 있으며, 장기적으로는 국가가 보관하고 있는 범죄 현장 및 범죄자의 DNA 검체 또는 정보가 연구 목적으로 사용될 가능성을 배제할 수 없다. 영국에서는 신원 확인 목적으로 추출한 DNA를 이용해 AIDS 검사를 진행해 물의를 일으킨 바 있으며, 이미 2000년부터 국가 DNA 데이터 베이스를 이용한 19건 이상의 연구 프로젝트가 진행 중이다. 미국에서는 24개 주가 범죄자 데이터 베이스를 이용해 의료 연구를 할 수 있도록 하고 있다.

(3) 외국의 현황과 한국의 맥락

1995년부터 데이터 베이스 구축을 시작한 영국의 경우 현재 전체 인구의 7퍼센트인 약 410만 명이 데이터 베이스에 입력되어 있다. 데이터 베이스 확장 속도가 매우 빠른데, 2004년 4월 이후부터는 체포된 모든 용의자들에게 동의를 받지 않고 강제로 DNA를 채취할 수 있고 무죄 판결을 받더라도 유전 정보와 잔여 DNA를 식별 기능히도록 영구히 보관할 수 있다. 예를 들면 영국에서는 집회에 참석한 어린이의 DNA를 법률 위반 여부와 상관없이 채취해 그 아이가 죽을 때까지 보관할 수 있다. 영국 경찰은 평화적인 환경 단체 집회에 참가한 사람들의 DNA를 채취해 논란을 일으켰는데, 무죄 판결을 받았지만 여전히 참가자들의 DNA는 경찰이 보관하고 있다. 미국에서는 경찰에 강압적으로 DNA를 채취당한 후 나중에 샘플 반환 소송을 벌인 사례가 있으며, 개인적 신념에 따라 DNA 제출을 거부하는 양심적 DNA 거부자까지 등장한바 있다.

특히 우리나라의 경우 이들 국가에는 없는 강력한 국민 감시 시스템을 가지고 있어서 설립 논쟁 당시 논란이 되었다. 각 개인마다 고유하게 부여된 식별 번호인 주민등록번호와 17세 이상 전 국민의 지문을 전산화된 형태로 운영하고 있는 세계적으로도 보기 드문 신원 확인 시스템을 가지고 있기 때문이다. (한상희, 2002)

(4) 데이터 베이스 설립 논쟁

신원 확인 분야에서의 유전 정보 활용 논쟁은 보건복지부가 '유전 정보를 활용한 미아 찾기 사업'을 공개하면서 시작되었다. 보건복지부는 2001년 1월 5일 대검찰청, 한국 복지 재단, ㈜바이오그랜드와 협약을 체결해 유전자 정보(DNA)를 활용한 미아(가족) 찾기 사업을 추진하겠다고 밝혔다. 이에 대해 시민과학센터는 유전 정보를 보호할 법률도 없는 상태에서 의사 결정 능력이 부족한 아이들을 대상으로, 그것도 개별적 활용이 아닌 데이터 베이스를 구축하는 것을 비난했다.[15] 또한 정부가 벤처 기업과 범죄자 유전자 은행을 두고 경찰과 주도권 다툼을 벌이고 있는 검찰과 이 사업을 진행하는 것에 의혹을 보냈다.

이 문제를 공론화하기 위해 일부 시민 단체들은 '유전 정보 이용에 관한 시민 배심원 회의'를 개최한 후 유전 정보 보호법 제정을 위한 의견 청원을 국회에 제출했으며, 각계 인사 193명이 참여한 공동 선언 발표를 통해 미아 찾기 사업 중단을 촉구하기도 했다. 이들은 공동 선언에서 미아 찾기라는 인도적 명분에도 불구하고 관련 법률이 없는 상태에서 사업을 서둘러 강행하는 것에 의문을 표시했다. 즉 검찰과 경찰이 추진하고 있는 범죄자 유전 정보 은행 구축의 사전 작업이 아니냐는 것이다. 이미 국립 과학 수사 연구소는 2000년 12월 경찰 중심의 범죄자 은행 구축 필요성을 공개적으로 밝혀, 인권 단체들의 비판을 받은 바 있었다.

한편 신원 확인 DNA 데이터 베이스 설립을 놓고 경쟁하던 검찰과 경찰은 2005년 각각 데이터 베이스를 구축해 연동하는 방식으로 관할 문제를 합의하게 된다. 이를 바탕으로 2006년 8월 1일 유전자 감식 정보의 수집 및 관리에 관한 법률(안)을 국회에 제출했으나 17대 국회 임기 만료와 동시에 폐기되었다. 2009년 10월 26일에는 17대 법안과 내용은 유사하지만 법안명이 변경된 디엔에이 신원 확인 정보의 이용 및 보호에 관한 법률(안)이 국회에 제출되어 2009년 12월 29일 국회 본회의를 통과했다. 이 법률에 따르면, 국내에는 두 개의 DNA 데이터 베이스가 설립되어 운영되는데, 외국에서도 찾아보기 힘든 독특한 구조라고 할 수 있다.[16] 경찰은 현장 수거물과 피의자 경찰은 수형자에 대한 데이터 베이스를 각각 구축해 상호 연동하는 형태이다. 경찰과 검찰의 주도권 경쟁의 결과라고 할 수 있다.

4. 황우석 사태와 시민 단체

2004년 2월 12일 황우석 박사는 세계 최초로 인간의 난자를 이용해 배아 줄기 세포 1개를 만들었다고 밝혔다. 시민과학센터는 같은 날 성명을 발표하고 연구진을 비판했다. 센터는 성명에서 생명 윤리법 제정 논의가 진행 중인 상황에서 정부가 논란이 되는 연구에 연구비를 지원한 점을 비판했고, 연구 승인 전 윤리적 검토가 있었는지를 공개하라고 요구했다. 그리고 인간 배아 복제 성공으로 앞으로 난자에 대한 수요가 증가할 것을 우려했다. 그러나 당시에는 연구 성과에 대한 열광적 분위기로 인해 거의 대부분의 언론이 이 문제를 일방적으로 다루었으며 이 논문을 통해 마치 당장이라도 난치병 환자들을 치료할 수 있고, 막대한 경제적 효과를 창출할 것처럼 보도했다. 이러한 사회적 분위기는 가뜩이나 침체되어 있던 생명 공학 감시 운동 진영을 더욱 위축시켰다. 이때부터 2004년 말까지 배아 복제 문제에 대해 지속적으로 발언한 시민 단체는 없었다. 인간 배아 복제 연구에 대한 문제 제기는 국내 시민 단체가 아닌 외국에서 먼저 제기되었다. 2004년 5월 6일《네이처》는 황우석 박사의 실험 과정에 문제가 있을 수 있다는 사실을 비중 있게 다뤘다. 여성 연구자의 난자 제공, 한양 대학교 기관 윤리 의원회의 심의 여부, 공동 저자 등의 문제를 제기했다. 《네이처》가 지적한 문제는 당사자 인터뷰까지 포함된 매우 구체적인 것이었음에도 불고하고, 국내 언론들을 이 문제를 거의 보도하지 않았다.

2005년 5월 19일 황우석 박사는 두 번째 배아 복제 논문을《사이언스》에 발표한다. (Hwang, 2005) 그러나 이번에는 시민 사회 진영에서 단 하나의 성명서조차 나오지 않았다. 생명 공학 감시 운동의 핵심 단체였던 시민과학센터, 난자 문제에 관심을 가졌던 여성 단체뿐만 아니라 교리 상 복제를 허용할 수 없는 가톨릭계조차 침묵했다. 두 번째 배아 복제 성공 소식으로 사회적 분위기는 더욱 일방적이 되어 국민적 영웅 앞에 실험 절차나 윤리적 문제에 대한 목소리는 설 자리가 없었다.

이러한 상황에서 2005년 5월 과거에 생명 공학 감시 운동에 참여했던 몇몇 활동가들을 중심으로 생명 공학 쟁점에 대한 사회적 대응의 필요성이 논의되기 시작한다. 이들을 중심으로 몇 차례의 실무 모임 끝에 2005년 7월 11일 '생명공학감시연대'가 공식 출범했다. 이 모임에는 총 14개의 시민 사회 단체가 참여했다. 이 연대 모임은 출범 제안서에서 두 번의 배아 복제 성공이 '세계 최초', '노벨상 수상 가능성' 이라는 화려한 수식어로 표현되고 있으며, 난치병 치료, 국가 경쟁력 향상에 대한 환상이 정부와 언론을 통해 확대 재생산되면서 연구 찬성은 애국, 비판은 매국이라는 등식 나오는 등의 일방적 사회적 분위기를 비판했다. 이에 시민 사회 단체들이 나서서 새로운 생명 공학 기술이 가져올 생명 경시, 여성 건강 위협, 의료 불평등, 정부와 언론의 역할에 대해 공론의 장을 만들고 함께 대응할 수 있는 사회적 흐름을 형성해야 할 것이라고 주장했다. 이로써 생명 윤리 안전 연대 모임(1998년), 조속한 생명 윤리법 제정을 위한 공동 캠페인 단체(2001년), DNA 데이터 베이스 반대 네트워크(2004년)에 이어 네 번째로 생명 공학 문제에 대응하기 위한 시민 사회의 연대 모임이 출범하게 되었다.

생명공학감시연대는 2005년 8월 25일 연대 모임의 첫 사업으로 '인간 배아 연구 이대로 좋은가'라는 제목으로 토론회를 개최했다. 감시 연대가 인간 배아 연구에 대해 토론회를 개최한 것은 배아 연구에 대해 직접적인 반대를 표명하기 위한 것은 아니었다. 지난 5년간의 논쟁을 통해 배아 연구의 장단점, 성체 줄기 세포의 가능성, 난자를 제공해야 하는 여성의 입장, 언론 보도의 문제점, 과학자 내부의 다양한 의견, 종교계의 입장, 시민 단체의 입장, 사회적 합의 형성 과정의 문제점, 합리적 실험 절차 등을 구체적으로 알 수 있는 기회가 있었다. 그러나 '세계 최초'라는 수식어 앞에 이런 성과들이 바로 묻혀 버렸기 때문이다. 당시 생명공학감시연대 토론회는 그 동안의 사회적 학습 결과를 환기시키기 위해서 마련되었다. 이날 토론회에서는 인간 배아와 언론 보도, 배아 연구와 여성, 연구 절차 그리고 생명 윤리법의 한계에 대한 내용이 발표되었다.

이후 생명공학감시연대는 「PD수첩」의 취재와 방송으로 인해 공개적으로 촉발된 황우석 사태가 진행되는 동안 지속적으로 성명을 발표하면서 대응했다. 사태가 진행되었던 2005년 11월 23일부터 2006년 5월까지 총 11차례의 성명을 발표했다. 당시의 사건은 그 자체만으로도 충격적이었을 뿐만 아니라 상황 전개 또한 반전에 반전을 거듭하고 있었기 때문에 일반 시민은 물론이고 기자들이나 전문가들조차 냉정한 시각을 갖지 못하고 있었다. 성명은 주로 혼란스러운 상황에서 일반 시민들이 이 사건을 냉정하게 바라 볼 수 있도록 균형 잡힌 정보와 시각을 제공하는

데 초점을 두었다. (김병수, 2006)

생명공학감시연대는 황우석 사태를 둘러싼 사회적 혼란이 어느 정도 정리된 2006년 1월에 그 동안의 사태를 평가하는 토론회를 개최했다. 사태의 일차적 책임은 황우석 박사에게 있었지만 전 세계를 상대로 부정 행위를 저지를 수 있었던 사회적 배경 또한 무시할 수 없는 것이었다. 그 동안 언론·정부·정치권은 황우석 박사를 중심으로 공고한 네트워크를 형성한 후 일방적인 지원과 편파적 보도를 통해 현실을 왜곡하는 데 앞장서 왔다. 당시 토론회는 황우석 사태를 통해 드러난 한국 사회의 문제점을 진단해 보고, 향후 나가야 할 방향을 모색하기 위한 목적으로 개최되었다.

갑작스럽게 전개된 황우석 사태로 인해 생명공학감시연대는 성명서를 발표하는 등 현안에 직접적으로 대응했지만 초기의 결성 목적은 좀 더 장기적인 것이었다. 당시 출범 목적은 시민 단체들의 역량을 고려해서 느슨한 형태의 연대 모임을 만들어 최소한 시민 사회 단체 내부에서라도 생명 공학에 대한 비판적 담론을 확산시키고, 장기적으로는 전체적인 대응 역량을 강화하는 것이었다. 이와 관련된 활동으로 감시 연대는 외부 전문가를 초청해 ●생명 윤리법의 한계와 대안 ●이종 간 장기 이식의 문제점 ●생명 공학과 여성을 주제로 총 3번의 내부 포럼을 개최했다. 그러나 이들 포럼 개최를 끝으로 생명공학감시연대는 공식적인 활동을 마감했다.

5. 맺음말

생명 윤리법의 제정은 그 동안 구속력 있는 규제가 없었던 생명 공학 연구 및 임상 활동을 다루는 법률이 만들어졌다는 점에서 의미가 있다. 생명 윤리법 제정 과정에서의 핵심 쟁점은 '포괄법 형태' 여부와 '배아 복제 허용' 여부였는데, 시민 단체들의 요구 사항이었던 포괄법 형태의 법률이 만들어졌다. 외국에서는 찾아보기 힘든 생명 공학에 대한 포괄적 규제 법률이 비교적 짧은 시간 안에 만들어진 것이다. 내용적인 면에서 살펴보면, 규제기 시급했던 인간 개체 복제를 금지했고 인간 배아에 대한 관리 규정을 두었다. 또한 제 기능을 하지 못하고 있었던 '기관 생명 윤리 심의 위원회' 설치를 의무화했고 유전 정보를 통한 차별과 무분별한 유전자 검사를 규제했다. 유전자 검사 영역 중에서 연구 및 상업 활동은 시민 단체의 주장이 거의 그대로 포함되었다. 반면 인간 배아 연구에 대한 규제의 경우 정부 입장의 거의 그대로 반영되었다. 배아 복제를 금지했던 초기의 법률안이 몇 차례 개정을 거치면서 체세포 복제를 허용하는 형태로 바뀌었고, '이종 간 핵 이식'을 세계 최초로 공식 허용했다. 또한 잔여 배아를 이용한 줄기 세포 연구 범위도 대폭 확대되었다. 연구 허용 범위가 넓어서 연구 계획서만 잘 작성한다면 어떤 연구도 가능하게 했다.

황우석 사태 전후의 시민 단체 활동은 상당히 미약했다. 황우석 박사에 대한 열광적이고, 일방적인 분위기가 형성되자 일부 활동가들은 생명공학감시연대를 조직해 토론회를 개최하고, 성명을 발표하는 등의 활동을 펼쳤지만 큰 성과를 거두지는 못했다. 시민 사회의 대응 부재 속에 생명 윤리법의 규제 강도는 더욱 약해지고 있다. 체세포 복제의 재허용,

난자 수급 제도 정비, 유전자 검사 규제 완화 등 정부의 요구 사항이 별다른 사회적 논의 없이 그대로 관철되었다. 시민 단체 대표와 생명 윤리계 인사들이 제1기 생명윤리심의위원회에 참여했지만, 심의위원회의 위원 구성의 한계와 시민 사회의 대응 부재로 활동에 제약을 받았다.

그럼에도 불구하고 시민 단체들의 적극적 활동은 사회적 논쟁을 유발했고, 사회적 학습에 기여했다고 평가할 수 있다. 인간 배아 연구를 둘러싼 논쟁을 겪으면서 외국의 규제 현황, 인간 배아를 바라보는 상이한 관점, 체세포 복제의 다양한 문제점, 성체 줄기 세포의 가능성, 난자 제공 절차, 난자를 제공해야 하는 여성의 입장, 과학자 내부의 이견, 불임 클리닉 문제, 동물권 문제, 부처 간 이해 관계 등이 드러났다. 신원 확인 DNA 데이터 베이스 경우 논쟁 초기에 이 쟁점은 "인권 침해 vs 과학 수사"라는 다소 추상적 수준의 논의에서 출발했는데 논쟁이 진행되면서 쟁점들이 구체화되는 성과가 있었다. 논쟁 과정을 통해 데이터 베이스의 입력 범위, 확장과 연동 위험성, 오류 가능성, 수사 기관들의 이해다툼, 국내 범죄 수사 체계, 외국의 현황, 기존의 신원 확인 시스템의 관계, 우리나라의 개인 정보 이용 관행이나 보호 시스템, 수사 기관들에 대한 사회적 신뢰와 같은 쟁점들이 드러났다. 논쟁 시작 전에는 알 수 없었던 사회적 맥락과 위험성들이 드러난 것이다.

생명 공학 감시 운동이 어느 정도 성과를 거둘 수 있었던 배경 중 하나는 운동의 핵심 단체였던 시민과학센터의 활동에서 찾을 수 있다. 시민과학센터는 과학 기술의 민주화를 주장하는 단체로 과학 기술 영역도 다른 사회 영역과 마찬가지로 개입을 통해 민주적 재구성이 가능하다고 여긴다. 이를 실현하기 위해 과학 기술과 관련된 시민 참여 제도를 소개하거나 직접 진행했으며, 다른 한편으로는 생명 공학의 진전으로 인한 위험성을 지적하고 대안을 제시하는 운동을 진행했다. 결과가 개방되어 있는 시민 참여 제도의 도입과 특정한 입장을 표명하는 활동이 서로 결합된 독특한 형태의 운동 방식이라고 할 수 있다. 서로 모순적일 수 있는 이러한 형태의 활동이 오히려 생명 공학 규제 형성 과정에서 성과를 낼 수 있는 조건이 되었다고 할 수 있다.

동시에 이러한 특징을 이 운동의 한계로 지적할 수 있다. 생명 공학 감시 운동이 일부 단체에 의해 주도되었 활동가 재생산에 실패함으로써 정체기를 맞은 것은 향후 운동의 방향과 형태를 논의하는 데 있어서 중요한 시사점을 준다고 할 수 있다. 더 나아가 생명 공학 감시 운동의 중요성이 시민 사회에 얼마나 제대로 확산되었는지에 대해서도 추가적인 논의가 필요할 것으로 보인다. 생명 공학 감시 운동의 목표 중 하나는 생명 공학에 대한 비판적 담론을 시민 사회 내에 확산시키는 것이었는데, 제대로 달성되지 못한 것으로 보인다. 이러한 결과는 생명 공학 감시 운동이 더 나아가 과학 기술 민주화 운동이 주류 시민 운동 내에서 어떠한 위치를 차지하고 있는지를 잘 보여 주는 사례라고 할 수 있다.

김병수

대학에서 생명 공학과 과학기술사회학을 공부했으며 참여연대 시민과학센터 간사, 생명공학감시연대 정책 위원, 국가생명윤리심의위원회 유전자 전문 위원을 역임했다. 성공회 대학교와 동국 대학교 등에서 강의하면서 시민과학센터 운영 위원으로 활동하고 있다. 지은 책으로는『침묵과 열광』(공저)이 있으며, 옮긴 책으로는『인체시장』(공역),『시민과학』(공역) 등이 있다.

7

한국 에너지 정책과 기술 혁신 과정의 시민 참여

국가에너지위원회와 시민 발전소 운동 사례를 중심으로[1]

1. 들어가며

과학 기술 시민 참여는 비전문가들(nonexperts)이 과학 기술과 관련한 의제 설정, 의사 결정, 정책 형성, 지식 생산과 확산 과정, 조직 혁신, 기술 혁신 활동(지식의 새로운 결합과 활용)에 관여하고 자신의 투입(의견)을 제공하는 다양화된 일련의 상황들과 활동으로 정의할 수 있다. 즉 과학 기술 시민 참여는 포괄적인 의미에서 과학 기술 형성이나 과학 기술 정책 결정 과정에 과학 기술 전문가, 정책 분석가, 의사 결정자뿐 아니라 흔히 비전문가로 간주되는 광범위한 사회적 행위자들이 관여하고 참여하는 것을 말한다. (Bucchi and Neresini, 2008; Joss, 1999)[2]

이러한 시민 참여는 전 세계적으로 지난 20여 년 동안 실제적으로 더욱 다양한 프로그램과 실험 등으로 발전해 왔다. 그러한 과학 기술 시민 참여 방식으로는 포커스 그룹, 합의 회의, 시민 배심원/시민 패널, 시나리오 워크숍, 과학 상점, 국민 투표, 공청회, 여론 조사 등이 널리 알려져 있다. (Rowe and Frewer, 2000; 참여연대 시민과학센터, 2002; Steyaert and Lisoir, 2005) 우리나라의 경우에도 시민과학센터를 비롯해 여러 논자들이 이미 오래 전부터 과학 기술(정책)에 대한 시민 참여의 필요성과 의미를 강조하고 여러 가지 시민 참여 모델을 소개하며 구체적인 실행 방안을 논의해 왔다. 또한 이런 논의들과 앞서거나 뒤서면서 이를 현실에 적용해 보려는 여러 노력들이 정부와 시민 사회의 두 차원에서 이루어졌다.

이 글은 에너지(기술) 분야를 대상으로 한국에서 이루어지는 과학 기술 시민 참여의 현황을 살펴보고 평가하는 것을 목적으로 한다. 현대의 에너지(기술) 분야는 대단히 복잡하고 높은 수준의 과학 기술적인 지식과 연결된 쟁점을 많이 포함하고 있어서 전통적으로 전문가의 고유 영역으로 이해되어 왔다. 하지만 에너지(기술) 정책이나 의사 결정은 직접적으로 일반 시민의 삶에 영향을 미친다는 점에서 규범적으로 시민 참여의 대상이 된다. (Foltz, 1999) 또한 지구적 차원의 위기인 기후 변화나 석유 정점과 같은 쟁점에 대한 일반 시민의 인식이 높아지고 있고, 시민 사회에서 역사가 오랜 반핵 운동이나 상대적으로 최근 시작된 재생 에너지 운동이 활성화되면서 시민 참여의 여러 모습이 뚜렷하게 관찰되고 있다. 에너지(기술) 분야의 시민 참여 현황을 살펴보는 것은 한국에서 과학 기술 분야의 시민 참여 현황을 평가하는 데 유용한 정보를 제공할 것이다.

여기서 살펴볼 시민 참여 사례는 두 가지다. 하나는 국가 수준의 최고 의사 결정 기구인 국가에너지위원회와 그곳에서 결정된 국가 에너지 기본 계획 수립 과정에서 시민 참여가 이루어진 과정이다. 이것은 정부 정책 결정 과정에 제도화된 시민 참여의 사례라 할 수 있다. 다른 하나는 시민 사회 내에서 비제도화된 방식으로 시민의 자발적 참여(시민 운동)를 통해 에너지 분야 기술 혁신에 참여한 시민 발전소 사례이다.

그동안 과학 기술 시민 참여에 대한 연구는 정부나 정부 기구 등이 주도하며 이들의 지원/후원을 받는 제도화되고 정형화된 시민 참여 메커니즘에 초점을 맞추는 경향이 있었다. (예컨대, Rowe and Frewer, 2000, 2004, 2005; Beierle and Cayford, 2002; Burgess and Chilvers, 2006; Steyaert and Lisoir, 2005) 첫 번째 사례인 국가에너지위원회에 대한 논의도 그런 경향을 반영하고 있다. 그러나 이런 연구는 정부나 정부 기구 등의 후원자에 의해 제도적으로 추진되는 시민 참여 메커니즘에 국한되어, 광의의 시민 참여 개념으로 포괄될 필요가 있는 시민 사회와 사회 운동 등의 적극적 역할을 충분히 담아내지 못했다. 즉 시민 사회와 사회 운동이 과학 기술 정책 형성이나 기술 변화 과정에 자발적으로 상향식으로 개입하고 영향을 미치는 사실을 적절하게 개념화할 필요가 있다. (Jamison, 2003, 2006; Hess, 2007; Bucchi and Neresini, 2008 참조) 두 번째 사례인 시민 발전소는 이런 점을 보여 줄 수 있을 것이다. 그러나 제도화된 시민 참여와 자발적 시민 운동적 시민 참여는 단절되어 있지 않고 서로 연관을 맺고 있다는 점도 인식할 필요가 있다.

2. 국가에너지위원회와 시민 참여: 국가 에너지 기본 계획 사례를 중심으로

1) 국가에너지위원회의 설립과 배경

국가에너지위원회의 법적 근거가 되는 '에너지 기본법'은 2006년 3월에 제정되었는데, 시민 사회의 압력과 적극적인 참여를 통해서 제정된 것으로 평가되고 있다. 에너지 기본법에 대한 논의는 2002년 말에 '에너지 시민 연대'라는 환경·시민 단체 연대 기구가 '에너지 정책 기본법' 제정을 추진하면서 시작됐다. 에너지 시민 연대는 2003년 9월에 자신들이 준비한 법안에 대한 공청회를 개최했고, 11월에는 김성조 의원을 통해서 이 법안을 발의하기도 했다. 그러나 16대 국회에서 처리되지 못하고 폐기되었다. 이후 2004년에 17대 국회가 구성된 이후에 에너지 기본법에 대한 정부안, 김성조 의원안과 조승수 의원안이 연달아 발의되면서 본격적인 논의가 시작되었다. 이때 발의된 김성조 의원안은 에너지 시민 연대가 준비해왔던 안을 수용한 것이며, 조승수 의원안은 환경 단체와 노동 조합이 연대한 '에너지 노동 사회 네트워크'가 제시한 안을 수용한 것이었다. 이처럼 에너지 기본법 제정과 국가에너지위원회의 구성은 처음부터 시민 사회가 적극적으로 참여한 것으로 평가할 수 있다.

　　환경·시민 단체들이 에너지 기본법을 추진한 배경에는 에너지 절약 운동, 반핵 운동, 재생 에너지 운동, 에너지 산업의 민영화 반대 운동 등의 성장 및 에너지 정책과 관련된 사회적 논쟁이 있었다. 가장 먼저 나섰던 에너지 시민 연대의 경우 에너지 절약, 온실 기체 감축 등을 내용으로 한 에너지 조례 운동을 전개하다가 상위법 제정 필요성을 느껴 법 제정 운동을 추진하게 되었다. (이버들, 전화 인터뷰) 한편 2003년에 부안 방사선 폐기물 처리장을 둘러싼 격렬한 갈등이 발생했던 것도 법 제정의 주요한 배경이 되었다. 즉 정부 측에서 에너지 관련 정책 결정 과정을 개방해 폭넓은 이해 당사자가 참여하도록 함으로써 갈등을 완화할 필요성이 제기되었으며, 시민 환경 단체들도 에너지 정책에 참여할 필요성을 절감하고 있었던 것이다. (이승화, 전화 인터뷰; 이승화, 2007) 이런 배경에서 "에너지 관련 시민 단체가 앞장서서 법안을 성안해 의원 입법 형태로 제정을 추진"함으로 써 법률 제정에서 시민 참여가 이루어진 "찾아보기 힘든 추진 사례"라고 평가받고 있는 것이다.(문영석, 2005)

2) 국가에너지위원회의 시민 참여 현황과 비교

국가에너지위원회의 시민 참여 현황을 알아보는 가장 손쉬운 방법은 시민을 대표하거나 시민의 의견을 대변하는 위원이 얼마나 참여하고 있는지를 파악하는 것이다.[3] '에너지 기본법'의 국가에너지위원회 관련 규정을 보면, "에너지 관련 시민 단체에서 추천한 자가 5인 이상 포함되어야" 한다고 정해져 있다. 실제로 2006년에 구성된 국가에너지위원회는 25인의 위원 중에 5명의 시민 단체 대표가 참여하고 있다. 이러한 시민 참여는 국가에너지위원회와 비교해 볼 수 있는 국가과학기술위원회와 국가생명윤리심의위원회의 시민 참여에 비해서 상당히 앞서 있다고 평가할 수 있다.

우선 국가과학기술위원회는 정부 내부의 정책 조정의 필요에 의해서 설치되었으며, 시민 단체의 대표 혹은 추천자라는 규정이 아예 존재하지 않는다. 주로 학계·연구계·기업가를 위원으로 선정하는 '민간 참여'가 이루어지고 있을 뿐이다. 국가생명윤리심의위원회는 생명 복제 기술 쟁점 등에 대한 사회적 논쟁 속에서 시민 사회 쪽의 요구와 참여에 의해서 설치되었고, 시민 단체를 포함한 다양한 분야를 대변하는 전문가들이 참여하도록 되어 있다는 점에서 국가에너지위원회와 유사하다. 하지만 국가에너지위원회의 경우, 이에 참여하는 시민 단체 대표를 포함해 시민 사회의 에너지 활동가와 전문가가 정보를 공유하고 쟁점에 대한 의견을 교환·논의하는 시민 사회 내부의 네트워크를 가지고 있었다는 점

표 1. 3개 국가 위원회의 시민 참여 현황 비교

구분	국가과학기술위원회	국가에너지위원회	국가생명윤리심의위원회
해당 법률	과학 기술 기본법	에너지 기본법	생명 윤리 및 안전에 관한 법률
규정	과학 기술에 관한 전문 지식 및 경험이 풍부한 자 중 위원장이 위촉하는 자	위촉 위원은 에너지 분야에 관한 학식과 경험이 풍부한 자 중에서 대통령이 위촉하는 자가 된다. 이 경우 위촉위원에는 대통령령이 정하는 바에 따라 에너지에 관련된 시민 단체에서 추천한 자가 5인 이상 포함되어야 한다.	종교계·철학계·윤리학계·사회과학계·법조계·시민 단체(비영리 민간 단체 지원법 제2조의 규정에 의한 비영리 민간 단체를 말한다.) 또는 여성계를 대표하는 자 중에서 대통령이 위촉하는 7인 이내의 자
시민 참여 위원	손혁재(참여연대) * 2005. 8~2007. 8	시민 단체 추천 위원(5인) 이학영(YMCA 전국 연맹 사무총장), 김재옥(소비자 문제를 연구하는 시민의 모임 회장), 김일중(환경 정의 공동 대표), 이덕승(녹색소비자연대 상임 위원장), 김윤자(한신 대학교 국제경제학과 교수) * 2006~2008	윤리계 등 위원(7인) 양삼승(법무법인 화우 대표 변호사), 김환석(국민 대학교 교수), 명진숙(한국 여성 민우회 사무처장), 이동익(가톨릭 대학교 신부), 이인영(한림 대학교 교수), 정규원(한양 대학교 교수), 황상익(서울 대학교 교수) * 2005. 4~2008. 4

에서 차이가 있다. 국가 생명 윤리 위원회는 이런 네트워크를 갖추지 못했다. 이것은 국가에너지위원회에서 시민 참여의 질을 높이는 데 유리했다고 판단할 수 있다.

3) 국가 에너지 기본 계획 수립 과정의 시민 참여

여기서부터는 2008년 8월 국가에너지위원회가 심의·의결한 제1차 국가 에너지 기본 계획(2008~2030)(국무총리실 등, 2008) 수립 과정에서의 시민 참여에 대해 살펴본다. 초점은 이 과정에서 시민 참여가 구체적으로 어떻게 이루어졌으며 그 과정과 결과에 대해서 시민 단체가 어떻게 평가하고 있는지를 검토하는 것이다. 이는 고위 정책 형성 과정에서 시민 참여가 실제로 어떻게 이루어지는가를 보여 줄 것이다.

(1) 국가 에너지 기본 계획의 수립 과정[4]

국가 에너지 기본 계획은 '에너지 정책을 효율적이고 체계적으로 추진하기 위해서' 20년을 계획 기간으로 해 정부가 매 5년마다 수립해 국가에너지위원회의 심의를 거쳐 확정하게 된다.[5] 2008년에 의결된 국가 에너지 기본 계획은 국가에너지위원회에서 심의·의결되는 첫 번째 것이어서 주목을 받았다. 또한 시기적으로 볼 때 배럴당 100달러를 훨씬 넘어서는 고유가 상황과 2012년 이후 기후 변화 협약에 따른 온실 기체 의무 감축 대상이 되리라는 전망이 지배적인 상황이라는 점에서 각별한 관심을 끌었으며, 또한 '저탄소 녹색 성장'[6] 비전에 대한 정부 의지를 보여 주는 시금석으로서도 주목받았다.

국가 에너지 기본법 주무부처인 산업자원부(현행 지식경제부)는 2006년 초 에너지 경제 연구원에 국가 에너지 기본 계획 수립을 위한 연구 용역을 발주했으며, 2006년 11월에 개최된 제1차 국가에너지위원회에 '계획 수립 추진 방향'을 보고했다. 한편 국가에너지위원회는 2007년 초 산하에 4개 전문 위원회를 구성했는데, 이 중에서 에너지 정책 전문 위원회와 갈등 관리 전문 위원회가 국가 에너지 기본 계획 수립에 참여했다.[7] 두 전문 위원회는 산하에 각각 국가 에너지 기본 계획 T/F와 원전 적정 비중 T/F를 구성해 쟁점에 대해서 집중적으로 논의했다.[8]

한편 계획 수립까지 에너지 정책 전문 위원회와 갈등 관리 전문 위원회는 총 3차례의 연석 회의를 열었는데, 이 연석 회의에서 계획 수립 과정의 몇몇 중요한 의사 결정이 이루어졌기 때문에 주목할 필요가 있다. 두 번의 연석 회의에서는 공청회에 붙이거나 국가에너지위원회에 상정할 계획안을 검토 혹은 확정했다. 특히 주목되는 것은 국가 에너지 기본 계획 수립 절차안을 확정지은 2008년 6월의 2차 연석 회의였는데, 환경 시민 단체를 비롯해 일반 국민의 참여 기회·형식·강도를 정했다. 지식경제부는 이 회의를 통해서 "정보 공유를 통한 내실 있는 토론 및 의견 수렴이 가능한 워크숍 및 토론회를 준비해 조만간 국기본(국가 에너지 기본 계획-필자 주)을 수립할 필요성에 공감"했다고 정리하고 있다. 이는 전문가 중심의 논의 방식을 중심으로 정해진 일정에 따라서 의사 수렴을 하며, 반영 여부와 정도에 대해서는 전문 위원회와 본 위원회에서 판단한다는 것이었다. (지식경제부, 2008)[9]

국가 에너지 기본 계획안이 처음 공개된 것은 2007년 12월의 공청회였다. 공청회를 전후로 배럴당 100달러를 넘어선 고유가를 반영하고 있지 못하다는 점 등이 집중적으로 부각되었다. 이에 따라 정부는 몇 개월에 걸쳐 이를 보완하는 작업을 진행하고, 2008년 6월에 수정안을 제시했다. 이후 국가 에너지 기본 계획 수립 절차를 결정한 2차 연석 회의의 결론에 따라, 2008년 7월부터 8월 중순까지 일련의 절차를 집중적으로 진행했다. 이 중에는 에너지 수요 예측 타당성이나 원전 비중 적정성 등의 몇 가지 쟁점 사항을 집중적으로 토론하기 위한, 연구 기관·산업계·시민 단체를 대상으로 한 4차례의 워크숍도 포함되어 있었다.[10] 이러한 '소통 활동'을 거쳐서, 8월말 국가에너지위원회는 국가 에너지 기본 계획을 심의·확정해 발표했다.

(2) 에너지 시민 회의(준)의 국가 에너지 기본 계획 수립 과정 참여와 실패

앞서 언급했듯이 국가에너지위원회에는 시민 단체에서 추천한 5명의 민간 위원이 참여하고 있었을 뿐만 아니라, 국가 에너지 기본 계획안을 구체적으로 검토하기 위한 전문 위원회와 산하 TF에도 여러 명의 시민 단체 측 인사가 참가하고 있었다.[11] 그리고 이들 사이에 그리고 이들과 환경

시민 단체 활동가 사이에 정보를 공유하고 의견을 조정하는 의사소통의 메커니즘이 만들어졌다. 2007년 3월에 국가에너지위원회 민간 위원들, 각 전문 위원회의 시민 단체 위원들 그리고 환경 시민 단체의 활동가들이 함께 간담회를 열고, '(국가)에너지 시민 포럼'을 구성하기로 의견을 모은 것이다.[12]

국가 에너지 시민 포럼은 국가 에너지 기본 계획안 논의 과정을 모니터링하면서, 매달 주제를 선정해 발표와 토론을 진행하며 국가 에너지 정책 개혁 방향 등을 논의했다. 특히 2008년 중반부터 지식경제부가 국가 에너지 기본 계획 수립 절차를 본격화하면서, 국가 에너지 시민 포럼의 대응 활동도 더욱 활성화되었다. 나아가 국가 에너지 기본 계획 등이 포괄하는 범위가 광범위하다는 점(이헌석, 2008)과 의결 구조를 만들어 무게를 실어야 할 필요가 있다는 점(국가 에너지 시민 포럼, 2008. 6. 16) 등의 이유로 국가 에너지 시민 포럼의 체제를 정비할 필요성이 제기되었다. 그 결과로 7월에 국가 에너지 시민 포럼을 "에너지 문제를 중심으로 최대한 넓고 다양한 입장을 담을 수 있도록"(이헌석, 2008)[13] 참가 단체를 확대·개편해 '에너지 시민 회의(준)'을 구성했다. (에너지 시민 회의(준), 2008b; 에너지 시민 회의(준), 2008d)[14]

국가 에너지 기본 계획 수립에 대한 에너지 시민 회의(준)의 대응 방향은 크게 두 가지로 모아진다. 우선 제시된 일정이 너무 촉박하다는 점을 지적하면서 충분한 쟁점 토론과 합의가 보장되어야 한다는 점을 강조했다. 지식경제부는 6월 중순에 환경 시민 단체에게 6월말부터 8월말까지 2달 동안에 의견 수렴 절차를 모두 진행하자고 제안했고(지식경제부, 2008b)[15] 2차 연석 회의에서 이 안건을 다루었다. 환경 시민 단체들은 8월 말에 국가에너지위원회 개최 일정을 정해놓고 무리하게 계획을 추진한다고 반발했다. 그러나 환경 시민 단체 위원들의 반대는 소수 의견에 불과했고, 정부는 애초 8월 말까지의 일정을 강행할 수 있도록 다수 의원의 동의를 얻어낼 수 있었다. (에너지 시민 회의(준), 2008e)[16] 이에 대해서 환경 시민 단체가 반발하면서 불참함에 따라, 시민 단체 전문가와 정부 측 전문가의 참여 하에 별도로 2차례 워크숍이 진행되기도 했다.[17] 하지만 이 워크숍은 만족할 만한 합의점을 도출하는 데 실패했다. 그러나 정부는 이를 보완할 시간을 갖기보다는 정해진 일정(공개 토론회와 공청회)을 강행하자, 에너지 시민 회의(준)는 워크숍 등이 "형식적인 절차"에 불과했다고 반발했다. (에너지 시민 회의(준), 2008g)

둘째, 에너지 시민 회의(준)는 정부의 계획안을 체계적으로 검토하고 대안을 마련하면서, 전문 위원회와 본 위원회에 참가하는 위원들과 환경 시민 단체 사이에서 입장을 조율하고 정부의 워크숍, 공개 토론회 등의 공론화 과정에 대응했다. 정부안을 체계적으로 검토하고 여러 환경 시민 단체의 의견을 수렴·정리하려는 첫 번째 노력은 2008년 1월 내부 발표와 6월 보완을 거친 「국가 에너지 기본 계획안(2008~2030) 환경 단체 공동 보고서」이다.[18] 또한 에너지 시민 회의(준)에 참여하고 있던 환경운동연합의 주관 하에, 국가 에너지 기본 계획상의 쟁점에 대해서 외부 전문가들을 초청해 집중적으로 검토하기 위한 토론회와 연속 워크숍이 진행되기도 했다. 또한 본 위원회 민간 위원 및 전문위원과 환경 시민 단체 활동가들이 참여해 여러 차례 회의와 워크숍을 가지면서 환경 시민 단체의 입장을 조율하고 정리했다. 기본적으로 여기서 논의된 내용에 기초해 국가에너지위원회의 각급 회의와 공개 토론회 등에 대한 대응이 이루어졌고, 언론을 통한 입장 발표도 진행되었다. (자세한 일지는 부록 2. 참조)

그러나 이러한 노력에도 불구하고 환경 시민 단체들은 국가 에너지 기본 계획에 자신들의 주장을 반영하는 데 실패했다. 에너지 시민 회의

(준)는 정부의 협의 과정이 형식적으로 진행될 것에 대해서 계속 우려했고, 결국 2차 공개 토론회를 마친 후에는 그 동안의 과정은 "형식적 절차 밟기로 끝났다고" 선언했다. (에너지 시민 회의(준), 2008f) 8월 13일 공청회에는 "에너지 위기 인식 부재, 졸속 추진"이라며 반대하고 보이콧을 하기에 이르렀다. (에너지 시민 회의(준), 2008g) 또한 8월 27일의 본 위원회 회의에서 5명의 시민 단체 위원은 계획안에 대해서 반대 의견을 밝혔으며(지식경제부, 2008c)[19] 성명서를 통해서 "에너지 소비 조장하고 핵 에너지 의존도 높인 국가 에너지 기본 계획은 무효"라고 선언했다. (에너지 시민 회의(준), 2008h)

(3) 국가 에너지 기본 계획 수립 과정 시민 참여의 몇 가지 특징

국가에너지위원회는 제도 도입 과정이나 제도 내부 참여 정도에서 높은 시민 참여를 보여 준다. 그러나 실제로 국가에너지위원회라는 제도를 작동시켜 수립한 국가 에너지 기본 계획 사례를 보면, 구체적인 정책 결정 과정에서 시민 참여의 질은 높지 않았다. "전례를 찾기 힘든 정도의 공론화 과정을 거쳐 마련"되었다는 국가 에너지 기본 계획에 대해서 환경 시민 단체가 "무효"라고 선언했다는 사실이 이를 극명히 보여 준다. 이런 결과가 나온 이유에 대해서는 여러 가지 차원에서 분석되어야 하겠지만[20] 아래에서는 두 가지 특징적인 모습에 대해서만 간단히 지적하고자 한다.

● **얇은 시민 참여 혹은 두꺼운 시민 참여**

앞서 언급했듯이 에너지 정책 전문 위원회와 갈등 관리 전문 위원회의 2차 연석 회의에서는 "공개 토론회, 공청회, 워크숍 등 향후 의견 수렴 절차의 방식, 시기, 범위 등에 대해서 논의"했다. 정부는 이 회의에서 '절차의 투명성 확보'를 위해서 연석 회의를 통해서 공론화 절차와 국가 에너지 기본 계획(안)을 확정지으며, 국가에너지위원회 개최 시기와 상정 안건을 협의하겠다고 입장을 밝혔다. 또한 '국

민과의 공감대 형성'을 위해서 워크숍, 공개 토론회, 여론 조사, 공청회를 개최하겠다고 약속했다. (정책 전문 위원회·갈등 관리 전문 위원회, 2008) 회의는 "정부 제안 내용에 연석 회의에서 제기된 의견을 반영한 일정을 정부에서 정해 추진"하며 구체적인 사항에 대한 결정을 정부에 위임했다. 그 결과는 의견 수렴과 토론 마감 시기를 특정하고 방식과 횟수를 제한하며 공개·공유할 정보의 내용을 한정함으로써 전문가 논의를 넘어서는 일반 국민의 참여 기회를 축소하는 것이었다.

정부가 정리한 회의 결과를 살펴보면(지식경제부, 2008a), 다수 위원들이 "시기는 너무 늦추지 않되 정부에서 일정을 결정하도록 일임하는 데 동의"했다. 또한 국민과의 토론회를 수차례 개최하자는 의견에 대해서 "횟수보다는 토론 결과를 국가 에너지 기본 계획에 반영하는 것이 중요하다는 의견"이 제시되었다. 한편 국민과의 소통을 통해 공감대 형성을 위한 사전 정보를 공유할 필요성에 대해서는 "너무 기술적인 부분의 공유는 사실상 불가능하며, 자칫 정보의 왜곡 현상이 있을 수 있으므로 기본 계획의 철학과 주요 골자를 중심으로 국민과의 소통을 추진하는 것이 바람직"하다는 의견이 다수였다. 여론 조사에 대해서는 다수 의원들이 "비전문가를 대상으로 한 여론 조사는 여론 조사의 실효성 확보가 곤란"하며 "결과 왜곡 가능성에 대한 우려를 제기"했으며, 일부 위원들은 "국민의 여론 조사는 정부에서 판단해 실시하되 조사 결과는 참고 자료로 그칠 것을 주문"했다.

특히 여론 조사는 에너지원 선택에 대한 일반 국민의 의견을 묻기 위해 기획된 것(정책 전문 위원회·갈등 관리 전문 위원회, 2008)으로, 환경 시민 단체에 의해서 충분히 대변되지 않거나 직접적인 이해 관계가 없어 국가 에너지 기본 계획에 대해서 관심을 두고 있지 않은 일반 시민의 의견을 반영하기 위한 하나의 방편이라고 판단할 수 있다. (두꺼운 시민 참여) 그런데 연석 회의에서 여론 조사에 대해서 부정적으로 판단함에 따라 시민 단체 대표 혹은 이를 대변하는 전문가에 의해서 대표되는 의견만으로 의견 수렴이 제한될 수밖에 없었다. (얇은 시민 참여) 국가 에너지 기본 계획에서는 더 많은 시민에게 충분한 논의 시간이 주어지고 충분한 정보와 숙고의 기회가 제공되어 의견이 반영되는 '두꺼운 시민 참여'보다는 제한된 시간에 진행되는 전문가(혹은 전문적인 시민 단체 활동가) 논의로 국한되는 '얇은 시민 참여'가 선택되었으며, 여론 조사 계획이 취소된 것(에너지 시민 회의(준), 2008a)[21]은 그것을 보여 주는 하나의 상징이라고 할 것이다.

● **누가 환경 시민 단체의 대표성을 가질 것인가**

국가의 고위 정책 결정 과정에 참여해 시민을 대표하거나 공익을 대변하는 시민 단체 위원에 대해서는 여러 가지 질문이 제기될 수 있다. 그들은 어떻게 추천되며, 그 대표성의 정당성은 어떻게 확보하는가? 국가에너지위원회의 시민 단체 위원 5명 중 4명은 에너지 시민 연대라는 연대 기구를 통해서 추천되었으며, 1명은 대표적 환경 단체인 환경운동연합에 의해서 추천되었다. (이헌석, 2008) 에너지 이슈를 다루는 것을 천명하면서 전국의 수많은 단체가 참여하고 있는 연대 기구와 한국의 대표적 환경 단체로 인정받고 있는 환경운동연합이 추천한 인사라는 점에서 대표성을 충분히 인정받을 만하다고 평가할 수 있다. 그러나 국가 에너지 기본 계획 수립에 관련된 구체적인 과정을 살펴보면, 대표성은 자명한 것이 아니었으며 간혹 위태롭기까지 했다.

애초에 국가에너지위원회에 시민 단체 위원을 추천할 당시에 누가 추천 권한을 가지고 있는지가 자명하지 않았다. 또한 누구를 추천할 것인지도 관련된 시민 단체 내부에서 쉽게 합의가 이루어진 것은 아니었다. 예를 들어 에너지 시민 연대가 시민 단체 위원 5명을 모두 추천하지 못하고 환경운동연합이 1명을 추천하게 된 것은 에너지 시민 연대가 모든 위원을 추천할 권한에 대한 정당성을 충분히 가지지 못했다는 것을 의미한다. 이것은 환경운동연합이 에너지 시민 연대에 참여하다가 운영에 대한 이견 등으로 탈퇴하면서, 에너지 분야 시민 단체를 대표할 정당성을 분점했기 때문이다. 또한 이런 정당성의 분점에 대한 승인은 국가에너지위원회를 구성해야 할 산업자원부가 어느 단체에 추천 권한을 부여하느냐[22]와 직접적으로 관련되어 있다는 점에서 정당성에 취약성을 안고 있었다.

2006년 7월경에 에너지 시민 연대와 환경운동연합은 에너지 분야의 관련 단체와 함께 회의를 가지고 시민 단체 위원을 공동 추천하는 문제에 대해서 논의했다.[23] 이것은 앞서 언급한 정당성에 대한 취약성을 보완할 수 있는 조치로 평가될 수 있다. 그렇지만 회의 결과는 "공동 추천이 불가능"했다는 점을 확인했을 뿐이다. 물론 이것이 환경 시민 단체 사이의 갈등으로 발전하지는 않았지만, 국가 에너지 기본 계획안에 대한 환경 시민 단체의 공동 행동을 만들어 내는 것이 수월하지 않을 것이라는 점을 예고하는 것이다. 예를 들어 2007년 7월에 기존의 국가 에너지 시민 포럼이 '에너지 시민 회의'로 전환하는 문제를 논의하는 속에서 에너지 시민 연대와 위상이 중복될 가능성 등으로 인해 부정적인 의견이 제시되었던 점(에너지 시민 회의(준), 2008c)[24]을 주목할 필요가 있다. 이것은 누가 에너지 분야의 시민 운동 대표성을 가질 것인가와 관련된 기존 질서 변화와 연결되어 있는 민감한 문제였던 것이다.

한편 국가에너지위원회에 참가하고 있는 시민 단체 위원의 위상에 대해서 논란이 잠재되어 있었다. 한 회의에서 시민 환경 단체 대표 1명은 "선출된 사람과 선출한 사람의 차이가 늘 있지만 본위원들이 민간 단체들이 원하는 만큼 썩 잘한 것 같지는 않다."라며 비판했는데, 주목할 것은 시민 단체 위원들이 '선출'된 것이라고 인식한다는 점이다. 그러나 "민간 위원들이 마치 대변인 또는 파견 대사 정도로 생각한다면 갑갑하고 무리한 것"이라는 반박이 나왔다. 또한 시민 단체 위원 1명은 "시민 사회에서 준 안이 참고 자료이지 그것을 그대로 전달하는 위원이 되고 싶지는 않았다."라고 솔직한 입장을 밝히기도 했다. (에너지 시민 회의(준), 2008c) 이와 같은 시민 단체 위원의 위상에 대한 합의가 부재한 상태에서 국가에너지위원회의 시민 참여는 계속 이어지고 있었다.

3. 기술 혁신 과정의 시민 참여: 시민 발전소 사례

시민들은 과학 기술 관련 정책에 단순히 의견만 투입하는 시민 참여 활동에 머물지 않는다. 오픈 소스 소프트웨어 개발과 같이 사용자 참여를 통한 혁신 활동 분석은 시민들이 연구 개발 기획 단계 논의에 참여하는 것을 넘어서 집행·평가 단계에도 참여할 수 있음을 보여 주고 있다. (송위진, 2006, 148) 더 나아가 시민들은 바람직한 기술을 사회에 도입해 확산하도록 하는 적극적인 '행동'에 참여하기도 한다. 아래에서 다루는 '시민 발전소' 사례는 기후 변화, 석유 고갈, 방사능 위험과 같은 환경 문제를 야기하는 화석 연료, 원자력 발전 기술에 대한 대안으로서 유력하게 제시되고 있는 재생 에너지 기술(특히, 태양광 발전 기술)의 도입과 확산을 위한 시민 참여를 보여 주고 있다.

1) 시민 발전소 개념과 시작

시민 발전소는 "시민들의 출자로 태양광 발전기를 설치하고 전기를 팔아 운영하는 발전소"라고 정의된다. (이유진, 2008) 시민 발전소의 목적은 시민들이 자발적으로 재생 에너지 생산에 참여하기 위한 것이다. 기술적 요소로서는 설치·운영·관리가 비교적 용이한 태양광 발전 기술[25]을 이용하며, 특히 한국전력의 계통망(전력 공급선)에 연결해 전기를 판매한다는 점에서 자가(自家)사용 목적으로 설치하는 것과 구별된다. 조직적·재정적 요소로서 시민 발전소 설치에 필요한 자금을 다수 출자자로부터 조성한다. 이는 시민 발전소 운동에 다수 시민을 참여시키기 위한 방안이면서 태양광 발전기 설치에 필요한 자금 확보를 원활하게 하기 위한 방안이기도 하다. (박승옥, 방문 인터뷰)[26] 그러나 시민 발전소가 확산되면서 다수 시민들뿐 아니라 기업이나 단체 등이 출자·후원하거나 금융 기관 융자 등으로 자금을 모으는 다양한 방식의 시민 발전소도 등장하고 있다. 제도적 요소를 보면 정부가 2002년에 마련한 '발전 차액 지원 제도'가 중요한데, 이는 정부가 재생 에너지로 생산한 전력을 높은 가격에 매입해주는 것으로 시민 발전소의 경제성을 확보하는 기반이 된다.[27]

시민 발전소 개념은 에너지 전환이라는 시민 단체에 의해서 도입되고 발전되었는데, 이 개념의 원형은 독일 사례에서 가져온 것이다. 에너지 전환의 이필렬 대표 등은 2002년 6월 독일 징엔 시에서 시민 발전소 운동을 펼치는 졸라 콤플렉스(Solar Complex)(환경운동연합, 2002)라는 회사를 방문했고, 이곳에서 관찰한 '시민 발전소' 개념을 재생 에너지 사용을 확대하기 위한 방안으로 도입하게 되었다. 이러한 목표를 실현하기 위한 방안의 하나로 에너지 전환은 시민 발전소를 추진해 2003년 5월 시민 태양 발전소 1호(3.06KW용량)를 준공한다. 그러나 여기서 생산된 전기를 실제로 판매하는 데는 제도적 장벽과 제도 미비의 문제[28]가 있었다. 이를 해결하는 데 2년이 걸려 2005년 4월에 처음으로 전기를 판매할 수 있었다.

2) 시민 발전소의 다양한 실험과 성장

제도적 장벽과 미비점이 해결되면서 시민 발전소는 조금씩 확산되기 시작했다. 우선 2005년 10월 부안 지역에서 3기의 태양광 시민 발전소가 건설되었다. 총 7200만 원이 들어간 건설 비용은 부안 군민들의 출자로 마련되었으며 일부 정부 보조금과 환경 단체 모금액이 보태졌다. 지역 주민과 환경 단체는 "시민 발전소 3기를 출범시킴으로써 2003년부터 2년간의 핵 폐기장 반대 운동의 성과를 주민 자치와 에너지 대안 운동으로 승화"시켰다고 자평했다. (부안 시민 발전소·환경운동연합, 2005)

한편 2006년도에는 지금까지의 시민 발전소와는 구별되는 대규모 시민 발전소가 등장했다. 그해 3월 한국 YMCA 전국 연맹은 순천 지역에 200KW급 대형 태양광 시민 발전소를 설치·운영하면서 전기를 판매하기 시작한 것이다. 그동안 3KW급 시민 발전소가 시도된 것에 비했을 때, 이 정도 규모의 대형 시민 발전소 설립은 획기적인 것이라 평가할 수 있다. (김태호, 2006) 한국 YMCA 전국 연맹은 대형 태양광 발전소 건설에 필요한 20억 원의 자금 조달을 위해 은행 융자까지 받았다. 그리고 한국 YMCA 전국 연맹은 발전소 설립 이후에도 계속 시민 출자자를 모은다는 계획을 제시하고 있다.

또한 2006년 이후 시민 발전소가 지역적으로도 확산되었다. 부천·

파주·안성·변산·괴산의 시민 발전소가 에너지 전환과 시민 발전의 직간접적인 연관 하에 설립되었으며[29] 울산, 부산, 대구는 지역의 환경·시민 단체가 중심이 되어 시민 발전소를 설립하거나 추진하고 있다.[30] 이러한 과정에서 시민 발전소 운동을 전국적으로 확대하기 위해서 전국 시민 운동가 대회에서 워크숍이 진행되기도 했다.[31] 한편 시민 단체가 아니라 지역 주민 차원에서 시민 발전소가 추진되기도 했다. 최근(2008년 7월) 천안에서 한 아파트 옥상에 입주자 대표 회의가 중심이 되어 태양광 발전 시설을 설치하고 발전 차액 제도를 이용해 발전 사업을 추진하는 사례가 등장한 것이다.[32] 한편 에너지 나눔과 평화라는 시민 단체는 시민 발전소 모델에 에너지 복지와 제3세계 지원의 문제 의식을 접목해 수익금 일부를 활용해 지역의 에너지 빈곤층과 제3세계 빈곤 국가에 재생 에너지를 지원하는 사업을 전개하고 있다. 에너지 나눔과 평화가 2007년에 설립한 1호 발전소는 200여 명의 시민과 토지공사, 포철 기술 연구소 등이 참여해 설립 자금을 마련했다. (에너지 나눔과 평화, 2007, 2008)[33] (전국의 시민 발전소 현황에 대해서는 부록 참고)

3) 부산 지역의 사례: 부산 시민 햇빛 발전

서울에서 만들어진 시민 발전소 개념은 지역적으로 확산되면서 그 지역의 조건과 환경에 맞게 변이를 일으켰다. 에너지 시민 단체가 중심이 되어 시민 발전소 운동을 추진한다는 점에서는 동일하지만, 여기에 참여하는 행위자는 일반 시민 이외에도, 지역 정부·산하 기관·기업 등으로 확대되고 있다. 이는 시험적인 규모의 시민 발전소가 아니라 현실적으로 유의미한 규모의 시민 발전소가 될 필요가 있다는 판단에 따른 것으로 보인다. 이를 잘 보여 주는 것으로 부산 지역 사례를 보다 자세히 살펴본다.

(1) 부산 시민 햇빛 발전의 시작

부산 지역에서도 시민 발전소 운동이 활발히 이루어지고 있다. 그 중심에는 부산 환경운동연합과 부산 에너지 시민 연대와 같은 부산 지역 환경·시민 단체의 주도하에 2007년 5월 결성된 '부산 시민 햇빛 발전'이 있다.[34] 부산 시민 햇빛 발전에는 지역의 경제인·정치인·언론인·학계·시민 단체 인사 등이 폭넓게 참여하고 있다. 추진 위원회는 '시민에 의한 재생 에너지 사업 발굴과 보급 확대'를 통해 '생태적으로 지속 가능한 재생 에너지 자립 도시'를 만들 것을 천명했으며, 주요 사업으로는 시민 햇빛 발전 사업 발굴과 추진, 조직 구성, 기금 모금, 홍보와 교육 사업 등을 제시했다. (부산 시민 햇빛 발전 추진 위원회, 2007b)

부산 시민 햇빛 발전이 설립된 것은 반여 농수산물 시장 지붕에 태양광 발전 시설 설치를 추진하게 된 것이 계기가 되었다. 2006년 초 반여 관리소장은 농수산물 시장의 넓은 지붕을 수리할 필요성이 제기되자 그 기회에 태양광 발전 시설을 설치하자고 부산 환경운동연합에 제안했다. 부산 환경운동연합은 이 제안을 수용해 사업을 추진하는 과정에서 시민 발전을 전문으로 추진하는 기구를 만들 필요성을 느꼈고, 특히 총 3MW로 계획된 대규모 발전 시설에 필요한 자금 투자자를 모으기 위해서 공신력을 갖춘 단체가 필요하다고 판단했다. 이를 위해 부산 지역의 여러 환경·시민 단체가 참여하고 있는 부산 에너지 시민 연대를 포함해 지역의 여러 분야 인사가 참여하는 부산 시민 햇빛 발전을 출범시킨 것이다. (옥성애, 방문 인터뷰)

(2) 부산 시민 햇빛 발전의 시민 햇빛 발전소 설립 활동

부산 시민 햇빛 발전의 활동으로 첫 번째 결실을 본 것은 민주 공원 내에

설치되어 2008년 1월부터 상업용 발전을 시작한 5KW급 민주 공원 시민 햇빛 발전이다. 이것은 부산 환경운동연합 등이 2006년도 말에 민주 공원을 관리하는 ㈔부산민주항쟁기념사업회에 햇빛 발전소 설립을 제안해 시작된 사업이었다. 부산 시민 햇빛 발전은 태양광 발전기 설치에 필요한 5500여 만 원은 재생 에너지 기업·한국전력·부산시의 후원을 받아 마련했다. (부산 시민 햇빛 발전, 2008) 여기에 참여한 재생 에너지 기업인 유니슨㈜과 '시민 지주의 에너지·환경 공익 기업'을 표방하는 에너지나투라㈜는 부산 시민 햇빛 발전의 다른 사업과도 긴밀히 협력하고 있다.

한편 부산 시민 햇빛 발전 결성의 계기가 되었을 뿐만 아니라 가장 야심차게 추진하고 있는 사업이 반여 시민 햇빛 발전 사업이었다. 이것은 해운대구 반여동에 소재한 농수산물 도매 시장의 옥상에 최대 3MW 규모의 태양광 발전 시설을 설치하는 사업으로, 1단계 사업(100kw급 태양광 발전 시설 설치) 진행에 필요한 투자자 모집에 들어갈 예정이었다. 그러나 초기에는 제도적 장벽과 지자체 협조 미비의 문제점에 부딪혀 있었다. 반여 농산물 시장은 그린벨트 지역에 위치해 있기 때문에 발전 시설을 설치하는 것이 까다롭게 규제되고 있었던 것이다. 게다가 농산물 시장을 관리하는 부산시 농수산물국은 재생 에너지에 대한 이해 부족으로 사업 진행에 난색을 표시했고, 또 반여 사업소 내부에서도 반대 의견이 나왔던 것이다. 반대로 재생 에너지 문제를 이해하고 있던 부산 시청 도시 계획과는 200KW급 이하의 발전 설비는 그린벨트 규제에서 제외된다는 행정적 해석을 먼저 마련해 제공하면서 이 사업을 측면에서 지원하기도 했다. (옥성애, 방문 인터뷰)

이런 상황에서 2006년 7월 부산 환경운동연합과 부산 시민 햇빛 발전은 부산시와 정책 협의회를 개최해 협조를 얻어낼 수 있었다. 부산시와 협의한 결과, 부산 시민 햇빛 발전은 우선 1MW급 발전 사업을 먼저 추진하기로 하고, 1단계로 그린벨트 규제를 받지 않는 규모인 200kW 발전기 설치를 추진하기로 했다. 여기에 발전 차액 지원 제도 규정에 따른 유리한 지원을 얻기 위해 100KW급을 우선 추진한다는 결정이 내려졌다. 부산 시민 햇빛 발전은 2007년 7월 사업 추진과 발전소 운영을 위해서 '반여 시민 햇빛 발전(주)' 법인 설립을 추진하면서, 시민/단체, 반여 시장 관계자, 친환경 우호 기업을 대상으로 주주를 모아 10억 여 원의 자본금을 마련할 계획을 수립했다. 한편 반여 시민 햇빛 발전의 공공성을 확보하기 위해서 한 투자자가 일정 비율 이상의 지분을 가질 수 없도록 한다는 원칙도 세워 놓았다. (부산 시민 햇빛 발전 추진 위원회, 2007c; 부산 시민 햇빛 발전, 2008a)

그런데 2008년 7월 부산 시민 햇빛 발전은 사업 대상 부지를 반여 농산물 도매 시장의 옥상에서 부산 환경 공단 수영 사업소 옥상으로 변경했다. 사업 진행 과정에서 반여 농산물 시장의 신임 관리소장이 사업 추진에 부정적인 태도를 취했고, 이와 함께 그동안 드러나지 않았던 시장 상인들의 반대 의견이 나타났기 때문이다. 2008년에 사업 시행을 계획하던 부산 시민 햇빛 발전은 반여 시장 지붕에 시민 발전소를 설치하는 것은 장기 과제로 돌리고, 이 사업을 이해하고 지원할 수 있는 부산 환경 관리 공단의 협력을 구하게 되었다. (옥성애, 전화 인터뷰) 그 결과 부산 환경 공단은 수영 사업소 옥상을 무상으로 제공해 주기로 했다. 이에 따라 '반여 시민 햇빛 발전(주)'의 법인명도 '수영 시민 햇빛 발전(주)'로 변경했다. 2008년 8월부터 총공모액 7억 원, 공모 주식 수 14만 주(액면가 5000원)를 목표로 1차 시민주 공모에 들어갔고[35] 2차 공모를 통해서 사업에 필요한 자본금을 모은 후, 12월에 태양광 발전 시설을 완공할 예정이다. (부산 시민 햇빛 발전, 2008b)[36]

4) 시민 발전소 시민 참여의 평가와 분석

시민 발전소는 시민 사회가 주도적으로 참여해 재생 에너지 기술을 도입·확산하기 위해 이루어 낸 혁신이라고 평가할 수 있다. 그런데 시민 발전소는 완전히 새로운 것이라기보다는 기존에 이미 사회에 존재하던 기술적, 제도적, 조직/재정적 요소들을 재생 에너지 운동 단체가 적절히 결합함으로써 등장하게 된 것이다. 시민 발전소의 중심적 기술기반이 되는 태양광 발전 기술은 선진국 대비 상당한 수준에 도달해 있으며(산업자원부, 2006),[37] 관련 산업의 경우에도 태양 전지 생산 분야를 제외하고 모듈 등의 생산과 시스템 설치 분야는 일정하게 발전한 상태이다.(진부 정치 연구수, 2007) 이런 기술적 요소와 함께 2002년에 도입된 발전 차액 제도는 중요한 제도적 기반이 되었다. 그러나 기술적 요소와 제도적 요소를 결합하고, 여기에 "시민들이 직접 전기를 생산"하자는 목적의식과 함께 다수의 시민을 출자자로 참여시켜 설치 자금을 모으는 방식과 같은 조직적·재정적 요소를 도입함으로써 시민 발전소라는 일종의 '사회적 혁신'을 이루어 낸 것이다.

2003년과 2005년에 시민 발전소가 물리적·제도적으로 '발명'된 이후, 아직 초기 상황이기는 하지만 다양한 방식으로 발전하고 있다. 시민 단체가 주도하며 시민들의 참여를 중요시하기는 하지만 '발전소'로서 실질적 의미를 확보하기 위한 여러 실험이 진행 중이다. 그 실험에는 소규모 발전에서 대규모 발전으로 규모를 확대하기 위한 것에서, 설치 자금을 확보하는 방식을 다수의 개인 출자자, 은행 대출·융자, 관련 기업이나 지자체로부터 출자/기부 받는 방식으로 확대하는 것까지 포함된다. 또한 개별적 시민 발전소 설치를 기획하고 지원하기 위한 조직으로서 몇 가지 형태의 기업((유)시민 발전, (주)에너지나투라)도 등장하고 있다. 한편 부산 시민 햇빛 발전의 경우에는 지역의 시민 사회가 주도해 지자체·기업 등을 포함해 지역 사회의 여러 역량을 동원해 재생 에너지(태양광)와 관련된 다양한 이해 관계자 네트워크를 구성해 확장해 나가고 있다.

4. 마치며: 사례의 시민 참여 현황 평가

앞서 살펴본 에너지 기술 분야의 두 가지 시민 참여 사례의 성과와 한계를 각각 간략히 평가하는 것으로 글의 결론을 대신하고자 한다. 앞에서 다룬 두 시민 참여 사례를 평가하기 위해 (1) 시민 참여의 대표성, (2) 시민 참여의 단계, (3) 숙의성 등 참여 과정의 충실성, (4) 정책 형성의 영향력, (5) 시민 참여 전체 과정의 투명성 등의 다섯 가지 평가 기준을 사용했다. 이러한 평가 기준 설정은, "과학 기술 시민 참여의 설계와 절차가 민주적이고 공정해야 하며 동시에 정책 형성 과정에 영향을 미칠 수 있어야 한다."라는 원칙을 근거로 했다.

1) 고위 정책 형성 과정의 시민 참여 평가: 국가에너지위원회 사례

(1) 누가 참여했는가

환경 시민 단체의 대표 혹은 추천 전문가가 국가에너지위원회와 산하 전문 위원회 및 TF에 상당수 참여했다. 그러나 일반 시민이 참여할 수 있는 시민 참여 모델은 진행되지 못했다. 정부와 환경 시민 단체가 여론 조사와 합의 회의 모델을 도입해 활용하려는 계획을 한때 제시했지만, 결국 실현되지 않았다.

(2) 어떤 단계에서 참여했는가

국가 에너지 기본 계획 수립 초기부터 참여했다. 사실 환경 시민 단체들은 종합적인 국가 에너지 기본 계획을 수립할 필요성을 제기하면서, 국가 에너지 기본법 제정과 국가에너지위원회 설치를 주장했다. 이런 점에서 환경 시민 단체들은 의제 선정에 직접적으로 참여했다 할 것이다. (오히려 이와 같은 시민 사회 주도성 때문에 초기에 정부가 국가에너지위원회 활동 등에 소극적이라는 비판을 받기도 했다.) 또한 국가에너지위원회 1차 안건으로 국가 에너지 기본 계획 수립 계획을 다루면서, 수립 과정에 초기부터 참여할 기회를 가질 수 있었다.

(3) 참여 과정에서 숙의성 등의 원칙이 충분히 반영되었는가

정부가 환경 시민 단체들과 협의하고 일반 국민의 여론을 수렴하기 위한 노력을 강화한 측면이 발견된다. 하지만 환경 시민 단체들은 진전된 시민 참여 과정을 거치고서도, 최종적으로 정부의 공론화 절차가 정부의 결정을 정당화하기 위한 들러리 절차에 불과했다고 비판했다. 유가(油價) 예측치가 적절한 것인지, 원자력 비중의 확대가 타당한 것인지 등의 몇 가지 쟁점에 대해서 합의가 부재한 속에서, 정해진 시간에 맞춰 의견 수렴 일정을 마무리하려는 정부의 태도에 대해 환경 시민 단체의 불만과 비판이 두드러졌다.

(4) 시민 참여 결과가 정책에 반영되었는가

환경 시민 단체와 민간 위원은 자신들의 최종적인 의견을 보도자료와 국가에너지위원회 본회의를 통해서 밝혔으나, 결국 이것은 수용되지 않았다. 이에 따라 환경 시민 단체와 민간 위원은 이번 국가 에너지 기본 계획이 원천 '무효'라고 선언하고 있는 상황이다.

(5) 시민 참여 활동의 투명성이 보장되었는가

제도적인 차원에서 국가에너지위원회와 국가 에너지 기본 계획 수립 과
정의 투명성을 보장하는 법조항이 일부 존재하는 것으로 보인다. 예를
들어 국가 에너지 기본법 제18조와 20조는 각각 민간 부문(단체)과 국회
에 필요한 자료를 제공하거나 보고하도록 규정하고 있다. 그러나 실제 이
번 국가 에너지 기본 계획 수립 과정에서 투명성이 폭넓게 보장되었다고
판단하기는 어렵다. 환경 시민 단체 활동가와 전문가가 요청한 일부 자료
가 공개되기는 했지만, 그러한 정보 공개가 초기부터 이루어진 것은 아니
다. 또한 일반 국민을 대상으로 한 폭넓고 개방적인 정보 공개(예를 들어 인터넷
홈페이지를 통한 관련 정보 공개 등)는 거의 이루어지지 못했다.

2) 기술 혁신 과정의 시민 참여: 시민 발전소 사례

(1) 누가 참여했는가

'시민 발전소' 개념을 만들고 적용·확대해 나간 에너지 전환 등의 에너지
시민 단체의 참여가 가장 먼저 눈에 들어온다. 이 단체들은 재생 에너지
를 확대하는 데 일반 시민의 참여를 이끌어 내고 확대하기 위한 기획자
와 조직자로서 역할을 수행했다. 이어서 재생 에너지 운동에 공감하며
'건전한 투자'를 원하는 일반 시민이 시민 발전소에 투자자 혹은 주주로
참여하고 있다. 이외에 재생 에너지 분야 기업, 지방 정부, 은행 등이 투
자자 혹은 융자자로서 시민 발전소 운동에 참여하고 있다. 그런데 여기
에는 재생 에너지 '운동'의 성격을 중요시 하는 운동 단체와 일반 시민의
참여, 재생 에너지 '사업'의 성격에 주목해 규모와 수익성을 중시하는 기
업·금융 기관·지방 정부의 참여가 뒤섞여 있다. 이 두 경향의 참여가 혼
합되어 시너지 효과도 있겠지만 일정한 긴장도 내재되었다고 여겨진다.

　　(2) 어떤 단계에서 참여했는가

에너지 전환과 같은 에너지 시민 단체는 시민 발전소라는 개념을 우리나라에 '도입' 혹은 '발명'했으며, 이의 실현에 필요한 제도적 개선 등을 주도하면서 초기부터 줄곧 중심적 역할을 해 왔다고 평가할 수 있다. 또한 에너지 전환 등의 초기 시민 발전소에 참여한 일반 시민들은 비교적 초기부터 시민 발전소 개념과 운동의 필요성을 이해하면서 '시민 운동적' 차원에서 자금을 투자했다고 평가할 수 있다. 한편 지역적으로 확산된 사례의 하나인 부산 시민 햇빛 발전은 초기부터 주도적 역할을 했다고 평가할 수 있다. 우선 재생 에너지를 도입·확대할 필요성을 적극적으로 주장했을 뿐만 아니라, '시민 발전소' 개념을 도입하면서 일반 시민의 참여를 이끌어냈다. 그런데 부산 지역 시민 발전소 운동에 참여한 시민들은 초기 시민 발전소 참여자들과 다르게, 사업 진행의 중간에 주식 공모 과정에서 '투자자'로서 참여했다는 점에서 차이가 있는 것으로 보인다.

　　(3) 참여 과정에서 숙의성 등의 원칙이 충분히 반영되었는가

시민 발전소 개념을 실현하는 데 필요한 제도적 장벽을 발견하고 해결하는 과정에서 에너지 전환 등은 정부 및 산하 기관들과 충분히 논의하면서 합리적인 결과를 얻어낼 수 있었다. 그러나 최근 들어 정부가 발전 차액 제도의 축소·변경을 추진·결정하면서, 시민 발전소의 운영과 확산이 어려움에 처할 것이라는 반대·비판이 있지만 정부의 결정은 철회되지 않고 있다. 한편 시민 발전소 운동에 참여하는 일반 시민의 숙의성 등의 원칙이 지켜졌는지는 평가하기 쉽지 않다. 다만 초기 시민 발전소는 규모가 작아서 참여하는 시민 투자자의 수도 제한적이어서 숙의성 등의 원칙을 지키기가 비교적 용이하지만, 발전소 규모가 커지면서 투자자가 확대

되는 조건에서는 숙의성 등의 원칙이 지켜지기는 어려울 것으로 보인다.

(4) 시민 참여 결과가 정책에 반영되었는가

시민 발전소 운동의 시민 참여가 정책에 어떻게 반영되었는지는 여러 차원에서 검토해야 한다. 궁극적 목표인 재생 에너지의 확대와 관련해서, 현재까지 시민 발전소 운동 자체가 한국의 재생 에너지 확대에 유의미한 기여를 하고 있다고 평가하기는 어렵다. 그러나 시민 발전소 개념을 도입하고 제도적 장벽을 제거하면서, 한전이 독점적으로 생산하던 전기를 일반 시민도 재생 에너지 발전 설비를 통해서 생산할 수 있는 가능성을 실현했다는 점에서 중요한 (정책)변화를 가져왔다고 할 것이다. 또한 부산 지역 사례를 보면, 지역 정부가 시민 발전소 운동에 필요한 행정적 지원을 제공하고 부지를 무상으로 제공했다는 점도 긍정적으로 주목할 만하다.

장영배

서울 대학교 사회학과를 졸업하고 같은 대학원에서 석사 과정을 수료하였다. 현재 과학기술정책연구원 부연구위원이고, 민주노총 공공운수노조·연맹 공공연구노조 과학기술정책연구원 지부장이며, 공공운수노조·연맹 국제국장을 겸하고 있다. 시민 참여적 과학 기술 정책, 정의로운 전환을 위한 노동 운동과 환경 운동의 연대에 관심이 많다.

한재각

현재 에너지기후정책연구소 부소장. 유네스코 한국 위원회, 참여연대 시민과학센터, 민주노동당 정책위 등에서 활동했다. 국민 대학교에서 환경·과학기술사회학을 전공하고 있다. 관심 분야는 녹색 일자리, 기후 거버넌스, 적록 연대, 정의로운 전환, 과학 기술의 민주화 등이다. 지은 책으로『침묵과 열광』(2006년, 공저),『민주주의 강의 4: 현대적 흐름』(2010년, 공저),『착한 에너지 기행』(2010년, 공저),『세계의 정치와 경제』(2011년, 공저)가 있다.

● **부록 1. 국가 에너지 기본 계획 수립 주요 일정**

2006. 2~2007. 3 에너지 경제 연구원 국가 에너지 기본 계획안 연구 용역 진행

2006. 11 제1차 국가에너지위원회에서 추진 방향 보고

2007. 4 국가 에너지 기본 계획 수요 전망 부문 보고(에너지 정책 전문위)

2007. 5~ 에너지 정책 전문위/갈등 관리 전문위 TF 활동(각 10여 회)

- 정책 전문위 TF: 2030 목표치 및 세부 과제별 구체화 계획

- 갈등 관리 TF: 원자력 적정 비중 논의

2007. 12. 17 에너지 정책 전문위/갈등 관리 전문위 1차 연석 회의

- 공청회(안)검토(수요 전망, 원자력, 효율·신재생·개발 등 핵심 분야)

2008. 6. 4 국가 에너지 기본 계획(안) 제1차 공개 토론회

2008. 6. 26 정책·갈등 관리 연석 전문 위원회 개최(공론화 일정 등)

2008. 7. 10 에너지 수요 전망·수요 관리에 대한 워크숍(공공 기관 참여)

2008. 7. 18 수요 전망 및 에너지 믹스에 대한 워크숍(경제 단체, 연구계 참여)

2008. 7. 28 에너지 수요 전망·수요 관리에 대한 워크숍(시민 단체 참여)

2008. 8. 4 수요 전망 및 에너지 믹스에 대한 워크숍(시민 단체 참여)

2008. 8. 7 국가 에너지 기본 계획(안) 제2차 공개 토론회

2008. 7~8 지속 가능 발전 위원회 및 관계 부처와 협의

2008. 8. 11 정책·갈등 관리 연석 전문 위원회 개최(공청회 상정(안) 확정)

2008. 8. 13 국가 에너지 기본 계획(안) 제2차 공청회

2008. 8. 27 제3차 국가에너지위원회 개최, 국가 에너지 기본 계획 심의·확정

● **부록 2. 에너지 시민 회의(준) 주요 활동**

2008. 6. 23 국가 에너지 기본 계획 시민 단체 토론회

2008. 7. 5 에너지 시민 포럼(준) 사무총장단 회의

- 국가 에너지 기본 계획 수립 계획(지식경제부 워크숍 포함), 에너지 시민 포럼 조직 구성 논의

2008. 7. 16 국가 에너지 기본 계획 시민 단체 1차 내부 워크숍 / 주제: 전력, 에너지 가격 및 조세, 건물 효율, 교통, 산업 구조 개편

2008. 7. 21 에너지 시민 회의(준) 운영 위원회(오전)

- 에너지 시민 회의 전환 논의, 국가 에너지 기본 계획 수립에 대한 대응 논의

2008. 7. 21 국가 에너지 기본 계획 시민 단체 2차 내부 워크숍(오후) / 주제: 재생 에너지

2008. 7. 23 에너지 시민 회의(준) 기자 회견

- '국가 에너지 기본 계획의 문제점과 에너지 시민 회의(준) 제언'

2008. 7. 30 국가에너지위원회 민간 위원과 단체 합의안 마련을 위한 워크숍

- '국가 에너지 기본 계획에 대한 시민 사회 단체 입장 정리' 문서 마련

2008. 8. 6 국가 에너지 기본 계획 워크숍 평가 논평 발표

2008. 8. 8 국가 에너지 기본 계획 2차 공개 토론회 평가 논평 발표

2008. 8. 11 에너지 시민 회의(준) 운영 위원회

- 국가 에너지 기본 계획(안)에 대한 시민·환경 단체 입장 검토·논의(8.12 발표)

2008. 8. 13 국가 에너지 기본 계획 2차 공청회에 대한 시민 단체 성명서(공청회 반대. 보이콧)

- 국가 에너지 기본 계획 2030에 대한 시민 단체 의견

2008. 8. 22 국가 에너지 기본 계획에 대한 시민 사회 단체 입장에 대한 기자 간담회

2008. 8. 25 에너지 시민 회의(준) 회의

- 국가에너지위원회 본회의 대응 및 에너지 시민 회의(준) 이후 활동과 조직 구성 논의

2008. 8. 27 국가 에너지 기본 계획(안) 수정 요청 의견서 발표

2008. 8. 28 국가 에너지 기본 계획 확정에 대한 시민 단체 성명서 발표

이름	위치	발전 용량	준공 년도	전력 판매 시작 시기	출자자/출자액	비고
시민 발전소 1호	서울(부암동)	3.06kW	2003. 5	2005. 4	회원 35명 / 2900만 원	에너지 전환 회원 소유
시민 발전소 2호	안성	3.18kW	2003. 5	2005. 9	–	–
시민 발전소 3호 (창비 시민 발전소)	파주(창비사옥)	3.84kW	2004. 6	–	(주)창비 및 편집 위원, 에너지 전환 회원 / 2780만원	계통망 연계 지연
부안 시민 발전소 1호	부안(마중물)	3kW	2005. 10	2005. 10	부안 군민, 에너지 관리 공단, 환경 운동 연합 등 / 2400만원	부안 시민 발전소
부안 시민 발전소 2호	부안 (원불교 부안 교당)	3kW	2005. 10	2005. 10	부안 군민, 에너지 관리 공단, 환경 운동 연합 등 / 2400만 원	부안 시민 발전소
부안 시민 발전소 3호	부안(성당)	3kW	2005. 10	2005. 10	부안 군민, 에너지 관리 공단, 환경 운동 연합 등 / 2400만 원	부안 시민 발전소
태양광 시민 발전소 햇살1호기	순천	200kW	2006	2006. 3	20억 원 / 국고 보조 5억 원, 은행 융자 / 시민 출자자 공모 예정	한국 YMCA 전국 연맹
부천 환경 교육 센터 시민 발전소 5호	부천	3kW	2006. 1	2006. 3	2400만 원	부천 환경 교육 센터 소유?
변산 공동체 햇빛 발전소	변산	3kW	2006. 2	2006. 3	2400만 원	변산 공동체
요안 원불교 시민 발전소 4호	서울 화곡동	3kW	2005. 10	2006. 6	2400만 원	요안 원불교당 소유
에너지 전환 회원 발전소 1호	괴산 (흙살림 연수원)	8.91kW	2006. 8	2006. 9	회원 41명 / 6500만 원	에너지 전환 회원 소유
일조각 파워하우스	서울	3.36kW	2007. 2	2007. 3	2400만 원	일조각
울산 시민 햇빛 발전소	울산	5kW	–	2007. 12	울산 환경 운동 연합 회원 등 / 4000만 원	울산 환경 운동 연합
민주 공원 시민 햇빛 발전소	부산	5.28kW	2008. 1	2008. 1	유니슨(주), 한국전력공사, 부산광역시, 에너지나투라(주) / 5500만 원	부산 시민 햇빛 발전

*추진 중인 시민 발전소

이름	위치	발전 용량	준공 년도	전력 판매 시작 시기	출자자/출자액	비고
대구 시민 햇빛 발전소	대구	30kW	2008. 9 예정	–	대구 시민 / 2억 5000만 원	대구 시민 햇빛 시민 발전소 운동 본부
에너지 전환 회원 발전소 2호	서울	9kW	–	–	6500만 원 예정	에너지 전환
수영 시민 햇빛 발전	부산	99.45kW	2008. 11	2008. 12	부산 시민 및 기업체 / 7억 1100만 원	부산 시민 햇빛 발전
제1호 사랑의 나눔 발전소	무안	150kW	2007. 10	–	시민·기업 출자 및 기부 / 11억 원 (부지 무안 군청 무상 임대)	에너지나눔과평화, 무안 군청
제2호 사랑의 나눔 발전소	남원	1,000kW	2008. 6		프로젝트 파이낸싱 / 71억 원 (부지비 제외)	에너지나눔과평화, 에스에너지

8

책으로 돌아보는
과학 기술의 이면

시민과학센터가 척박한 이 땅에 뿌리내린 지 10년이 넘었다. 우리 땅의 과학 기술 지평은 좀 달라졌을까. 뿌리가 그리 깊거나 넓게 퍼지지 않았어도 나름대로 최선을 다했기 때문인지, 달라지긴 달라졌다. 과학기술부 산하 한국과학기술기획평가원(KISTEP)에서 시민과학센터 측에 시민 참여 프로그램 역할을 맡아 달라는 부탁을 하기에 이르렀으니. 하지만 과학 기술에 대한 우리 사회는 어떤가. 황우석 사태 때 극명하게 보여 준 과학 기술의 맹신 분위기는 약화되었던가. 그리 확신하기 어렵다. '과학기술민주화를위한모임'에서 시민과학센터로, 여건이 어려운 가운데 나름 다해 온 역할이 무색하게 과학 기술에 대한 우리 사회 의식은 완고하기만 하다. 과학 기술을 모르는 언론과 정책 결정자가 인문 사회를 모르는 과학 기술의 언어에 솔깃해하며 올린 수많은 애드벌룬 속에 여전히 어리둥절한 시민은 수동적이다.

과학 기술은 그들의 영역. 불편부당한 그들에게 맡기고 그저 우리는 과학 기술이 베푸는 과실을 먹으면 된다는 사고는 황우석 사태에서 한계를 분명히 드러냈다. 하지만 이미 거대해질 만큼 거대하진 과학 기술은 자신의 한계를 인정하고 그 대안을 찾고 있지 않다. 시민과학센터에서 10년 이상 제시해 온 시민 참여를 고려하기는커녕 오히려 제 한계를 관성으로 돌파하려는 기색이 농후하다. 과학 기술에 대한 장밋빛 청사진을 뚜렷한 근거 없이 부풀리는 언론 보도의 행태나 정부의 지원 발표를 눈여겨볼 때 여전히 그렇다. 현대 과학 기술이 안고 있는 한계를 시민들이 인식하지 않는다면 앞으로 제2, 제3의 황우석 사태는 반복될 가능성이 크다. 정부와 언론에 민감할 수밖에 없는 KISTEP의 의뢰는 사실상 시늉에 그칠 공산이 크다. 그렇다고 과학 기술 민주화를 위한 운동을 멈출 수 없는 노릇이다.

시민과학센터가 10여 년 전 척박한 땅에 깃발을 들 무렵, 출판 영역에서 차지하는 비중이 비록 미미하더라도 과학 기술을 전공하지 않은 시민들도 쉽게 읽을 만한 책이 보이기 시작했다. 생명 공학에 대한 시민과학센터의 문제 제기가 본격화될 즈음 늘어나더니, 요즘은 드물지 않다. 김영환 장관 시절 과학기술부에서 잠시 전개했던 이른바 "북스타트 운동"은 과학 기술의 긍정적 측면을 일방적으로 가르치려 했다면, 황우석 사태 이후 부정적인 측면을 들추어내기도 했다. 그렇더라도 대부분은 과학 기술 자체의 이해를 도모하고 그 청사진을 홍보하려는 책이다. 과학 기술을 공부하려는 청소년에게 권고하기에 적당하다고 믿는 학부모나 교사가 많기 때문일지 모른다. 물론 과학 기술에 대해 문제를 제기하는 책이 없는 건 아니다. 독자가 많지 않더라도 내용이 충실한 책이다. 시민들이 과학 기술에 대한 미혹에 더는 오도되지 않기 위해서 그런 책은 많이 소개될 필요가 있다.

시민과학센터의 일원으로서 과학 기술에 문제를 제기하는 책 몇 권을 소개하고자 한다. 새는 좌우의 날개로 날듯, 과학 기술도 비판의 날개가 튼튼할 때 시민 편에 설 것이 분명하게 때문이다. 먼저 과학 기술의 민주화를 논의하는 책을 소개한다. 그 책들은 시민과학센터에서 썼다. 기만 행위는 과학 기술의 예외적 현상이 아니라 특성이기 때문이라는 책에 이어 이제까지 과학 기술이 저지른 광우병과 미나마타 병의 전말과 고통을 살펴보고, 브레이크 없는 과학 기술에 대한 인문학의 역할을 요구하는 과학지의 제언을 책으로 들어본다. 마지막으로 인간의 얼굴을 한 과학 기술을 염원하는 책을 소개하고자 한다. 아래 내용은 2007년 《출판저널》에 기고한 글에서 발췌한 것이다.

1. 과학 기술에도 민주주의가 필요하다[1,2]

생명 안전 및 윤리에 관한 법률이 제대로 제정되었다면 황우석 사태가 발생되었을까. 지난 2001년 5월 22일, 과학기술부장관 '생명윤리자문위원회'는 현 '생명 윤리 및 안전에 관한 법률'의 근간이 되어야 할 '생명 윤리 기본법 골격안'을 발표했다. 각각 5명의 생명 공학자와 의사를 비롯해 인문 사회학자 5명, 종교계 3명, 필자를 포함하는 시민 단체 2명으로 구성된 위원회는 정부 입김을 배제한 가운데 의안과 의사일정을 결정했고, 회의록으로 공개했듯 7개월 동안 거의 일주일 간격으로 격론을 벌였다. 생명 윤리를 견인할 법 초안을 구상하기 위해 모두 진지했다.

대립하고 양보하고 타협하면서 어렵게 골격안은 합의되었고, 위원들은 민주적으로 합의된 만큼 골격안은 흔들리지 않을 것으로 믿었다. 그런데 골격안이 발표되자마자 황우석 전 서울 대학교 수의과 대학 교수 앞으로 쪼르르 뛰어간 기자들은 취지를 왜곡하는 데 앞장섰고, 생명 공학계의 노골적인 성화로 골격안은 휴지 조각이 되고 말았다. 이후 윤리·종교·여성계와 시민 단체에서 빗발치는 논란에 귀를 닫은 정부와 국회는 윤리가 실종된 법을 제정, 2005년 1월부터 가동하게 된 것인데, 황우석 전 교수를 위해 제정했다는 비난에서 자유롭지 못한 그 법은 황우석 사태 이후 개정되었으나 골격 안의 정신을 담아내지 못한다. 애초의 골격안을 따랐다면 법을 1년 만에 개정하거나 국제 망신을 초래할 이유도 없었을 것이다.

1986년 4월 26일, 우크라이나의 새벽을 찢은 체르노빌 핵 발전소 폭발은 시민들의 참여가 봉쇄된 과학 기술일수록 위험 사회를 촉발하고 규모가 거대할수록 위험이 크다는 사실을 새롭게 각인시켰다. 울리히 벡은 『위험 사회』에서 "사회적 합리성 없는 과학적 합리성은 공허하며, 과학적 합리성 없는 사회적 합리성은 맹목적"이라고 칸트의 명제를 빌어 주장한다. 과학 기술을 모르는 관료들이 입안한 과학 정책은 무모하고, 윤리 없는 과학 기술은 위험하다는 것이다.

과학은 기술과 만나면서 호기심의 영역을 벗어났고, 기술은 과학의 지휘를 받으면서 손재주의 영역을 타파했다. 따로 소박했던 과학과 기술이 만난 것인데, '과학 기술'은 대단히 복잡할 뿐 아니라 전문화되었다. 전문가가 아니라면 도무지 접근할 수 없다. 이론과 용어가 배타적인 까닭이다. 과학 기술은 점점 거대해진다. 그만큼 막대한 연구비를 필요로 하고 연구비는 자본과 국가가 제공한다. 따라서 과학 기술은 기업과 국가에 봉사한다. 복잡하고 거대한 과학 기술에서 개개의 연구자는 자신의 연구가 최후 어떤 결과를 빚을지 짐작하기 어렵다. 생명 공학이나 핵무기에 관계하는 과학 기술이 그렇다. 정보 통신과 관련하는 과학 기술도 마찬가지다.

"다 국가와 민족을 위하는 거야! 부가가치가 1조 달러가 넘는다고! 자네의 손에 기업이, 국가 운명이 달려 있네! 불치병 난치병을 치료하자는 게 아닌가! 식량과 인구 문제를 속 시원하게 해결해 줄 걸세! 희귀 동물 복제로 생태계를 풍요롭게 하고 환경과 에너지 문제도 자네 손에 달렸어!" 거룩한 미소로 다가와 거액의 연구비를 쥐어 주는 자본과 국가는 그들이 짜놓은 맥락 속의 부품에 지나지 않는 과학 기술자에게 선지자의 구호를 암송시킨다. 과학 기술을 모르는 기자들이 거든다. 그런 과정에 노출된 시민은 과학 기술자가 그린 장밋빛 미래상에 각인되었는데, 현대 과학 기술은 위험하지 않을까.

시민과학센터는 한때 '과학기술민주화를위한모임'이었다. 그들은 과학 기술 정책도 민주적으로 결정되어야 한다고 주장한다. 시민과학센터는 자신들의 주장을 모아 1999년 『진보의 패러독스』와 2002년 『과학 기술·환경·시민 참여』를 발간했다. 현대 과학 기술의 정책 결정을 시민에게 맡기라는 주장은 너무 무모할까. 과학 기술이 베푸는 이익은 공급자에게 편중되지만 위험은 소비자에게 고스란히 집중되는데, 소비자인 시민은 과학 기술의 정책 결정 과정에 소외되어야 마땅할까. 시민이 참여해야 한다는 주장은 지나치게 급진적일까. 아니다. 절차가 다소 복잡하기는 해도 과학 기술의 민주화가 성공한 사례가 많다. 민주주의가 숙성한 나라에서 앞장섰다.

전기를 생산 판매하는 기업에게 장기 전력 수급 계획의 입안을 맡기면 발전소는 넘치고 전기 효율화는 요원해진다. 우리가 독일, 영국, 프랑스보다 1인당 전기 소비량이 많은 이유가 거기에 있다. 댐과 아파트의 건설 여부를 소비자가 결정한다면 지금의 상황과 사뭇 다를 것이다. 과학 기술도 마찬가지다. 시민들이 충분히 이해할 수 있는 용어로 과학 기술을 전달하고, 과학 기술을 충분히 이해한 시민의 의사에 따라 과학 기술의 정책을 결정해야 한다. 그래야 소비자는 과학 기술에 의한 피해를 덜 보고 위험 사회는 그만큼 멀어진다. 방법은 '심의 민주주의'다.『과학 기술·환경·시민 참여』는 심의 민주주의의 구체적인 방법과 사례를 소상하게 전한다.『진보의 패러독스』는 과학 기술 민주화에 내한 대중의 이해를 도모하고 민주화가 필요한 과학 기술 분야의 실태를 들여다본다. 또한 우리나라에서 과학 기술 민주화를 위한 첫 실험을 하며 느꼈던 소회도 시민 단체의 눈으로 독자에게 전한다.

1998년과 1999년, 시민과학센터 회원이 적극적으로 참여하는 가운데 유네스코 한국 위원회는 '유전자 조작 식품'과 '생명 복제'를 어떻게 받아들일 것인가를 시민들에게 물었다. 과학 기술 민주화를 위한 심의 민주주의 방법 중의 하나인 '합의 회의'를 최초로 실험해 본 것이다. 2004년에는 핵 발전 위주의 전력 사업이 과연 타당한지 시민에게 묻는 합의 회의를 시민과학센터에서 진행했다. 하지만 안타깝게도 합의 회의에 참여한 시민들이 숙의해 도출한 결론은 정책 결정자들이 반영하지 않았다. 우리의 과학 기술 정책 결정자들은 아직 민주화를 준비하지 않는다. 그래서 핵 발전소는 계속 늘어나고 제2, 제3의 황우석이 차례를 기다린다.

과학 기술에 관여하는 자에 의해 유포된 과학 기술 신화에 어려서부터 매몰된 시민들에게 참여 민주주의로 자본과 국가 권력에 쉽게 현

혹되는 낡은 패러다임을 혁신하자고 주장하는 『진보의 패러독스』와 『과학 기술·환경·시민 참여』는 소비자인 독자에게 자신감을 심어 줄 것이다. 숱한 환경 갈등을 해결할 실마리를 보고 제2의 황우석 사태를 막을 방법을 찾을 것이다. 두 권을 시민 과학자로 성장하고 싶은 학도에게 일독을 권한다. 마지막 책장을 덮을 때, 힘을 갖춘 과학 기술 민주화 운동가로 성숙한 자신을 발견하게 될 테니까.

2. 기만 행위는 과학 기술의 특성이다[3]

에피소드 하나. 최근 어떤 생명 공학자는 황사 현상을 막는 데 한국이 나서야 한다고 틈만 나면 주장한다. 사막에 잘 견디는 목초와 작물을 유전자 조작으로 개발하겠다는 포부를 밝히는 그 생명 공학자는 동아시아의 황사를 막는 것은 물론, 개발에 소외되었던 주민들의 소득 증대에도 기여할 수 있을 것으로 예측하면서 자신의 포부에 비해 연구비가 너무 적어 문제라고 거품을 문다. 연구비를 충분히 쥐어 주면 그의 연구는 성공할 수 있을까. 성공 여부는 둘째 치고, 38억 년 분리되었던 생물종의 유전자가 뒤섞이면 생태계에 안전할지 누구도 장담할 수 없는데, 황사 막는 식물에서 생태계로 빠져나올 조작된 유전자는 과연 안전할까. 중국의 무수한 공장 굴뚝의 오염 물질과 핵 발전소의 방사성 물질을 포함하는 황사는 조작된 유전자까지 우리 상공에 뿌려 줄지 모른다.

에피소드 둘. 사람의 난소암을 갖고 태어나는 생쥐를 우리 연구진이 개발했다. 이른바 '질병 모델 동물'이다. 그 생쥐가 있으면 사람의 난소

암은 발본색원될까. 연구진의 주장을 담은 언론은 그렇게 침소봉대했다. 이 자리에서 동물의 희생을 애도하지는 말자. 세상에 있는 수많은 종류의 질병 모델 동물이 대신하는 사람의 질병은 자취를 감추고 있을까. 자신의 의지와 관계없이 천형을 받고 태어난 생쥐는 마리 당 수백만 원에 달할 것으로 추산했다. 실험 동물로 얻은 결과를 사람에 적용할 수 없다는 주장은 논외로 하고, 그 생쥐는 난소암 치료 전에 특허권자에 거대한 이익을 넘길 것이 분명하다. "황금 암을 낳는 생쥐"인 셈이다.

에피소드 셋. 환상에 젖은 사람들이 광화문 일대를 가끔 떠들썩하게 만드는 것과 관계없이 이제 공허해졌지만, 황우석 전 서울 대학교 수의과 대학 교수는 '맞춤형 줄기 세포'를 개발했다고 만천하에 알렸다. 불치병과 난치병 환자들에게 치료해 주겠다는 거룩한 약속을 남발했으며 국가 부가가치를 드높이고 국위를 선양할 것으로 열변을 토했다. 한데 참담하게도, 날조에 의한 사기극임이 밝혀졌다. 황우석 전 교수의 장단에 춤추던 언론이 말을 잊을 때, 대한민국의 과학에 열광하던 98퍼센트의 시민들은 허망해하지 않을 수 없었다. 그래도 생명 공학은 당시의 열광을 잊지 않았다. 성찰 없이 연구비부터 거듭 늘렸으니 제2, 제3의 황우석은 꼬리를 물 것이다.

과학사회학의 시조로 추앙되는 로버트 머튼은 1940년도 초, 과학자 사회의 규범을 네 가지 들었다. '보편주의'와 '공유주의'와 '불편부당성' 그리고 '조직된 회의주의'가 그것이다. 대부분의 과학 기술자들이 지금도 금과옥조로 여기는 머튼의 규범처럼, 연구의 타당성은 지위 경륜 성별 인종 들에 관계없이 평가되고, 연구 결과는 사적으로 소유되지 않으며, 연구 평가가 이해 관계에 침해되지 않는 진리에 의존할까. 모든 연구는 회의적 태도로 검토하면서 향후의 연구를 뒷받침하고 있을까. 그렇다면 황사를 막을 연구의 연구비가 적다고 언론 앞에서 푸념하기에 앞서 생태적으로 위험하지 않은지 먼저 검토했어야 옳다. 황금 알을 낳는 생쥐보다 난소암의 원인을 먼저 연구하고 황우석의 사기극은 발생하지 않았을 것이다.

"기만 행위가 과학의 고유한 특성이라는 사실을 인정할 때만이 과학과 과학자의 진정한 본성을 이해할 수 있다."라고 마무리하는 책 한 권이 최근 번역 출간되었다. 1982년 과학 기자와 과학 전문 저술가로 활약하던 윌리엄 브로드와 니콜라스 웨이드가 쓰고 서구 과학계와 시민 사회에 큰 반향을 일으켰던 책 『진실을 배반한 과학자들』이 저작권을 얻어 요긴한 시절에 소개된 것인데, 저자들은 축적된 경험을 토대로 과학은 오류를 스스로 수정하거나 배척하지 못한다고 단정한다. 과학에서 사기극은 질이 나쁜 과학자에 의해 어쩌다 발생하는 예외적인 사건이 아니라고 수많은 사례로 증언한다. 『진실을 배반한 과학자들』은 쉽다. 어려서부터 과학과 과학자를 맹신해 온 98퍼센트의 시민들도 충격 속에 수긍하지 않을 수 없을 것이다.

과학은 실제 어떻게 작동하는가. 저자들이 책을 낸 목적이다. 논리적으로 엄격하게 재연되며 검증되던가. 오류는 신속하게 수정되며 가차 없이 추방되던가. 반박하기 어려운 사례를 제시하며 저자들은 단호하게 아니라고 강조한다. 실험실 동료에 의해 밝혀지는 연구의 사기극은 머튼의 정언명령을 시종일관 비웃지 않던가. 연구비를 쥐어 주는 자본이나 국가 권력에 대한 충성, 공명심이나 승진이나 자리 보전을 위한 연구 압력이 거센 요즘에 국한하지 않는다. 갈릴레오, 멘델, 뉴턴도 진실을 배반한 과학자 대열에서 예외가 아니었다고 저자들은 밝힌다. 출세를 위해 표절과 날조가 자행되는데 그치지 않는 원인은 과학 사회의 구조에서 찾아야 한다. 연구자와 연구자, 연구자와 심사자 사이의 경력과 명성과 사회적 배경의 불균형은 연구자를 유혹한다는 것이다. 과학자 사이에 횡행하는 오만과 편견은 검증을 원천봉쇄하는 까닭이다.

경험적으로 입증하므로 과학 지식은 뛰어나다는 논리 실증주의자의 주장에 대해 저자들은 과학사 학자인 토머스 쿤의 탁월한 분석을 근거로 직관과 상상력과 역사, 그리고 감수성과 같은 심리적 요소가 과학의 주요 동인이라는 점을 명백히 한다. 40년이 지나서 대륙 이동설이 인정되고, 출산 검사 전에 의사의 손을 소독해야 한다는 아주 당연한 사실을 의사들이 나중에 받아들인 이유는 과학과 거리가 멀다. 감정이었다. 멀지 않은 과거, 백인 남성 과학자들은 왜곡된 지능지수를 근거로 성별과 인종을 차별하는 데 주저하지 않았다. 학습 장애자를 도와주려 지능지수라는 도구를 개발한 심리학자의 우려가 현실화된 것이다. 어디 지능지수뿐인가. 수치를 주술처럼 떠받드는 과학은 객관성을 가장한 과학자가 온갖 수사를 동원하며 안간힘을 써 온 역사라는 걸 저자들은 밝힌다.

그렇다면 대안은 인문학이다. 과학에 인문학적 상상력이 반드시 부과되어야 한다. 체르노빌 핵 발전소가 폭발한 후, 유럽을 중심으로 '위험 사회론'이 확산되었다. 인문학적 상상력이 결여된 과학은 위험하다는 것이다. 물론 과학적 상상력이 없는 인문도 문제다. 과학의 방향을 제어하지 못한다. 『진실을 배반한 과학자들』은 과학에 맹목인 인문과 인문을 백안시하는 과학, 모두에 균형을 요구한다. 거기에 생태학적 상상력이 더해지기를 바라지만.

저자들은 황우석 사태를 극복하게 이끈 한국의 젊은 과학도의 양식과 능력을 높이 사는데, 황우석 사태 1주년을 맞아 이제 정직하자는 책을 쓴 국내 과학계 원로들이 『진실을 배반한 과학자들』의 상당 부분을 표절했다는 소식이 들렸다. 참으로 어처구니없는 현실이다. 표절하지 말자는 책마저 표절하지 않았던가.『진실을 배반한 과학자들』에서 지적된 문제가 고스란히 노정되는 이 땅에서, 황우석 사태가 재현되지 않아야 한다는 데 동의한다면,『진실을 배반한 과학자들』은 과학을 맹신하는 우리 사회의 필독서로 활용되어야 한다.

3. 과학 기술이 촉발한 광우병[4,5]

한 의사는 최근 24년 사이 미국에서 알츠하이머 병으로 사망한 환자가 8900퍼센트 증가했다고 증언한다. 그는 8년 동안 광우병을 연구해서 『얼굴 없는 공포, 광우병』을 2004년에 발표한 콤 켈러허다. 알츠하이머 병은 치매를 말한다. 미국인 평균 수명은 24년 동안 늘었을 것이므로 수명만큼 늘어나는 치매도 늘었을 것이다. 그렇다고 치매가 90배나 늘어날 리 없다. 켈러허는 치매가 사람 광우병을 가렸다고 주장한다. 치매가 늘어나는 동안 미국은 소에게 죽은 소를 가공한 육골분 사료를 먹였다.

치매와 광우병은 증상으로 구별하기 어렵다. 사망자의 뇌를 부검해야 확인할 수 있지만 65세 이상의 노인이라면 의사는 부검하지 않을 것이다. 1997년 『죽음의 향연』을 쓴 리처드 로즈는 불길한 사실을 증언한다. 사람에게 오는 광우병, 다시 말해 변형 크로이츠펠트야코프 병은 수술 과정에서 전파될 수 있다는 건데, 그렇다면 의사는 치매 사망자를 부검하고 싶지 않을 것이다. 그렇다면 우리나라에 사람 광우병 사망자가 없다는 보건 당국의 주장은 전혀 위안이 되지 못한다.

지금까지 연구된 정황을 분석할 때 학자들은 프리온이라 명명된 단백질이 변형되어 변형 크로이츠펠트야코프 병이 전파되는 것으로 본다. 높은 온도와 압력에도 죽지 않는 변성 프리온은 극미량에 노출돼도 감염자는 예외 없이 사망한다. 뼈와 뇌와 눈이 특히 위험하지만 살코기와 혈액도 예외가 아니다. 나이에 관계없이 치매로 죽게 만든다. 처참하게 죽어 가는 환자는 별 느낌이 없을 수 있다. 하지만 얼마 전까지 건강했던 그를 기억하는 식구의 고통은 말로 다 못한다.

『죽음의 향연』과 『얼굴 없는 공포, 광우병』은 흥미진진하다. 전개되는 긴박감으로 책에서 눈을 뗄 수 없다. 빼어난 글 솜씨에 부러움이 생긴다. 실명을 사용하며 역사와 문화적 맥락을 추적하는데, 가슴이 떨린다. 주제가 중복되니 등장인물이 같지만 두 책은 서로 보완한다. 경각심을 부각하는 무게가 비슷하게 무겁다. 소름끼친다. 순서대로 읽지 않아도 관계없지만, 두 권을 다 읽은 독자는 미국산 쇠고기는 먹고 싶지 않을 것이다.

이미 많은 이들이 알고 있듯, 광우병은 동종을 지속적으로 먹을 때 나타난다. 소의 광우병은 양의 스크래피와 비슷하다. 모두 동종의 사체를 사료로 먹었다. 밍크도 마찬가지다. 그런 질병에 걸린 고기를 먹은 사람에게 변형 크로이츠펠트야코프 병이 온다. 증세는 기본적으로 같다. 운동 균형이 무너지면서 지능이 급격히 저하되다 죽는다. 잠복기도 모두 길어 감염 직후에는 증세가 없다. 우리나라가 수입하는 30개월 미만 미국 소는 안전할까. 20개월 미만을 수입하는 일본은 모든 소를 검사하는데, 우리는 0.04퍼센트에 만족한다. 게다가 조사는 수출업자에게 맡긴다.

리처드 로즈는 뉴기니 동부 고지대에서 발생한 '쿠루'라는 질병을 조명한다. 남성 중심 사회에 대한 여성의 반란. 으슥한 밤에 무덤에서 죽은 자를 꺼내 먹는 의식이 아이를 동반한 여성들에 의해 은밀하게 전개되었다. 시체를 사이좋게 나누어먹은 여성과 아이에게 쿠루가 발생했지만 마을 남성들은 남성인 주술사에 문제가 있기 때문이라고 여겼다. 여성들이 치매로 죽어 성비가 무너지자 쿠루에 대한 책임이 있다고 지목된 주술사는 무자비하게 살해되었다. 콩팥을 터뜨리고, 성기를 짓뭉개고, 대퇴골을 때려 부수고, 목을 잘라 기관을 뜯어내는 미개함. 나중에 노벨상을 받은 의사의 노력으로 뉴기니에서 쿠루는 사라졌다. 과학은 주술 사회를 몰아낸 것일까.

남보다 빨리 많은 돈을 벌어들이려는 축산 과학은 생명 공학이 만든 성장 호르몬과 유전자 조작 농작물 사료와 항생제를 사료에 넣었다. 움직임을 없앤 축사에 밀집 사육하는 가축에 주는 첨단 사료만이 문제의 전부는 아니다. 어린 송아지에 도살된 소가 흘린 피를 우유처럼 먹이고, 뼈와 내장을 갈아 만든 육골분을 일찍부터 먹였다. 그랬더니 소는 쑥쑥 자라고, 어린 소를 얼른 판 자본은 많은 이윤을 챙길 수 있었다. 양도, 밍크도 마찬가지였다. 가축들은 어린 나이에 미쳐 죽었다.

미쳐 죽은 가축을 먹은 사람도 미쳐서 죽자 과학 축산은 반성했을까. 미국은 소의 육골분은 돼지나 닭에게 주고, 닭과 돼지의 육골분은 소에게 주는 과정에서 뒤섞이기도 한다. 이른바 '교차 오염'이다. 그렇다면 닭이나 돼지고기는 안전할까. 로즈와 켈러허는 당연히 위험하다며 사례를 들어 경고한다. 수술할 때 쓰는 실은 도살한 돼지 힘줄에서 추출해 가공한다. 곱게 간 육골분은 고급 퇴비가 되어 장미에 뿌려진다. 세상에 안전한 게 없다고 지적한다. 이런 추세로 2020년이 되면 치매는 두 배로 늘어날 것으로 켈러허는 추정한다. 쿠루를 몰아낸 과학 기술은 시간이 갈수록 최첨단으로 치장하지만, 생산력을 부추기는 최근의 과학 기술은 새로운 주술이 아닐까.

광우병 있는 쇠고기를 먹은 젊은이가 변형 크로이츠펠트야코프 병으로 죽고, 변형 크로이츠펠트야코프 병에 걸린 사망자의 각막으로 끔찍한 질병이 이식되는 이때, 국제 수역 사무국(OIE)은 미국을 광우병 '위험 통제국'으로 발표했다. 미국은 우리에게 뼈 있는 쇠고기의 수입을 즉각 요구했고, 우리는 화답했다. LA갈비는 현지에서 값이 치솟았다. 미국은 광우병을 완벽히 제어하는 국가일까. 서울 대학교 수의과 대학의 면역학자에 따르면 이렇다. "광우병 실태 파악과 확산을 막기 위한 예찰 프로그램을 국가에서 시행하고 있다면 OIE는 대부분 2등급으로 분류한다." 예찰 프로그램만으로 교차 오염을 막지 못하는 미국산 쇠고기의 실상을 무시할 수 없는 만큼 광우병에 대한 경각심을 유지해야 한다고 주문한다. 하지만 미국산 쇠고기 시식회장에 소비자의 발길이 넘친다.

『죽음의 향연』과 『얼굴 없는 공포, 광우병』의 저자들은 현재 미국 당국의 대처는 위험한 내일을 예고한다고 동의한다. 영국산 쇠고기는 안전하다며 텔레비전에 나와 본질을 호도했던 영국 정부는 사실 위험성을 직감하고 있었다. 하지만 사육업자의 이익을 고려해 위험성을 밝히던 연구자를 억압하며 사실을 은폐했다. 현재 미국이 그렇다고 저자들은 주장한다. 우리는 어떤가. 영국에서 변형 크로이츠펠트야코프 병으로 환자들이 죽어나갈 때, 우리나라 당국자는 끓여 먹으면 안전하다고 주장했다. 살코기는 물론 뼈까지 미국에서 수입하려는 우리 당국은 어떤 내일을 안내하려 하는가.

자연스럽지 않은 사육과 농경과 식습관을 유도하는 과학 기술은 부메랑이 되었다. 싸다고 더 먹으면 위험도 증폭한다. 대안은 자연스러움의 회복이다. 두 책은 언급하지 않지만, 유기적으로 사육한 고기를 조금만 먹거나 안 먹으면 걱정은 줄어든다. 한미 FTA에 의한 파고도 어느 정도 극복한다.

4. 미나마타 만에서 벌어진 과학 기술[6]

일본의 지명 '미나마타'라는 이제 보통 명사가 되었다. 그것도 세계적으로. 지명이 아닌 '이타이이타이'도 비슷하다. 이타이는 일본어로 '아프다'는 뜻이다. 미나마타와 이타이이타이. 일본에서 기원한 중금속 중독의 대명사다. 굳이 설명하자면, 이타이이타이 병은 카드뮴, 미나마타 병은 유기수은 중독이다.

아연 제련 공장의 폐수가 강을 오염시켜 발생한 이타이이타이 병과 질소 비료 공장의 폐수가 바다를 오염시켜 발생한 미나마타 병. 강에서 물고기를 잡아먹은 주민은 이타이이타이 병을, 바다에서 물고기를 잡아먹은 주민은 미나마타 병을 끌어안았는데, 원인을 초기에 찾아내기 어려웠고 원인이 드러나자 원인 제공자가 발뺌했으며 문제가 불거지자 원인을 제거하기보다 돈으로 무마하려 했다는 점이 한결같았다. 고압적인 자본이 순박한 주민을 대하는 방식의 전형이다.

『슬픈 미나마타』는 미나마타 병에 대한 르포다. 초판이 발행된 지 벌써 50년 가까워 일본에서 이젠 고전에 속한다. 『슬픈 미나마타』로 일약 세계적 작가의 반열에 오른 이시무레 미치코는 좁은 방에서『슬픈 미나마타』를 쓰면서 한쪽 눈의 시력을 잃고 말았다. 그만큼 치열했다. 그래서 사람들은『슬픈 미나마타』를 진혼 문학으로 평한다. 그런『슬픈 미나마타』가 이제야 우리말로 옮겨졌다. 우리에게 뒤늦게 선보인 까닭은 무엇일까. 출판을 미루어야 할 무슨 곡절이 있으리라 생각한다.

질환이 나타난 지 6년인 1959년. 숱한 주민이 죽어나간 뒤 환자를 만난 원인 제공자 신일본질소는 이시무레 미치코가 '하늘을 우러러 부끄러워해야 할 한 장의 고전적 계약서'로 규정한 '생명의 계약서'를 들이댔다. 나중에 물가 상승에 따른 조정이 있었지만, 해마다 아이에게 3만 엔, 어른에게 10만 엔을 주고, 사망자는 30만 엔, 장례비는 2만 엔으로 마무리하자고 계약서는 다그쳤다. 병이 다시 나타나도 추가 보상을 요구하지 않겠다는 조건까지 붙이고. 대학원생이었던 우이 준 도쿄 대학교 교수를 비롯해 구마모토 의과 대학의 교수들과 시민 단체, 그리고 주민들의 눈물겨운 노력으로 신일본질소의 사과와 법적 보상을 받아냈지만, 자본은 순박한 어민의 무지를 이용해 돈 몇 푼에 생명을 사려 했다.

미나마타 만 사람들은 이시무레 미치코를 새댁이라며 호의적으로 대했다. 눈이 먼 16살 큐헤이는 혼자 야구를 연습한다. 구부정하고 엉거주춤한 자세로 왼손으로 올린 돌을 막대기로 휘두르는 치는 일을 5년째 되풀이한다. 엉뚱한 방향으로 올라간 돌멩이는 막대기를 휘두를 때면 벌써 땅에 떨어졌다. 깡마른 큐헤이는 누나가 있었다. 사츠키. 여장부였던 그의 누나는 어부였다. 배 위에서 벌이는 춤사위와 노래가 기막혔던 사츠키는 생선 먹고 죽어 가는 고양이처럼 격리병동 침대에서 버둥거리다 죽었다. 사츠키와 동갑인 이시무레 미치코는 자신의 아들과 나이와 비슷한 큐헤이를 모성의 눈으로 바라본다.

어중이떠중이와 달리 선발된 군인으로 러일 전쟁에 다녀왔다는 자부심으로 살아가던 센스케 노인은 100세까지 너끈할 것으로 믿었다. 시계처럼 12시에 밥 지어 먹고 4시 반 소주에 사러 나갔던 팔순 노인이 돌도 없는 데서 허망하게 고꾸라진다. 저녁마다 안주삼아 먹은 생선 때문이었다. 술 취해 무협 소설을 읽던 노인은 책을 손에서 놓더니 젊은 의사가 "워, 싱, 턴!" 하는 소리도 제대로 따라하지 못하며 죽고 말았다.

손발이 저리다 물건을 쥐지 못하고, 걷지 못하고, 걸으려다 고꾸라지고, 말하려면 늘어지다 눈도 귀도 혀도 마비되고, 남정네 두 사람도 진정시킬 수 없는 경련을 일으키다 밥도 뒤도 스스로 할 수 없게 되고, 급기야 척추가 활처럼 휘어 죽는 미나마타 병. 처음에는 감염성 질환이라 믿었지만 나중에 생선 때문임이 알려지자 미나마타 만의 생선은 어디 내놔도 팔리지 않았다. 신일본 질소는 폐수가 근본 원인이라는 연구진의 움직일 수 없는 결과를 무시했고.

죽은 자는 오히려 나았다. 등이 굽은 채 살아남은 자는 증상이 덜한 식구의 평생 부담으로 남았다. 늦은 나이에 홀아비 어부와 재혼한 유키. 격렬한 안면 경련 중간에 의식이 돌아오면 뒤틀리는 입과 눈으로 이시무레 미치코와 이야기를 나눈다. 억척스럽던 어부 유키는 말 수 적은 남편 앞에서 알절부절 애가 탄다. 금방 숭어 철이고, 보리를 갈고 거름도 내야 할 텐데 남편에게 달거리 뒤처리까지 맡겨야 하다니. 병원을 떠나지 못한 유키는 나중에 이혼당했다. 9세 모쿠타로는 제 동생보다 체구만 작은 게 아니라 지능도 떨어진다. 막대기처럼 깡마른 모쿠타로는 몸을 데굴데굴 굴려 할아버지와 이시무레 미치코의 품에 안기지만 영혼은 깊다. 아비도 미나마타 병이고 어미는 달아났다. 언제 돌아갈지 모르는 할아버지에 의지하는 모쿠타로. 나무로 깎은 부처님 같던 그는 50년이 지난 지금 어떤 모습일까.

미나마타 병은 가난한 어부의 집에서 대물림되었다. 생선을 먹지 않은 아기에게 나타난 것이다. 40년이 지나서야 모두 환자로 인정되었지만 그들의 고통은 끝나지 않았다. 공장의 박해와 무시 속에 죽음으로 떠밀려 가던 환자들은 회사의 잘난 사람에게 분노의 말을 토했다. 줄줄이 유기수은을 마시라고. 태아성 미나마타 병 환자가 나타날 때까지 그들의 부인들도 마셔야 한다고. 책 뒷부분에서 이시무레 미치코는 폭로한다. 1968년 신일본질소는 유기수은 폐수 100톤을 한국에 수출하려다 노동 조합에 들켜 저지당했다고. 그 폐수 누가 수입하려 했을까.

일본인은 현재 환경 오염에 민감하다. 자본이 아니다. 시민의 각성 때문이다. 원진 레이온과 고엽제 환자에 미온적인 우리는 어떤가. 온산 괴질은 여천으로 이어지건만 인과 관계 규명은커녕 보상도 제대로 이루어지지 않는다. 주민의 고통을 외면하는 고도 산업화는 내일을 위해 꼭 필요한가.『슬픈 미나마타』는 사실을 건조하게 전하지 않는다. 절제된 언어로 독자의 감성을 자극한다. 미나마타 병의 원인과 결과, 법정 투쟁에 이은 보상의 전말을 파악하려면 그 과정에 참여한 구마모토 의과 대학 하라다 마사즈미 교수의『끝나지 않은 아픔 미나마타 병』(한울, 2006)을 참조하면 좋겠다.

이시무레 미치코는『슬픈 미나마타』를 막 펼친 독자에게 전한다. "진보하는 과학 문명이란, 보다 복잡한 합법적인 야만 세계로 역행하는 폭력의 지배를 말하는 것이 분명했다. 동양의 덕성, 그 체질 속에 숨겨져 있는 전제주의와 서구 근대가 기술의 역사 속에 관철시켜온 합리주의가 가장 황폐하게 결합해 일본 근대 화학 산업이 발전했고, 이 열도의 골수까지 파고든 종양 덩어리의 전모를 미나마타 병 사건은 보여 주고 있다." 라고. 우리가 새겨야 할 말이다.

5. 인문학에 대한 과학자의 제언[7]

이른바 황우석 사태가 소용돌이치기 직전인 2005년, 어떤 유명 시인은 "사람은 이래야 한다고 들어온 미덕들, 겸손, 사랑, 천진성, 공정성, 소박함 같은 것들이 황우석이라는 사람에게 수렴되어 2005년 한국 땅에서 육화(肉化)되어 나타났다는 느낌에 휩싸이지 않을 수 없었다."라며 윤리 운운하는 사람들을 향해 "난치병으로 고생하는 사람들을 위해 실제로 무슨 일을 했느냐"라고 호통을 쳤다.

그는 인문학을 대표한다. 한데 그 인문학은 근본을 들여다보지 못했다. '윤리 운운하는 사람들'의 목소리를 전혀 듣지 않았다. 아니, 들으려하지 않았다. 황우석 전 교수의 발언과 겉모습에 스스로 빠져들었을 뿐이다. 한데 이상타. 꽤 많은 시인은 황우석 전 교수의 태도에서 불온한 기운을 직감하던데, 적지 않은 인문학자는 뚜렷한 근거 없이 자신만만해 하는 황우석 전 교수의 모습에 의아해 하던데, 왜 그 시인은 장삼이사처럼 열광했을까.

치료에 대한 호언은 돌팔이 의사일수록 심한 건 많은 사례가 증명한다. 한 생명의 치료를 위해 훨씬 더 많은 생명이 위태로워져야 한다면 우리는 그런 치료를 윤리적이라고 해석하지 않는다. 조금만 깊게 들여다보았다면 황우석 전 교수가 장담한 줄기 세포 치료가 가난한 자와 후손의 생명을 위태롭게 할 것이라는 점을 어렵지 않게 짐작할 수 있다. 치료가 보편화된다면 인간 생명에 대한 존엄성이 얼마나 처참해질지 그 시인은 왜 미처 생각하지 못했을까.

울리히 벡은 "사회적 합리성 없는 과학적 합리성은 공허하며, 과학적 합리성 없는 사회적 합리성은 맹목적"이라고 주장한다. 맞다. 고등학교 2학년부터 나누어지는 이공계와 인문계는 일찌감치 의사소통을 단절한다. 연구비가 많아야 능력이 인정되는 대학 풍토에서 과학자는 자신의 연구가 생태계와 사회에 미칠 영향을 근본적으로 살피기 어렵다. 그래서 허풍을 앞세운다. 인문학자도 마찬가지다. 과학의 허풍을 파악하지 못해 황우석 신드롬에 쉽게 빠져들었다. 참다못해 이 땅의 과학 논객 9명이 인문학에 한마디씩 했다. 자신 안에 갇혀 있는 『새로운 인문주의자는 경계를 넘어라』라고.

이제까지 인문학이 과학에 쓴 소리를 던진 예는 더러 있었지만 이번엔 몹시 드문 일이 벌어졌다. 과학이 인문학에 싫은 말을 건넨 것이다. 『새로운 인문주의자는 경계를 넘어라』는 인문학을 향해 과학과 의사소통하라고 당부한다. 열역학 법칙을 모르는 걸 당연하게 생각하는 인문학자, 그런 인문학과 만나는 걸 시간 낭비라 믿는 과학자들은 할 말이 있어도 꾹 참아 온 게 실상인데, 이번 논객들은 달랐다. 본질을 헤아려야 할 인문학자들이 논란 중인 과학의 문제점을 헤아리기는커녕 덮어놓고 감격하기에 참을 수 없었던 거다.

『새로운 인문주의자는 경계를 넘어라』의 저자들은 과학의 인문학적 가치를 높게 인식한다. 책머리에 지적하듯, "과학 기술 자체는 가치 중립적이며, 누가 어떤 목적으로 쓰느냐에 따라 선악이 결정된다."라는 논리의 뒤에 숨어서 가능한 한 가치 판단을 회피하는 대개의 과학자와 다르다. 화학을 전공한 과학사 학자, 물리학을 전공한 과학 철학자, 전자 공학을 전공한 과학 문화 평론가, 의사학(醫史學)을 전공한 의학자, 대중을 위한 과학 교육을 주장하는 물리학자, 재료 공학을 전공한 기술 사회학자, 생물학을 전공한 환경 운동가, 그리고 디지털을 전공한 사회학자와 물리학자는 과학과 소통하는 인문학을 주문한다. 사회적 성찰 없는 과학을 통제할 역할이 인문학에 있기 때문이다.

저자들의 말을 들어 보자. 논란이 끊이지 않는 황우석 전 교수의 연구를 놓고 한국 최고 인문학자들이 벌인 토론회는 수준 이하였다. "인문적 시각의 날카로운 비판이 감성에 호소하는 자연 과학을 단번에 찔러 들어가" 균형 잡히길 기대했던 한 저자는 감격에 겨워 찬사를 바치는 인문학자의 모습에서 한계를 절감한다. 도구적 이성에 사로잡힌 자연 과학을 성찰적 이성으로 인도하기에 역부족이라는 것이다. "생명을 살리기 위해 생명을 파괴해도 좋은가?"라는 명제를 놓고 머리 싸맬 연구가 얼마나 많은데 '인문학 위기'리니. '인문학 위기'에 지조히며 지원금을 바라는 자세에 실망한다. 인간이 어떻게 살아야하는지 조언해야 하는 학문이 인문학이거늘, 인문학이 현재 인간의 삶을 구속하는 과학을 모른다면 어찌 제 역할을 다 할 수 있겠는가 되묻는다.

한 저자는 1996년 미국에서 벌어진 '과학 전쟁'을 소개하며 의미를 짚는다. 인문학자들이 과학에 대해 이러쿵저러쿵 하는 것에 분통이 터진 수리 물리학자가 인문학자는 과학을 모른다며 조롱한 사건이 벌어진 것이다. 과학을 논하는 인문학자들을 옹호하는 엉터리 논문을 난삽한 논리로 써서 인문학 학술 잡지에 기고했던 과학자가 다른 학술 잡지에 자신의 논문은 엉터리였다며 폭로한 사례였다. 과학 용어도 모르는 주제에 과학을 논한다며 인문학자를 조롱한 과학자와, 과학자의 비열한 속임수에 분노한 인문학자의 목소리를 전하는 그는 인문 사회와 이공계의 뿌리 깊은 반목과 몰이해를 분석하며 화해의 가능성을 모색해 본다.

'두 문화'로 대표되는 과학과 인문학은 어떻게 만날 수 있을까. 두 문화가 만나면서 탄생한 '제3의 문화'를 한 저자는 제시한다. 인지 과학이나 복잡성 과학이다. 과학과 인문학이 만나야 해결할 수 있는 분야라는 거다. 지금은 종잡을 수 없이 복잡한 디지털 시대다. 디지털 시대에 지식을 어떻게 해석해야 할까. 선택과 혼합과 무한 복제가 자유자재인 세계에서 지식을 분석하는 저자의 글은 새로운 환경에 부딪힌 인문학의 위기와 대안을 생각하게 한다.

생명 복제 연구에 얽힌 숱한 논쟁에서 우리는 인문학적 성찰을 충분히 거쳤을까. 생명 공학과 의료계는 물론 인문계와 종교계와 시민 단체가 같은 수로 참여한 위원회에서 양보와 타협으로 어렵사리 합의안을 마련했는데, 그 위원회를 주도한 정부가 합의안을 부정하고 말았다. 그래도 저자는 생명 과학과 생명 윤리가 논의했다는 점을 높이 산다. 이를 계기로 앞으로 달라질 것이므로. 세계관은 물론 윤리마저 지배하려는 과학, 그런 과학에 맞설 수 있는 인문학을 기대하는 저자의 글, 그리고 과학 기술의 양면성과 그에 대한 인간 사회의 대응을 고려하는 학제 간 노력을 긍정적으로 평가하며 기대하는 저자의 글이 이어서 소개된다.

참된 지식인은 지배 계층에 충성하는 엘리트는 아니어야 한다. '책머리에'의 저자 주장처럼, 한 사람의 시민으로서 사회 문제 해결에 기여하기 위해 실천의식을 되새기는 지식인, 곧 참된 지식인은 과학과 인문학의 경계를 넘은 '새로운 인문주의자'일 것이다.

6. 인간의 얼굴을 한 기술이기를[8]

요즘은 덜하지만 10여 년 전에는 착륙하는 비행기에서 외국인 보기가 부끄러웠다. 비행기 바퀴가 활주로에 닿기만 해도 좌석 사방에서 딸깍 딸깍 안전벨트 푸는 소리가 들렸고 활주로를 벗어나지 않은 비행기는 속도가 여전히 맹렬한데 누가 선반을 열기만 하면 덩달아 일어난 대한민국 승객들로 좁은 복도가 메워졌던 거다. 앉아 달라는 승무원의 거듭된 당부에도 아랑곳하지 않았다. 착륙한 비행기가 속도를 줄이는 도중에 바퀴가 동체 속으로 슬쩍 들어간다면 복도의 승객은 어떻게 될까.

여객기는 아니었지만 실제 그런 일이 있었다. 제2차 세계 대전 와중에 개발해 실전에 투입한 전투기의 바퀴가 착륙해 속도를 줄이던 동체로 빨려 들어가는 사고가 연거푸 발생한 것이다. 바퀴를 들어올리는 장치와 속도 줄이려 날개를 조정하는 장치의 생김새기 똑같았을 뿐 이니라 나란히 배열되어 조종사의 실수를 유발했기 때문이었다. 사태의 심각성을 깨달은 군 당국은 임시로 바퀴를 내리는 장치에 고무를 붙이고 날개를 조정하는 장치에 쐐기를 다는 기지를 발휘했고, 이후 같은 사고는 재발하지 않았다고 "기술 분야의 인류학자"로 일컬어지는 킴 바센티는 『호모파베르의 불행한 진화』에서 이야기한다.

사소한 일로 병원에서 환자가 사망한다면 죽은 자는 얼마나 억울하고 보호자는 얼마나 원통해 할까. 실제로 그런 일이 자주 발생한다고 바센티는 이야기를 잇는다. 높은 책임감과 윤리 의식을 가진 의사도 일에 치이면 피곤하기 마련이다. 정맥 주사와 척추 주사가 겉보기 똑같다면 피곤한 의사는 얼마든지 실수할 수 있다. 질이나 양으로 세계 최고를 자만하는 미국의 병원에서 해마다 5만에서 10만 가까운 환자가 의료 사고로 사망하는데, 이는 대형 점보 여객기가 하루걸러 추락하는 확률에 가깝고, 8번째 사망 원인이라고 한다. 되풀이되는 의료 사고의 원인을 의사의 부주의로 돌릴 수 있을까. 의사의 과로를 유발하는 병원, 쓰임새에 따라 의료기기의 생김새를 달리하지 않은 시스템의 문제는 아닐까.

바센티는 기술의 패러다임을 바꿔야한다고 역설한다. 1986년 4월 26일 새벽을 찢은 체르노빌 핵 발전소의 폭발도 기술의 문제가 아니었다. 기술의 인간적 사회적 측면이 무시되었기 때문이라고 분석한다. 계기판이 복잡해 사고 징후를 사전에 파악하기 어려웠다는 거다. 일상은 어떤가. 공작 기계의 부품을 깎는 선반은 자체로 훌륭하지만 정작 사용하는 사람에게 불편하다. 선반을 안전하고 편리하게 사용하는 사람의 이상적인 키는 127.5센티미터에 어깨 폭 60센티미터, 팔을 편 길이가 240센티미터라야 한다고 바센티는 꼬집는다. 비슷한 사고가 반복되는 비행기의 조종실과 병원의 시스템도 마찬가지라고 지적한다.

사람의 학명은 호모 사피엔스(Homo sapiens) '생각하는 인간'을 의미하는데, 도구를 만들어 사용하는 걸 인간의 본성으로 보고, 호모 바베르(Homo faber)라고 지칭하는 철학자도 있다. 바센티는 기술의 '휴먼 팩터'를 주장한다. 기술의 완벽성만 따지지 않고 사용자의 편의와 사회적 맥락까지 반영하는 '인간의 얼굴을 한 기술', 다시 말해 '휴먼 테크'(Human Tech.)가 되어야 한다고 말하는 바센티의 원서 제목은 『*Human Factor*』다. 출판사는 철학적 의미를 중시해 『호모파베르의 불행한 진화』로 정한 모양이다.

무대를 종횡무진 누비는 헤비메탈 록커의 의견을 주의 깊게 들으며 설계에 반영한 기타는 상업적으로도 성공할 수밖에 없다. 짧은 시간에 어금니 안쪽까지 닦을 수 있는 칫솔은 작은 머리가 비스듬하다. 사용자의 처지에서 만든 결과다. 오줌 궤적을 고려한 남성용 소변기는 깨끗한 바지를 더럽히지 않는다. 어떤 소변기에는 포인트에 파리를 그려 넣었다. '휴먼 테크'다. 부엌에서 사용하는 지퍼락이 닫혔는지 언뜻 확인되지 않는다. 한쪽은 노란색, 다른 쪽은 파란색을 넣었더니 닫힌 부분은 초록색으로 보인다. '휴먼 팩터'다.

협조와 의사 소통을 부족하게 만드는 환경은 대형 사고를 부른다. 여객기와 수술실에서 특히 그렇다. 문제를 제기하려는 부기장의 입을 막는 기장의 권위주의가 돌이킬 수 없는 사고로 연결되곤 했다. 주도권을 둘러싼 마취 전문의와 수술 전문의 사이의 갈등은 환자의 생명을 위태롭게 할 수 있다. 이와 같이 어처구니없는 원인으로 비롯되는 사고를 미연에 막으려면 평소 조종실이나 수술실의 분위기를 인간적으로 바꿔야 한다. 발생했거나 발생할 수 있는 사례를 허심탄회하게 논의하고 실수와 갈등을 획기적으로 줄일 수 있는 방안을 찾아야 한다. 과거의 실수를 걸어 처벌하기보다 전화위복의 계기로 유도해야 한다. 실수를 자임하는 순간 처벌을 감당해야 한다면 제 경험을 고백하겠는가.

"인간 본성에 대한 지식과 물리적 세계에 대한 지식을 개별적으로 보거나 불균형적으로 보는 대신 하나로 화해시키는" 휴먼 테크를 주문하면서 바센티는 기계론적 사고는 남성에서, 휴먼 테크의 사고는 여성에서 압도적으로 표출된다는 점을 굳이 지적한다. 전문가 영역에서 멈추는 차갑고 견고한 기술이 사용자에게 따뜻하고 말랑말랑하게 다가가야 한다는 기술 분야 인류학자의 제언일 것이다. 기계론적 세계에 갇힌 사람은 사람과 기술 사이의 불화를 보지 못한다면서 대학은 기술 교육에 비판적인 시각을 가져야 한다고 주장한다. 우리 시민 단체가 주장하는 '공학 윤리'도 그 좋은 예 중의 하나일 것이다.

얼마 전 서울 대학교는 공학 윤리 과목을 채택하겠다고 발표했다. 과학 기술의 민주화를 위해 행동하는 시민과학센터가 10년 전부터 요구한 사항이 비로소 빛을 발한 것인가. 선택 필수에 불과하더라도 이제 시작이다. 다른 대학교의 움직임도 기대하게 된다. 공학만이 아니다. 의과 대학 학생에게 필수인 의료 윤리처럼 생명 공학 전공 학생들도 생명 윤리를 공부해야 하고 환경 공학 전공 학생들은 환경 윤리를 반드시 이수해야 할 것이다. 경직된 기계론적 사고에서 벗어나 휴먼 팩터를 학생 시절부터 인식해야 하므로.

환경에 부정적인 기술의 문제도 간단히 예시하면서도 기술의 생태학적 측면을 다루지 않아 다소 아쉽지만 다양한 예를 제공하며 기술의 인문학적 의미를 재미있게 이야기하는 『호모파베르의 불행한 진화』는 자칫 기술 만능주의에 빠지기 쉬운 독자들을 깨어나게 한다. 난방이라는 기능에 충실한 석유 난로는 옮길 때 곤란할 때가 많다. 손잡이에 찔리곤 한다. 아직도 낯선 도시에 들어서면 도로 안내판이 헷갈린다. 길을 모르는 이의 처지에서 안내판을 배려하지 않은 게 분명하다. 우리 사회는 아직 휴먼 팩터에 약하다. 그래서 『호모파베르의 불행한 진화』는 읽을 가치가 더욱 충분하다.

4. 시민과학센터의 뿌리가
이 땅에 더 넓고 깊어지기를 바라며

황우석 사태 초기, 긴급 토론회를 주관한 언론은 98퍼센트의 응답자가 황우석 전 교수를 지지한다고 즉석 전화 설문 조사를 발표했지만 사기 행각이 만천하에 드러난 지금은 그 정도는 아닐 것이다. 그래도 아직 확신할 수 없다. 제2, 제3의 황우석이 배양될 토양이 아닌가. 매우 힘겹지만, 독립 운동과 민주화 운동을 미루어보건대 운동의 가치는 힘겨운 토양일수록 빛난다. 과학기술 민주화에 대한 인식이 아직도 척박한 이 땅에 시민과학센터의 뿌리가 더 넓게 퍼지고 깊어진다면 시민들은 과학 기술의 문제를 지금보다 의심하게 될 테고, 관련 책을 읽으며 흥분과 열광에 추동되는 과학 기술의 미혹에 더는 빠지지 않을 것이다. 그러므로 과학 기술의 민주화를 위한 운동을 표명하고 출범한 시민과학센터의 운동은 다시금 중요해진다.

박병상

인천을 떠나지 않는 박병상은 인하 대학교 생물학과를 마치고 같은 대학원에서 석사와 박사를 받은 뒤 환경 운동을 중심으로 하는 인천 도시생태·환경연구소를 열어 연구와 강의, 그리고 여러 매체에 생태주의 측면의 글을 기고하고 있다. 생명 공학의 위험성을 지적하는 『파우스트의 선택』과 『내일을 거세하는 생명공학』을 썼으며 에세이를 모은 『참여로 여는 생태공동체』, 『녹색의 상상력』, 그리고 『우리 동물 이야기』, 『이것은 사라질 생명의 목록이 아니다』 외 다수의 공저를 발표했다.

9

대안 과학의 전략들[1, 2]

1. 스미스 교수가 학생들에게

이번 학기에 우리는 과학의 문화적 모순들을 살펴보았습니다. 해방자로 서의 과학과 억압자로서의 과학이라는 모순된 대중적 이미지, 자율적인 과학 연구와 사회적으로 결정된 과학 연구라는 모순된 시각, 공식적 방 법으로서의 과학 실천과 국지적인 장인적 활동으로서의 과학 실천이라 는 모순된 개념화 등이 이번 학기의 강의 내용이었습니다. 강의를 마무 리지으면서 나는 지금껏 다루지 않았던 대안 과학의 전망에 대해 언급 하고자 합니다. 과학 철학자인 니콜라스 맥스웰(Nicholas Maxwell)은 현존하 는 과학이 그가 "지식의 철학(philosophy of knowledge)"이라고 부른 것을 따르 고 있다고 말한 바 있습니다. 지식은 우리가 도달해야 할 목표이며, 이는 그 지식이 어떻게 사용될 것인지에 대한 판단이 없이도 그러하다는 생각입니다. 바꿔 말해 지식은 그 자체로 선이며, 실로 거의 최우선적인 선이라는 것이지요. 이에 대해 맥스웰(Maxwell, 1984, 1992)은 그가 "지혜의 철학(philosophy of wisdom)"이라고 불렀던 대안을 지지했습니다. 이러한 전망에서 과학은 기아, 불평등, 환경 파괴, 전쟁, 억압 등과 같이 인류가 당면한 긴급한 문제들을 해결하려는 지향을 갖게 됩니다. 맥스웰은 수많은 과학 연구가 군대와 기업의 자금 지원에 의해 움직이고 있고, 세계에서 가장 재능 있는 과학자와 엔지니어들 중 일부가 좀 더 정교한 집속탄을 설계하거나 접시를 반짝반짝 깨끗하게 닦는 세제를 만드는 데 노력을 바치고 있는 현실을 지적합니다. 여기서 우리는 또 다른 모순을 보게 됩니다. 객관적 지식 창출을 위해 설계된 시스템인 과학이 실제로는 주로 기득권층에게 유용한 지식을 생산하는 결과를 낳고 있는 모순이 그것입니다.

그러나 대안 과학의 전망도 존재합니다. 적정 기술(appropriate technology) 운동은 효율적인 난로나 관개 펌프처럼 가난한 나라들에서 가난한 사람들을 위해 설계되고 지역에서 생산과 수리가 가능한 기술을 만들어 내려 애써 왔습니다. (Darrow and Saxenian, 1986) 대안 보건 운동은 건강에 대한 비의료적 접근법, 가령 영양 공급에 의한 암의 예방과 치료법 같은 연구를 지원해 왔습니다. (Johnston, 2003) 이러한 사례들은 기술이나 응용 쪽에 치우쳐 있지만, 이번 학기에 이미 보았던 것처럼 과학 연구와 기술 개발은 때로 **기술 과학**(technoscience)이라고 불리는 과정 속에서 서로에게 자양분이 되고 서로를 구성하는 데 실제로 도움을 줍니다. 여기서 강조하고 싶은 바는 실제 수행되는 연구가 수행될 수 있었던 연구의 일부에 불과하며, 힘센 이해 집단들은 연구의 의제와 결과에 영향을 줄 수 있다는 점입니다. 이번 수업에서 우리는 현존하는 대로의 과학을 공부했지만, "수행되지 않은 과학(undone science)"이라 부를 만한 숨은 주제도 공부해 볼 수 있습니다. (Woodhouse et al., 2002) 맥스웰의 지혜의 철학 중 많은 부분은 이 범주에 들어갈 것입니다.

현존하는 연구는 대안의 어렴풋한 아이디어를 보여 주고 있습니다. 살충제에 관한 연구가 훨씬 많긴 하지만 해충의 생물학적 방제에 관한 연구도 있습니다. 경쟁 시장에 관한 연구보다는 훨씬 적지만, 협동 기업에 관한 연구도 있습니다. 그러나 일부 분야에서는 어떤 대안이 연구되고 있는지조차 모르고 있을 수도 있습니다. 그만큼 통상적인 의제의 지배력이 강하다는 뜻이겠지요.

힘센 집단들은 자신들의 이해 관계에 봉사하는 결과물을 얻기 위한 과학 연구에 엄청난 돈을 퍼붓고 있습니다. 그러나 그들이 많은 돈을 투자하는 이유는 과학이 객관적 지식의 원천으로서 갖는 명성 때문이기도 합니다. 이처럼 과학이 지닌 객관성의 이미지가 바로 그 객관성에 대한 가장 큰 위협의 원천이 된다는 것은 과학의 중심 모순 중 하나입니다. 대안 과학은 그러한 모순을 체현한 결과입니다.

크리스   (잠시 후)제가 잠시 말씀을 드려도 될까요, 스미스 교수님?

스미스 교수   물론이죠.

크리스   교수님의 수업 '과학의 새로운 문화적 모순'을 정말 재미있게
             들었습니다. 수업을 통해 요즘 과학을 둘러싼 사건들의 복잡성과
             그러한 복잡성을 탐구하는 데 이론이 어떻게 쓰일 수 있는가에 대해
             이해를 잘 할 수 있었습니다 .

스미스 교수   고맙군요.

크리스   하지만 질문이 하나 있습니다. 제가 지역 단체인 '과학 정의'에
             참여하고 있는 걸 알고 계실 겁니다. 요즘 저희는 내년 계획을

세우려고 하는 중인데요, 과학을 참여적이고 평등한 방향으로 바꿔 놓는 데 도움을 줄 운동에 관해 고민하고 있습니다. 제가 궁금한 것은, 수업 시간에 공부한 이론가들이 여기에 대해 무슨 얘기를 해줄 수 있을까 하는 겁니다.

스미스 교수　글쎄요, 그들은 행동의 맥락을 형성하는 구조적 요인들의 역할을 지적했지요. 정부와 기업이 언론의 틀 짓기를 통해 의제를 설정하는 방식에 관한 통찰력 있는 연구도 있습니다. 분명 과학과 연관이…….

크리스　하지만 그건 우리가 맞서 싸워야 하는 대상을 더 많이 보여 주는 것인데요. 우리가 뭔가를 바꿔내기 위해 어떻게 행동해야 하는가에 관한 통찰은 없을까요?

스미스 교수　사회 운동 문헌들을 살펴봤나요? 자원 동원, 정치적 과정 이론, 논쟁의 동역학 같은? 핵심적인 문헌 일부는 독서 목록에 있어요.

크리스　예, 맨 먼저 찾아본 것이 그거였습니다. 하지만 제가 핵심적인 아이디어를 동료들에게 설명하니까 우리가 하려는 일과 무슨 관련이 있는지 모르겠다고 하더군요. 경험이 많은 동료들이 보기에는 모든 게 너무 추상적이거나 너무 뻔한 내용이었어요.

스미스 교수　(잠시 생각하다가)이 문제를 좀 더 생각해 보면서 몇 가지를 찾아봤으면 좋겠군요. 학생에게 나중에 다시 연락하지요.

크리스　고맙습니다.

이 가상의 대화는 현실적인 문제를 지적하고 있다. 과학에 대한 학술적 분석은 다른 대부분의 학술 연구와 마찬가지로 활동가들에게 직접 해 줄 수 있는 얘기가 거의 없다는 것이다. 지난 반세기 동안 과학에 대한 분석은 점점 더 정교해졌고, 사회적으로 구성된 지식 생산의 본질, 정부, 기업, 전문직 구조의 역할, 지구화, 규제, 시민 행동이 미치는 영향 등을 포함한 복잡성과 모순에 주목해 왔다.

이러한 분석은 많은 강점을 지니고 있다. 이는 과학을 진리이면서 중립적인 그 무엇으로, 또 진보의 필연적인 원천으로 그려내는 언론과 대중적 담화에서 흔히 볼 수 있는 단순화된 이해를 뿌리에서부터 뒤흔들어 놓는다. 이는 과학의 모든 차원들에서 사회적 요인이 하는 역할을 지적함으로써 과학 지식, 과학의 실천, 과학의 제도에 대한 대안적 개념으로 통하는 문을 열어 준다. 또 이는 많은 사례 연구들을 통해 과학에서 권력과 지식이 서로 얽히는 모습을 보여 준다.

그러나 인상적으로 진화해 온 이 학술적 성과는 한계두 지녔다. 적어도 그 아이디어들을 행동의 근거로 이용하고자 하는 이들의 관점에서 보면 그렇다. 학술 연구는 종종 이해하기 어렵고 상당한 정도의 훈련과 전문성을 요구한다. 대다수 학술 논문의 청중은 대체로 다른 학자들이다. 신참자는 주어진 분야를 이해하는 데 어려움을 겪을 수 있다. 뿐만 아니라 많은 분석들은 실천과의 관련성이라는 측면에서 볼 때 영감을 별로 던져 주지 못한다. 결국 그건 분석이지 일단의 성공 사례 모음이나 입문자용 안내서가 아니니까.

학자들과 교사들은 기술 결정론의 실체를 폭로하는 데 많은 노력을 기울여 왔지만(Smith and Marx, 1994; Winner, 1977) 이는 관련된 이론적 쟁점들에 대한 고민 없이 곧장 기술 발전에 대한 문제 제기에 나서는 활동가들에게는 대체로 불필요한 것이다. 기술의 사회적 형성을 보여 주는 정교한 분석도 많이 이뤄졌다. (MacKenzie and Wajcman, 1999; Sørensen and Williams, 2002) 그러나 이는 저 바깥세상으로 나가 실제로 기술의 형성에 일익을 담당하려는 이들에게는 거의 지침이 되어 주지 못한다. 권력과 지식에 관한 미셸 푸코의 아이디어는 널리 인용되었지만, 1960년대 이후 페미니스트들과 다른 활동가들은 종종 푸코나 다른 이론가들을 전혀 알지 못하면서도 권력과 지식의 쟁점들, 즉 "개인적인 것이 정치적"이라는 구호에서 압축적으로 표현된 쟁점들을 토론하고 직접 겪어 왔다. 솔직히 이렇게 말하고 싶은 유혹이 든다. 학자들은 사회 의식에서 나타난 변화를 인식했을 때 사회 운동을 이런 변화의 선구자로 인정하지 않고, 오히려 동일한 지향을 난해한 이론으로 가장 잘 포착한 학자들을 대신 인용한다고 말이다.

지난 수십 년 동안 나는 인터뷰나 비공식적인 대화를 통해 수많은 활동가들과 이론과 전략에 관한 얘기를 나눴고, 그들 중 학술 저작을 꼼꼼히 읽는 데 시간을 투자하는 사람은 매우 적다는 사실을 알아챘다. 많은 활동가들은 당면한 운동 과제에 완전히 몰두해 직접적인 연관이 있는 자료들만 들여다본다. 복잡성과 단서 조항들에 관한 논의를 담은, 전문 용어로 점철된 논문들은 외면한다. 물론 지적인 작업에 크게 영향을 받는 활동가들도 존재한다. 페미니스트 저작을 읽고 영감을 얻은 여성들이 그런 예가 될 것이다. 또 활동가 집단에 참여하는 학자 겸 활동가들(특히 학생과 대학 교수)도 있다.

많은 운동들은 회의나 집회 조직, 정보 유통, 재정 조달, 내부적 의견 차이 해소와 같은 즉각적이고 실천적인 목표 하에 단기적으로 이뤄진다. 할 일은 너무 많고 시간이나 인력은 너무 적다. 대안적 전망을 발전시키고 장기적인 계획을 수립하는 것은 의제에 오르기도 쉽지 않다.

그렇다면 활동가들이 유용한 자료를 찾아 학술 문헌들을 섭렵하는 것은 시간과 노력을 들일 만한 일일까? 어떻게 하면 좀 더 효과적으로 일상적인 캠페인 활동을 해낼 수 있는가에 대한 연구 결과는 별로 없다. 공장과 사무실을 좀 더 효율적으로 만드는 방법에 관해서는 많은 연구가 이뤄졌고, 심지어 노동자들에게 노동을 좀 더 만족스러운 것으로 만드는 방법에 대한 연구도 제법 있지만, 활동가 집단에 초점을 맞춘 연구는 거의 없다. 그리고 활동가들이 지적 자원으로부터 가장 큰 도움을 얻을 수 있는 영역(대안과 전략)은 학자들이 거의 주목하지 않는 영역이다.

수평적 사고(lateral thinking)의 개념으로 유명한 에드워드 드 보노는 많은 다른 사고의 도구들도 개발했다. (de Bono, 1992) 그중에는 사고를 여섯 가지 범주로 나누는 "여섯 색깔 사고 모자(six thinking hats)"라는 것이 있다. 이에 따르면 흰색 모자는 정보를, 검은색 모자는 비판적 분석을, 빨간색 모자는 감정적 반응을, 초록색 모자는 창의적 아이디어를, 노란색 모자는 낙관적 태도를, 파란색 모자는 사고의 관리를 각각 다룬다. (de Bono 1986) 대다수의 학술 연구가 흰색과 검은색 모자, 즉 정보와 비판적 분석에 관한 것이라는 사실은 금방 알 수 있다. 나는 수많은 세미나에서 새로운 아이디어를 발표해 보았는데, 가장 흔한 반응은 더 많은 정보 요청(흰색 모자)과 비판적 논평(검은색 모자)이다. 누군가가 그 기회를 이용해 좀 더 과감한 아이디어를 제시하는 경우(초록색 모자)는 매우 드물다. 여기서 내가 내린 결론은 학자들이 비판에서 안전성을 추구한다는 것이다. 다른 사람의 연구를 비판적으로 분석하는 것은 역공의 위험을 최소화하는 반면, 새로운 아이디어를 제시하는 것은 필연적으로 한계를 지닐 수밖에 없어 다른 이들의 비판에 스스로를 노출시키게 된다. 만약 그들이 논문의 심사위원이라면, 논문은 출간되지 못할 수도 있다. 결국 검은색 모자 문화는 스스로를 재생산한다.

드 보노(de Bono, 1995)는 진리를 얻는 방법으로서의 비판(검은색 모자 접근법)은 증거와 논증의 약한 부분을 도려내어 견고한 지적 내용물의 핵심을 드러낼 때 효과를 발휘한다고 지적했다. 이는 쿤의 정상 과학과 유사한 "정상 사회 과학(normal social science)"에서는 잘 작동할지 모르지만, 다른 대안적 구성물이 존재할 때, 특히 지식이 의도적으로 창출될 때 앞으로 나아가는 방법은 아니다. 이 지점에서 비판이 다른 모든 지적 도구들보다 더 높은 지위로 부상하게 된 배경에는 탈현대주의가 갖는 해체(deconstruction)에 대한 집착이 작용했다는 점을 언급해 둘 필요가 있겠다.

이 글에서 나의 계획은 드 보노의 초록색 모자와 노란색 모자의 정신에 따라 모델과 전략을 찾는 것이다. 나는 먼저 대안 과학의 전망을 보여 주는 표본을 골라낸 후, 이러한 대안들을 지향하는 선별된 전략들을 살펴볼 것이다. 그리고 이 과정에서 사람들의 상이한 역할들을 탐구할 것이며, 마지막으로 국방 기술에 대한 사례 연구를 통해 이러한 아이디어가 실제로 어떻게 적용될 수 있는지 보여 주려 한다.

이 분야에서 가장 헌신적인 몇몇 비판적 사상가들과 함께 한 자리에서 이러한 사안들을 논하는 것에는 일정한 긴장이 따른다. 나의 의도는 학술 연구를 비판하려는 것이 아니다. 결국 나 자신도 그런 연구를 많이 했으니 말이다. 이 글의 의도는 학자들과 활동가들이 모두 탐구할 수 있는 모종의 영역에 대해 주의를 환기시키는 데 있다. 앞서 많은 학술 저작들의 접근 가능성만이 제한적이라고 지적했던 나 자신의 논평과 궤를 같이해, 이 글은 평이하고 명료하게 써 나가려 한다. 이 글의 독자들이 글의 주장을 더 날카롭게 다듬는 데 도움을 줄 것을 알기 때문이다. 검은색 모자도 나름의 기능이 있는 것이다! 나는 설사 두 요약문의 내용이 동일한 경우에도 독자들이 읽기 어려운 논문 요약문의 저자가 좀 더 읽기 쉬운 요약문의 저자보다 연구 능력이 더 뛰어나다고 생각한다는 점을 시사하는 연구(Armstrong, 1980)를 알고 있다. 그러나 나는 이러한 다소의 불이익을 감수하더라도 글을 명료하게 쓰는 것을 목표로 할 것이다.

2. 대안 과학의 전망들

대안 과학에 대해 말하는 것은 유토피아적으로 보일지 모른다. 현재의 과학 제도들이 너무나 굳건하게 뿌리를 내리고 있어 바꾸기가 어렵기 때문이다. 여기서 과학은 역동적이며 외부로부터의 압력에 반응을 보인다는 점을 기억해 두면 유용하다. 자금의 유입은 연구 방향의 변화로 이어질 수 있고 실제로도 그런 일이 생긴다. 현재의 시스템에는 정부, 기업, 전문직이 과학에 미치는 지배적 영향력이 굳건하게 뿌리를 내리고 있다. 이는 민중을 위한 과학을 한낱 희망사항으로 보이게 만든다.

그러나 좀 더 자세히 살펴보면 상당수의 과학 연구는 "민중을 위한" 것으로 해석될 수 있다. 많은 연구는 직간접적으로 실용적 응용에 의해 추동되며, 많은 응용들은 직물, 칫솔, CD, 절연재, 자전거의 경우처럼 대체로 유익하거나 무해하다. 그러한 제품들과 연관되어 있는 운동학 이론이나 광학 같은 일반적 과학 중 많은 것은 문제의 원천이 아닌 듯 보인다. 문제가 좀 더 분명하게 "정치적"으로 바뀌는 것은 군사 무기, 유전자 변형 작물, 감시 장치의 경우처럼 응용을 둘러싼 논쟁이 있을 경우다. 그러한 기술에 의해 추동되거나 그 일부로 통합된 과학 역시 마찬가지다.

대안 과학에는 많은 가능한 전망들이 있기 때문에, 대안 **과학들**이라고 부르는 것이 좀 더 정확할지도 모르겠다. 가능성에 대한 예시를 위해 여기서는 네 가지 사례를 들겠다.

1) 민중을 위한 과학(합리적 판본)

버널(Bernal 1939)은 사회에 봉사하는 과학의 모습을 그렸다. 이 전망에서는 계몽된 합리적 정부가 사회에 가장 큰 이득이 되는 분야로 과학 연구의 방향을 이끌게 된다. 이는 사회주의 모델이라고 부를 수 있다. 만약 "사회주의"라는 개념을 독재 체제와의 연관성에서 떼어내, 정부가 진정으로 민중의 필요에 봉사하며 동시에 과학을 자신들의 목적에 맞게 형성하려 하는 특수 이해 집단들(기업, 교회, 전문직)을 그 아래 둘 수 있는 정체(政體)를 의미하는 용어로 사용할 수 있다면 말이다.

이는 철저하게 기술 관료적인 전망이다. 관리자와 전문가들이 많은 권력을 가지며, 이는 전적으로 국민의 이익을 위해 사용될 것으로 가정된다. 합리적 정부는 이윤과 통제를 위한 연구를 추구하는 대신 가장 폭넓은 의미에서의 인간 복지에 우선 순위를 둘 것이다. 예를 들어 제조 기술은 실용적인 제품들을 안전하고 의욕을 주는 노동 조건에서 생산하도록 개발될 것이다. 교통 시스템은 비용, 접근의 공평성, 안전성, 환경적 영향, 편의성을 균형 있게 고려해 개발될 것이다.

2) 민중을 위한 과학(다원주의 판본)

이 전망에서 과학자들은 시민들로부터의 감독과 압력에 따라 사회적으로 적절한 연구 개발(R&D)을 수행한다. 연구 의제는 기업과 정부의 명령과 사고방식에 지배되는 대신, 진정한 사회적 필요와 연결된 개인이나 집단이 표현하는 폭넓은 사회적 우선 순위에 따라 형성된다. 사회의 복지는 상층으로부터의 합리적 평가를 통해서가 아니라 기층(grassroots)으로부터의 다양한 공식적·비공식적 영향의 통로에 의해 확보된다. 그런 통로에는 과학자들과의 직접 접촉, 자문 기구와 자금 지원 기구에 대한 시민 참여, 과학자의 훈련 과정에 대한 시민의 의견 개진, 대중 매체와 대안 매체를 통해 진행되는 사회적·과학적 우선 순위에 관한 공공 논쟁에서의 폭넓은 참여, 공식적인 연구 계획과 평가의 과정에 대한 시민 참여 등이 포함된다. 그 결과는 과학의 사회적 형성에 대한 대대적 시민 참여로 나타나지만, 하나의 목소리가 공공 논쟁을 지배하는 것은 보증되지 않는다. 따라서 과학은 다수의 목소리에 반응을 보이게 되어 다양성과 유연성이 나타난다.

3) 민중에 의한 과학

이 전망에서는 연구가 전문 과학자에 의해 수행되지 않고, 시민들 자신이 과학자가 된다. 많은 시민들은 생애의 일정 기간 동안 연구 활동에 참여하게 될 것이다. 민중 을 위한 과학[3](Science for the People, 1974)은 문화대혁명기 중국 과학에 대한 유토피아적 묘사에서, 농부와 노동자들이 연구 문제를 정하고 해법을 제안하는 데 어떻게 관여했고 과학자들이 어떻게 일반인들의 문제를 지향하게 되었는지를 그려냈다. 중국 과학의 이러한 이미지가 비현실적인 것이라는 데는 의문의 여지가 없지만, 그럼에도 이는 스스로 관리하는 과학, 즉 전문 과학자들이 수행하는 민중을 **위한** 과학이 아닌, 민중에 **의한** 과학의 전망을 제시해 주었다. 민중에 의한 과학은 대중 참여를 기대할 수 있도록, 또 그것이 더 쉬워지도록 하기 위한 교육과 과학적 방법의 근본적 재구조화를 함축한다. 이는 인터넷의 이용 가능성이 확대되면서 정보 검색이 민주화된 방식에서 유추해 볼 수 있다.

4) 시민이 만들어 낸 세상에서 형성된 과학

만약 과학이 그것의 개발과 응용이 이뤄진 사회에 의해 형성된다면(MacKenzie and Wajcman, 1999), 지금과 다른 세상은 다른 과학으로 이어질 가능성이 높다. (Martin, 1998) 노동자와 지역 공동체가 무엇을 어떻게 생산할지 직접 결정하는 세상, 지적 산물이 소유의 대상이 되기보다는 자유롭게 공유되는 세상, 혹은 에너지 시스템이 지역적으로 생산되고 관리되는 지역의 재생 가능 에너지원 중심으로 건설된 세상에서는 과학의 우선순위가 크게 달라질 것이다. 이러한 대안 과학의 전망에서 핵심은 사회가 조직된 방식에 있다. 여기서 조직의 형태는 지역 수준에서의 광범한 참여를 통해 "시민이 만들어 낸" 것으로 간주된다.

이러한 전망들 각각이 오늘날의 과학과 극적으로 다르긴 하지만 현존하는 과학에서도 각각의 전망에 해당하는 요소들을 찾아볼 수 있다. 민중에 봉사하는 목표를 가진 합리적 계획을 중심에 둔 전망 1의 양상들은 일부 대학 연구, 일부 정부 연구, 심지어 일부 기업 연구에서도 볼 수 있다. 에너지 효율, 영양 공급을 통한 질병 예방, 인간 중심적 생산, 장애인 보조를 위한 연구 등이 그런 사례에 속한다. 사회적으로 적절한 연구의 목록은 얼마든지 더 만들 수 있을 것이다. 연구에서의 합리성과 이타주의는 양립 가능하다.

연구에 다수의 영향력이 작용한 결과물로서의 민중을 위한 과학에 해당하는 전망 2가 가장 두드러진 곳은 서로 경쟁하는 집단들이 연구 의제에 영향을 미치려 노력하는 논쟁적 정책 영역이다. (Primack and von Hippel, 1974) 정책들이 도전을 받고 논쟁의 대상이 되면, 이는 어떤 단일한 영향력이 연구에 대해 주도권을 쥐고 있지 않다는 신호이다. 기후 변화에 대한 논쟁은 이 분야에서 막대한 양의 연구로 이어졌고, 그 결과는 다시 진행 중인 논쟁에 투입되었다. 에이즈 연구는 에이즈 활동가들에 의해 촉진되고 부분적으로 형성되어 왔다. (Epstein, 1996) 과학에 대해 시민들이 좀 더 일상적으로 의견을 개진하는 다양한 수단들도 존재한다. 네덜란드와 그 외 국가들에 있는 과학 상점,(Farkas, 1999) 덴마크 기술 위원회와 그 외 지역들에서 쓰이는 합의 회의,(Fixdal, 1997) 무작위 선발된 시민들로 구성된 정책 배심원(Carson and Martin, 2002) 등이 그런 사례들이다.

민중에 의한 과학을 보여 주는 전망 3은 아마추어들이 중요한 역할을 하는 천문학과 같은 몇몇 주류 과학 분야들에서 찾아볼 수 있다.(Ferris 2003) 이는 또 시민 집단이 지역의 환경 문제와 같이 자신들의 삶과 직접 관련된 프로젝트를 수행하는 공동체 연구에서도 볼 수 있다.(Murphy, Scammell. and Sclove, 1997; Ui, 1977) 민중에 의한 과학은 종종 과학으로 간주되는 것의 유일한 소유자가 되는 데 이해 관계를 지닌 전문 과학자들의 경계 설정 작업(boundary work)으로 존재 자체가 부정되기도 한다.(Gieryn, 1995)

시민이 형성한 세상에 의해 형성된 과학을 가리키는 전망 4는 대중의 노력이 연구 의제를 변화시킨 곳이라면 어디서든 찾아볼 수 있다. 직업 보건과 안전을 위한 운동은 연구의 우선 순위 변화로 이어졌다. 이러한 운동 대부분이 연구 의제가 아닌 당면한 쟁점에 초점을 맞추었는데도 말이다. 그에 못지않게 중요한 것은 연구가 줄어든 분야이다. 핵 발전 반대 운동의 성공은 핵 관련 연구의 감소에 기여했고, 초음속 여객기를 좌절시킨 운동은 관련된 많은 연구의 중단으로 이어졌다.

3. 전략들

네 가지 전망들 각각은 대안 과학을 만들어 내기 위한 폭넓은 전략들과 연결될 수 있다. 많은 가능한 전략들 중에서 나는 네 가지만 생각해 보려 한다. 이 전략들은 각각 전망 1~4와 분명하게 연결되어 있지만, 어느 하나의 전망을 추구하는 데 한정된 것은 아니다.

전략 1은 국가 주도하의 과학의 변형이다. 이는 전통적인 사회주의적 접근법으로, 혁명을 일으키거나 좀 더 점진적인 방식으로 사회주의 정당이 선거에서 승리해 국가에 대한 통제권을 손에 넣은 후 사회주의 사회를 가져올 정책을 실행하는 것이다. 이 전략은 두 가지 형태 모두에서 실패했다는 인식이 일반적이다. 대부분의 사회주의 국가들은 몰락했고, 선거를 통해 정권을 잡은 대다수의 사회주의 정당들은 자본주의에 적응해 버렸다. (Boggs, 1986) 하지만 좌익 정당을 지지하고 그 속에서 진보적 정책들을 촉진하는 데 많은 시민들의 노력이 투자되고 있음을 감안할 때 이 전략은 여전히 중요하다.

상층으로부터 자본가들이 주도하는, 다른 과학의 변형도 생각해 볼 수 있다. 공익에 높은 우선 순위를 두는 경영자들이 기업을 장악해 식민화하는 아이디어이다. 그러한 전략을 상상이라도 해본 활동가는 극히 적으며 전략 실현을 위해 노력을 전개하는 사람은 그보다 더 적다. 대기업들은 권위주의적인 구조로 시민이나 노동자들의 의견 개진을 위한 공식 창구가 거의 없다. 이는 대의제 정부 시스템이 최소한 참여의 외양이라도 갖추려 하는 것과 대조된다. 만약 전략 1을 상의하달식의 과학 변형으로 재정의한다면, 자본가 주도의 변형은 전략 1C, 국가 주도의 변형은 전략 1S, 전문직 주도의 변형은 전략 1P로 이름 붙일 수 있다. 전략 1C를 너무 쉽게 기각해 버려서는 안된다. 기업 부문에도 자본주의를 좀 더 인간적인 시스템으로 변형시키는 것을 추구하는 몇몇 선각자들이 있기 때문이다. (Soros, 2002; Turnbull, 1975)

전략 1은 개인에게 채택되거나 무의식적인 행동의 길잡이 역할을 할 수 있다. 가령 기업이나 정부를 위해 일하면서 어떤 외부의 단체와 연결되어 있지도 않고 사회 운동과 명시적인 친화성을 갖고 있지도 않은 과학자의 경우를 생각해 보자. 그런 과학자는 연구 프로젝트를 선택하거나 연구의 평가를 수행할 때, 과학은 공익에 봉사해야 한다는 믿음에 비추어 결정을 내리는 선택을 할 수 있다. 예를 들어 생명 공학자는 더 적은 살충제를 필요로 하는 유전자 변형 작물을 연구하겠다고 결심할 수 있고, 무기 연구자는 장기적인 환경적 영향을 감소시키는 설계를 연구할 수 있으며, 자동차 엔지니어는 운전자의 피로를 줄여 주는 방법을 찾아나설 수 있다. 마찬가지로 그런 과학자들은 다른 이들의 연구를 평가할 때도 권력을 가진 특권 집단이 아니라 "민중" 내지 도움을 가장 필요로 하는 사람들에게 더 나은 선택지에 우선 순위를 부여할 수 있다. (Woodhouse, 2006도 보라.)

조직 내부의 과학자들은 자신들에게 주목이 쏠리게 하지 않으면서도 그런 선택을 할 수 있다. 연구자들이 동원할 수 있는 해석적 유연성 때문에 그런 선택은 인간에 대한 고려라는 측면에서 주장을 할 필요 없이 효율성, 비용, 단순성 같은 합리적 근거로도 정당화가 가능하다. 만약 어떤 조직에서 명시적으로 사회의 복지를 적절한 기준으로 받아들인다면 공익에 봉사하는 선택을 정당화하기는 훨씬 쉬워진다.

이 모든 일은 사회 운동이나 권력에 봉사하는 과학에 대한 대안을 설파하는 이들과 분리된 상태에서 일어날 수 있다. 관련 운동이 존재하는 경우라면 과학자들은 자신들이 하는 일의 어두운 측면을 알게 될 가능성이 좀 더 높다. 생명 공학자들은 토착민들로부터의 유전 자원 착취를 깨달을 수 있고, 군사 연구자들은 무기와 전쟁이 미치는 파괴적 효과를 인식할 수 있으며, 자동차 엔지니어들은 자동차 보급이 환경과 인명에 미치는 피해를 알게 될 수 있다. 과학자들은 그처럼 피해를 주는 영역에서 빠져나와 대안적 접근으로 옮기는 길을 선택할 수 있다. 종종 그런 선택이 개인의 경력에 큰 손실을 입힌다고 하더라도 말이다. 만약 충분히 많은 과학자들이 변화를 추구하고 충분히 많은 정책 결정자와 연구 관리자들이 변화를 수용하거나 촉진할 의향이 있다면, 이는 전망 2와도 양립 가능할 것이다. 즉 연구 의제가 폭넓은 사회적 우선 순위들에 반응하는 것이다.

전략 2는 압력 단체에 의한 과학의 변형이다. 여기에는 가령 유전자 변형 작물 연구에 반대하는 운동이나 가난한 나라에 흔한 질병들을 치료하는 값싼 의약품 개발을 촉구하는 운동 등이 포함된다. 페미니스트, 환경 운동가, 지역 단체 등 많은 사람들이 일익을 담당할 수 있다. 이 전략이 성공하려면 연구를 공익적 방향으로 끌고 갈 만큼 충분히 많은 압력 단체가 기층에 존재해야 한다. 이 때 "공익"은 압력 단체들 간의 입장 차이로 인해 다면적이고 변화 가능한 대상이 될 수 있다. 오늘날 시민 운동은 많은 국가들에서 일상적인 것이 되었지만, 그럼에도 과학 연구의 우선 순위에 대해 시민들이 직접 압력을 행사하는 일은 상대적으로 드물다. 전략 2는 이런 압력의 대대적인 확장을 의미한다.

이 전략의 한계는 도움을 가장 필요로 하는 사람들을 압력 단체들이 균형 있게 대변하는 경우가 드물다는 데 있다. 권력 계층은 영향력 있는 압력 단체를 갖고 있는 반면, 취약 계층에게는 거의 혹은 전혀 없는 것이 현실이다. 스포츠에 비유해 보자면, 압력 단체 팀들은 공정한 경기장에서 경쟁하는 것이 아니며, 일부 팀들은 아예 경기를 뛰지도 않는다. 이를 다시 다르게 표현해 보면 다원주의 정치는 제도적으로 편향된 정체 속에서 작동한다고 말할 수 있다.

전략 3은 참여적 과학의 대안을 생활에서 실천하는 것이다. 상층으로부터 변화를 꾀하거나 상층에 있는 사람들에게 압력을 가해 변화를 일으키려 하는 대신, 이 접근법은 직접적인 방식을 취한다. 곧장 민중에 의한 과학 수행을 시작하는 것이다. 이에 해당하는 사례로는 천문학이나 식물학 같은 몇몇 분야들에서 아마추어 과학자들의 활동을 들 수 있다. 공동체 연구 운동은 전략 3에 가장 가깝다. 시민들이 때로 뜻을 같이하는 과학자들과 협력해, 환경 정의 문제에 대한 대응에서 보듯 자신들의 관심사와 직접 관련된 프로젝트를 수행하는 것이다. (때로 이러한 시도는 전문 과학자들에게 영향을 미친다. 가령 환자들이 특정 질병에 대해 의료계의 정설과는 다른 개념을 내세울 때 그렇다. (Kroll-Smith and Floyd, 1997) 이는 전략 2와 3의 혼합이다.)

이러한 시도들은 여러 가지 목적을 충족시킨다. 참여자들에게 과학 연구의 과정과 과학의 정치에 대한 통찰을 주는 강력한 학습 경험을 제공하며, 전문직 종사자가 아닌 사람도 지식에 유용한 기여를 할 수 있음을 보여 주는 전시 효과도 있다. 원칙적으로 이는 과학의 점진적 탈전문직화의 기반이 될 수 있다. 이 전략의 한계는 시민들의 과학에서 볼 수 있는 소규모 시도들이 너무나 쉽게 주변화된다는 것이다. 전문직 종사자들은 자신들의 분야에서 활동하는 아마추어를 무시하거나 묵인하거나 깎아내리는 등의 태도를 취할 수 있지만, 어느 경우에도 중요한 특권을 양보하지는 않는다. 매우 성공한 시민 연구라 하더라도 수십억 달러가 들어가는 전문 연구 사업에는 거의 영향을 못 미치는 것이 보통이다. 한 가지 두드러진 예외로는 공동 작업에 대한 자발적 기여 위에 세워진 오픈 소스(open source) 운동이 있다. 오픈 소스 소프트웨어는 단시간 내에 독점 소프트웨어에 대한 중대한 도전이 되었고(Moody, 2002), 일각에서는 오픈 소스 모델을 대안적 생산방식으로 보기도 한다.

전략 4는 과학이 수행되는 조건을 변형시키는 사회 변화를 위한 풀뿌리 역량의 강화에 해당한다. 이는 전망 4를 실제 과정으로 전환시킨 것이다. 여기에는 개인적 관계, 노동 조건, 생산되는 제품, 에너지 시스템, 그 외 일군의 다른 영역들에서 중대한 변화를 일으키는 매우 다양한 사회 운동들이 포함된다. 이와 같은 변화들은 필연적으로 과학의 내용과 실천에 영향을 미칠 것이다.

평화 운동은 대다수의 핵실험을 종식시키는 데 결정적인 역할을 했고, 이는 다시 그와 관련된 핵무기 연구의 감소로 이어졌다. 환경 운동은 전 세계에서 자신들이 품은 우려를 의제에 올려놓았고, 많은 분야들의 연구에 폭넓게 파급 효과를 낳았다. 이런 과정은 훨씬 더 멀리까지 뻗어나갈 수 있다. 만약 평화 운동이 핵무기 철폐에 성공을 거두었다면 특정한 형태의 핵 관련 지식은 약화될 수도 있었을 것이다.(MacKenzie and Spinaldi, 1995) 가령 산업형 농업을 유기농으로 대체하거나 자동차 중심의 교통 시스템을 보행자, 자전거 이용자, 공공 교통 수단에 대한 도시 계획으로 대체함으로써 환경 운동이 실질적인 제도 개혁을 이뤄낼 수 있었다면 연구 의제는 좀 더 극적으로 변화했을 것이다.

좀 더 협동적이고 평등주의적인 대인 관계로의 이전(일부 페미니스트나 그 외 다른 사람들이 추구하는 목표)은 과학의 에토스를 바꿔 놓을 것이고, 소수의 엘리트 과학자들이 연구의 방향에 대해 터무니없이 큰 영향력을 행사하는 연구의 위계를 침식할 것이다.(Blissett, 1972; Elias, Martins, and Whitley, 1982)

이 전략의 한계는 과학에서의 변화를 2차적인 결과물로 좌천시키는 데 있다. 다른 영역에서의 변화가 먼저고 그런 연후에야 과학에서의 변화를 기대할 수 있다는 것이다. 얼른 생각하면 이는 별 문제가 안 되는 것 같지만 과학이 현재의 사회 구도에서 중요한 물질적·이데올로기적 역할을 하고 있다는 점을 염두에 두어야 한다. 변화의 과정에 도움을 주기 위해서는 대안 사회를 지향하는 R&D가 지금 당장 필요하다.

네 가지 전략들은 전혀 새로운 것이 아니라 과거 잘 다져진 정치적 경로들을 요약한 것에 가깝다. 전략 1은 사회주의와 사회 민주주의가 흔히 취하는 경로이다. 전략 2는 아래로부터 개혁을 일으키는 잘 알려진 접근법이다. 대안을 직접 생활에서 실천하는 전략 3은 무정부주의자, 직접행동주의자, 간디주의자 등의 철학을 반영하며 때로 "사전형상화(prefiguration)"라고 불리기도 한다. 현재 실천되고 있는 대안은 사람들이 희망하는 미래를 모델로 하면서 그것이 가능함을 보여 주고 있기 때문이다.

전략 4는 "혁명 이후"라고 부를 수 있다. 전통적인 마르크스주의의 분석과 실천에서는 계급 모순이 가장 우선이었고 다른 쟁점들은 자본주의의 전복이 이뤄진 이후로 미뤄졌다. 이에 대해 페미니스트들은 가부장제는 자본주의적 지배에 종속된 것이 아니라고 주장하며 반대했고, 다른 이들 역시 마르크주의에서 전제하는 억압의 위계에 이의를 제기하고 나섰다. 전략 4를 과학에 적용하면 과학에서의 변화는 다른 곳에서의 변화가 일어날 때까지 내버려 둘 수 있다고 가정하는 것이 된다.

과학에서의 변화를 위한 네 가지 전략을 사회 변화를 위한 좀 더 폭넓은 전략들과 연결시키는 것은 새로운 이해를 가능케 하는 측면이 있지만, 여기에는 위험도 따른다. 많은 사람들은 사회주의, 개량주의, 무정부주의, 혁명 이후주의 등으로 분류되거나 심지어 그것과 연관되는 것 자체를 불편하게 생각하거나 불쾌하게 여길 수 있다. 이러한 꼬리표는 서로 다른 형태의 행동을 그 자체로 평가하는 것을 방해하는 온갖 종류의 함의를 갖는다. 앞서 언급한 것처럼 과학자와 비과학자들은 서로 다른 다양한 방식으로 작업을 할 수 있는데, 반감을 자아낼 수 있는 꼬리표를 여기 갖다 붙이는 것은 생산적이지 못한 결과를 초래할 수 있다.

그러나 다른 한편으로, 대안 과학의 전략들과 사회 변화를 위한 좀 더 폭넓은 전략들 간의 연결을 지적하는 것은 유사하게 나타날 수 있는 강점과 약점에 주목하게 한다는 점에서 가치가 있다. 만약 당 지도부가 자본주의 시스템의 포로가 되어 버리는 것이 사회 민주주의 전략의 약점이라면, 국가 주도의 과학 변형 전략에서도 이와 유사한 약점을 찾아볼 필요가 있다. 그러나 사회 민주주의가 자본주의적 사회 관계를 대체하는 애초의 기대를 충족시키지 못했다는 이유로 이러한 과학 전략을 송두리째 부정하는 것은 현명하지 못한 판단이다.

각각의 전략은 대안 과학을 만드는 데 일익을 담당하고자 하는 개인들에게 하나의 길잡이로 쓰일 수 있다. 과학자들은 공익에 대한 자기 나름의 판단에 근거하거나 대중 운동에 반응해서 직접 행동에 나설 수 있다. 시민들은 과학자와 과학 정책 결정자들에게 압력을 가할 수 있다. 그들은 스스로의 힘으로 공동체 연구 프로젝트를 추진하거나 여기에 힘을 보탤 수 있다. 그리고 연구 의제를 형성할 수 있는 사회 변화를 일으킬 역량을 갖춘 사회 운동에 참여할 수 있다.

여기서 나는 이러한 전략들을 특정 응용 사례를 통해 평가해 볼 필요가 있다고 생각한다. 전문 용어를 써서 표현하자면, 전략들은 이론적 결론이 아닌 "실천적 성취"다. 무슨 일을 해야 할지 모색 중인 사람들은 이러한 전망과 모델 전략들을 살펴봄으로써 아이디어를 얻을 수 있다.

이것이 어떻게 적용되는지 보기 위해 국방 기술을 사례 연구로 제시하려 한다. 이는 일종의 응용 분야로, 좀 더 기초적인 연구와도 연결되어 있다. 응용 분야에서는 사회 운동이 좀 더 활발하고, 따라서 각각의 모델과 전략들도 잠재적 연관성이 있다. 위상 기하학이나 핵 합성(nucleosynthesis)을 활동 목표로 삼는 활동가들은 현장에 드물지 않은가. 내

목표는 사례 연구를 통해 대안 과학 일반에 적용할 수 있는 다소의 통찰을 끌어내는 것이다. 기후 변화나 생명 공학처럼 논쟁이 되고 있는 다른 분야의 사례들 역시 마찬가지로 적용이 가능할 것이다.

4. 국방 기술

전 세계 과학지와 엔지니어들 중 상당수는 군산 복합체에서 일하며, 해당 연구는 해양학, 제어 공학, 집단 심리학 등 자연 과학과 사회 과학의 거의 전 분야를 아우른다. (Mendelsohn, Smith, and Weingart, 1988; Smith, 1985) 따라서 군사 R&D는 전망과 전략들을 평가해 볼 수 있는 좋은 영역이 된다. 이는 과학 기술이 정해진 목표(이 경우에는 국방)에 비추어 평가되는 응용 분야 R&D의 전형적인 사례에 해당한다. 그러나 다른 한편 군사 R&D는 국가의 명령에 의해 추동된다는 점에서 전형에서 다소 벗어나 있다. 여기서는 시장 요인에 의해 추동되는 R&D 분야들에 비해 볼 때 비용은 덜 문제가 되기 때문이다.

대안 과학의 전망을 탐구함에 있어 즉각적으로 제기되는 문제가 있다. 국방 기술의 미래를 놓고 서로 경합하는 전망들이 있다는 것이다. 그중 하나는 더욱 향상된 기술에 의해 힘을 통한 평화를 성취하는 것이다. 이와는 다른 전망으로 민간인 피해자를 최소화하도록 무기를 설계하는 길이 있으며, 또 다른 전망으로 방어를 위해서는 쉽게 쓸 수 있지만 공격에는 쓰기 어려운 무기를 설계하는 방법도 있다. 무기 자체를 아예 철폐하는 길도 있다. 여기서는 논의의 종점이 아닌 방향만을 지시하는 것으로 충분해 보인다. 즉 인도주의적인 대안 국방 과학은 사상자를 감소시키고, 환경에 미치는 피해를 줄이며, (공격이 아닌) 방어를 더 지향하고, 안보를 달성하고 분쟁을 해소하는 비군사적 수단들에 대한 지향을 강화해야 한다는 것이다. 이는 대안 과학의 네 가지 전망들, 그리고 연관된 전략들 각각을 평가하는 충분한 틀을 제공한다.

전망 1은 정책 결정자와 과학자들이 합리적 근거에서 민중을 위해 수행하는 과학이다. 새로운 무기 시스템의 생산을 위해 엄청난 규모의 R&D 노력이 지속되고 있음을 감안하면, 이는 버림받은 희망처럼 보인다. 강대국 군대들이 전쟁을 수행하는 더욱 강력하고 효과적인 수단의 개발을 추구하고 있다는 것은 잘 알려진 사실이다. 일단 그런 수단이 개발되면 다른 나라의 군대들도 이러한 무기를 개발하거나 획득하기 위해 그 뒤를 따른다. 그러나 군사적 개발의 전반적인 내부동학이 전망 1과 정면 충돌하는 것처럼 보임에도 불구하고, 이 전망에 해당하는 요소들은 작동하고 있다. 많은 정부 지도자들은 군사적 경쟁에 반대하는 의미 있는 입장들을 취해 왔다. 예를 들어 상당수의 정부들은 자발적으로 핵무기 개발을 억제하고 군비 통제 조약들을 지지해 왔다.

전략 1, 즉 국가가 주도하는 군사 관련 과학의 변형은 개별 국가들에서 다소 성공 가능성이 있지만, 좀 더 넓은 범위에서 군사 R&D의 방향을 수정하는 데는 충분치 못하다. 1989년 냉전의 종식과 2년 후 소련의 몰락과 함께 "평화 배당금(peace dividend)", 즉 군사비 지출을 민간 용도의 우선 순위들로 돌리는 것을 놓고 많은 논의가 있었다. 그러나 현실에서 전 지구적 군사비 지출은 큰 변화 없이 유지되었다. 이는 군사비 지출이 외부로부터의 위협에 대한 합리적 검토가 아니라 군 내부적으로 추동되고 있음을 시사한다.

주요 산업 국가들 중에서는 스웨덴, 스위스, 유고슬라비아 3개국만이 국민들을 무장시키는 대안적 경로를 택했다. (Roberts, 1976) 그러나 이는 군사 R&D의 중대한 변형으로 이어지지 못한 듯 보인다. 유고슬라비아의 실험은 엄청난 재난을 야기한 전쟁 발발로 끝을 맺었다. 좀 더 급진적인 대안은 군대 자체를 철폐하는 것이다. 소규모 국가들 중 군대를 보유하고 있지 않은 나라는 10여 개국이 있는데, 그중에서는 코스타리카가 가장 잘 알려져 있다. (Aas and Høivik, 1986) 스위스에서는 자국 군대를 폐지하자는 국민 투표에서 유권자의 3분의 1이 찬성표를 던졌다. 그러나 군대기 없는 나라들은 전 지구저인 군사 관련 R&D에 미미한 영향을 미칠 뿐이다. 이 중 어느 나라도 비군사적 국방 연구 프로그램을 개척한 사례가 없다.

과학자와 엔지니어들은 군사 R&D에서 대체로 침묵하는 행위자들이다. 많은 개인들이 군사 연구에 참여하는 것을 거부하고 있는데도, 군대는 자신들의 연구 용역에 응하는 적절한 인물들을 충원하는 데 거의 어려움을 겪지 않는 것 같다. (Beyerchen, 1977: Haberer, 1969) 요약하자면, 국방 영역에서 국가가 주도하는 전략은 전 지구적 군사 R&D를 억제하는 데 실패했고, 대안적인 국방 모델을 지원하는 역할도 거의 하지 못했다고 할 수 있다.

전망 2는 시민들의 의견 개진에 반응하는 국방 R&D를 가리킨다. 군사비 지출 증가를 요구하는 시민 단체도 일부 있지만 여기서 주목할 단체는 그 반대 방향에 있다. 크고 작은 수많은 시민 운동을 예로 들 수 있다. 가장 두드러진 것은 반핵 운동이다. 1950년대 말과 1960년대 초에, 그리고 1980년대에 다시 한번 전 세계적으로 핵무기에 반대하는 대대적 운동이 전개되었고, 그 외의 시기에도 몇몇 중요한 활동들이 있었다. 또한 생화학 무기, 우주 무기, 대인 무기 등을 집중적으로 반대하는 운동도 전개되어 왔다. 이러한 운동들의 효과성에 대한 공식 평가는 거의 없었지만, 특정 유형의 무기 시스템 내지 그 배치를 중단시키거나 억제하는 데 중요한 역할을 했다고 결론 내려도 무리는 없을 것이다. 그러나 운동의 성공이 지속되지 못하는 경우도 있다. 1972년 많은 과학자들의 노력을 포함한 평화 운동의 압력에 부분적으로 힘입어 탄도탄 요격 미사일(ABM) 조약이 체결되었다. 그러나 2001년 12월에 미국 정부는 조약에서 소리소문 없이 탈퇴하고 말았다.

압력 단체들은 국방 R&D의 의제를 바꾸는 데서는 별로 성공을 거두지 못했다. 그간 '평화 전환', '경제 전환' 등으로 불리는 운동이 전개되어 왔다. 이는 가령 군사용 차량 생산 시설을 민간 차량 생산으로 전환하는 것처럼 군사적 생산 시설을 인간의 필요를 위한 생산으로 전환하는 것을 의미한다. (Cassidy and Bischak, 1993; Melman, 1988) 전환 활동가들은 강력한 주장을 펼쳤고 때로 직접 행동을 동원하기도 했지만, 상대적으로 거의 영향을 미치지 못한 것 같다. 일부 전환 노력들은 군사 연구에 초점을 맞추었고, 지역에 따라 성공을 거두기도 했지만 전반적으로 보면 상대적으로 작은 영향만을 미친 것으로 보인다. (Reppy, 1998; Schweizer, 1996)

압력 단체 전략은 시민들 사이에 잠재적으로 널리 퍼져 있는 전쟁에 대한 반감을 운동의 자원으로 끌어들일 수 있는 이점을 갖고 있다. 평화 운동의 규모와 범위는 고무적이다. (Carter, 1992) 대규모 집회, 밤샘 감시, 파업, 보이콧, 봉쇄 등 다양한 수단들이 동원되고 있으며, 정보 수집, 논거 구축, 논문 집필, 다큐멘터리 제작 등의 지적 작업에 의한 지원도 받고 있다. 인과 관계를 정확히 추적하기는 어렵지만, 전쟁에 반대하는 시민들의 노력이 1945년 이후 핵무기 사용을 억제하고 소련 진영의 몰락을 통해 냉전을 대체로 평화적으로 종식시키는 데 일익을 담당했다는 주장에는 일리가 있다. (Cortright, 1993; Summy and Salla, 1995)

그러나 다른 한편으로 평화 운동은 역사가 들쭉날쭉하다. 상대적으로 조용했던 시기에 비하면 대규모 동원의 시기는 흔치 않았다. 예를 들어 반핵 운동은 1980년대 초에 정점에 도달한 후 1990년대에는 급격하게 쇠퇴했다. 이 시기에 핵무기의 수가 대체로 변하지 않은 채 유지되었는데도 말이다. 전반적으로 볼 때, 평화 운동은 군산 복합체가 지닌 관성을 가로막는 데 실패했다. 압력 단체 정치를 보여 주는 전략 2는 군사 R&D의 의제에 제한적인 영향만을 미친 듯 보인다.

전망 3은 민중에 의한 과학이다. 국방 기술이라는 맥락에서 이 말이 의미할 수 있는 바는 무엇일까? 자율 관리에 따른 노동자 팀이 무기를 설계하거나 이를 생산하는 공장을 운영하는 것을 생각해 볼 수 있지만, 이는 폭력에서 해방된 사회의 전망과는 거리가 멀다.

군사 기술에 대한 대안을 보여 준 가장 유명한 노동자들의 시도는 루카스 항공 노동자들의 계획이다. (Wainwright and Elliott, 1982) 1970년대에 영국의 주요 군수업체 중 하나였던 루카스 항공의 노동자들은 대량 해고 사태를 우려해서 자신들의 숙련을 이용해 비군사적 제품들을 생산하는 대안적 계획을 제시했다. 이 과정에서 그들은 철도·도로 겸용 차량이나 인공 신장의 시제품을 개발하기도 했다. 루카스 항공 연합 노조 위원회는 처음에 전문가들로부터 아이디어를 얻으려 했으나 거의 답신을 받지 못하자 대신 노동자들에게 눈을 돌려 풍부한 아이디어를 얻었다. 노동자들은 창의성 넘치는 혁신가였을 뿐 아니라 공동체 정신도 갖고 있어 단지 노동자들 자신의 이해 관계만이 아니라 인간의 필요에 봉사하는 데 높은 우선 순위를 두었다. 이러한 경험은 "민중에 의한 기술"이 가장 폭넓은 인간적 관심사에 봉사하는 기술이기도 하다는 고무적인 인식을 심어 주었다.

루카스 노동자들의 일차적인 전략은 자신들의 대안을 경영진에 제안하는 것이었다. 이는 전략 2와 궤를 같이한다. 그러나 경영진은 노동자들의 시도를 방해하기 위해 온갖 노력을 기울였고 수익 전망이 밝은 프로젝트를 거부하기도 했다. 경영진의 통제권 유지가 폭넓은 인간의 복지는 말할 것도 없고, 회사의 번창보다도 더 중요하게 간주되었다는 해석을 할 수밖에 없는 대목이다. 노동자들의 시제품 개발은 대안을 직접 생활에서 실천하는 전략 3의 예로 생각할 수 있다. 이 시도는 많은 나라들에서 상상력을 사로잡았다.

루카스 노동자들의 시도가 그토록 많은 주목을 받았던 한 가지 이유는 그것이 매우 보기 드문 사건이었기 때문이다. 이는 민중에 의한 과학의 다른 어떤 형태에서도 마찬가지이다. 대부분의 평화 전환 노력은 압력 단체 접근법을 취해 왔고, 노동자들의 직접 행동은 드물었다. 대다수의 군수 노동자들은 대안적 제품의 생산을 추진함으로써 자신들의 일자리와 임금을 위험에 빠뜨리는 것을 꺼린다. 그런 시도에 앞장서는 것은 보복으로 이어질 수 있기 때문이다.

평화 전환에는 또 다른 한계도 있다. 군사 시스템에 대한 완전한 대안을 제공하지 못한다는 것이다. 군사적 위협이 낮은 시기에는 일부 군수 생산을 민간 용도로 전환하는 것이 일리가 있어 보이지만 모든 군수 생산이 전환되는 것은 아니다. 따라서 전적으로 다른 대안들을 생각해 볼 필요가 있다. 그런 대안 중 하나는 비폭력 방어이다. 이는 집회, 보이콧, 파업, 연좌 농성, 대안적 제도 등을 포함한 비폭력 행동의 조직화된 방법을 통한 공동체의 방어를 뜻하는 말이다. 비현실적으로 들리지만,

실제로 대중의 비폭력 행동이 억압적 체제에 대한 저항에서 효과적일 수 있음을 보여 주는 역사적 사례들이 다수 존재한다. 1978~1979년 이란 혁명, 1986년 필리핀 마르코스 독재 전복, 1989년 동유럽 공산주의 체제 붕괴, 남아프리카공화국 인종 차별 정책 종식, 1998년 인도네시아 수하르토 독재 지배의 종식이 여기 속한다. 그러한 사례들에 고무된 이론가들은 적절한 준비가 갖추어질 경우 비폭력 행동은 방어 시스템의 기반을 이룰 수 있다고 제안했다. 이는 사회적 방어, 민간인 기반 방어, 시민 저항에 의한 방어 등으로 불리기도 한다. (Burrowes, 1996; Randle, 1994)

과학 기술은 비폭력 방어 시스템에서 중요한 역할을 할 수 있다. 예를 들어 전화나 이메일 같은 탈중앙집중적 통신 방법들은 침략에 맞서는 이들에게 특히 유용한 반면, 대중 매체는 대체로 침략자들에게 더 큰 가치를 갖는다. 군사 쿠데타가 일어날 때 일차적인 목표는 텔레비전 방송국이다. 태양열 집열기나 풍력 발전기 같은 탈중앙집중적 에너지원은 침략자나 테러리스트에게 취약한 대규모 발전소나 대형 댐에 비해 사회를 비폭력적으로 방어하는 데 좀 더 적합하다. 농업, 물, 생산, 주거 등 다양한 시스템을 훑어보면 비폭력 방어에 적합한 과학 기술을 위한 폭넓은 의제 도출이 가능하다. (Martin, 1997, 2001)

실제로 이러한 많은 영역들에서 노력이 있었다. 예를 들어 에너지 효율과 재생 가능 에너지원에 관한 R&D가 많이 이뤄지고 있다. 이러한 노력은 비폭력 방어와의 연관성이 아닌 다른 관심사들, 가령 환경 파괴를 줄이고 제3세계의 발전을 장려하는 등의 목표에 의해 촉진되었다. 이 과정에서 비폭력 방어를 위한 기술과 흔히 적정 기술이라 불리는 것 사이에 강한 정합성이 있음이 드러났다. 적정 기술, 즉 사람들의 필요를 지향하며 종종 사용자들이 이를 직접 통제하고 적용할 수 있도록 설계된 기술은 민중에 의한 과학의 전망에 가까이 있다. (Boyle, Harper, and Undercurrents, 1976; Illich, 1973) 풀뿌리 집단에 의한 대안 기술의 촉진은 대안을 생활에서 실천하는 전략 3과 부합한다. 그럼에도 불구하고 지금까지 이 접근법은 비폭력 방어를 뒷받침하는 수단으로 사용된 바가 없다. 실상 비폭력 방어는 대다수의 평화 운동에서조차도 여전히 의제에서 벗어나 있다.

전망 4는 시민들이 만들어 낸 세상에 의해 형성된 과학이다. 국방 기술에 적용되었을 때 이는 국방 정책이 참여적 과정 속에서 시민들에 의해 결정될 것이고 국방과 관련된 과학 기술은 이러한 정책을 반영할 것임을 의미한다. 이것이 실천에서 의미하는 바는 어떤 정책이 선택될 것인가에 달려 있다. 이 물음에 단일한 해답이 있는 것은 아니지만, 몇 가지 가능성들을 탐구해 볼 수는 있다.

한 가지 분명한 가능성은 민간인들을 대상으로 대규모 살상과 파괴를 자행할 수 있거나 반대자들을 억압하기 위해 설계된 기술을 폐기하는 것이다. 여기에는 기화 폭탄(fuel-air explosive)부터 지뢰, 엄지 수갑(thumb cuff)에 이르는 모든 것들이 포함된다. 그러한 기술의 폐기는 R&D의 우선 순위를 이전시킬 것이다. 예를 들어 미사일 연구는 줄어드는 반면 소규모 태양 에너지에 관한 연구는 영향을 받지 않을 것이다. 또 다른 정책의 가능성은 민간 목적으로 설계된 기술들에 더 큰 강조점을 두는 것이다. 가령 어떻게 하면 병사들의 생존을 유지하면서 계속 싸울 수 있게 만들까보다는 어떻게 하면 민간 직업에 종사하는 사람들을 계속 건강하게 할 수 있을까를 연구하는 것이 여기 해당한다.

좀 더 넓게 보면 시민들이 만들어 낸 세상은 지금과는 다른 정치와 경제 시스템을 갖게 될 것이다. 그 어느 시스템도 침략적이거나 압제적이지 않다는 제약 조건 하에 다양한 시스템의 공존이 이뤄질 수도 있다. 예를 들어 어떤 지역 공동체는 자체적인 통화 시스템을 도입하고 지적 재산권 법률을 지역의 혁신과 창조성을 촉진하는 대안적 시스템으로 대체할 수 있다. 그 결과는 오늘날의 연구가 처한 경제적·정치적 조건으로로부터 상당히 벗어남으로써, 현재의 우선 순위나 방법과는 크게 달라진 방향으로 연구가 추진될 수 있다. 이는 전망 3의 민중에 의한 과학의 요소들을 포함할 수 있다.

전망 4는 어떻게 달성될 수 있을까? 원칙적으로는 국가 주도의 전략들이 시민이 만들어 낸 세상을 탄생시키는 데 도움을 줄 수 있지만, 실제에 있어 이런 접근법은 국방에서 다른 방향으로 이어지지 못했다. 사회주의 정부들은 국가 사회주의와 사회 민주주의를 막론하고 다른 정부들과 동일한 국방의 경로, 즉 군사력과 무기 시스템이라는 통상의 형태를 대체로 따랐다. 일부 사회주의 지향의 해방 투쟁은 게릴라전 양식의 무기와 투쟁 방법을 도입했다. 그러나 일단 성공을 거두고 나면 그들은 대체로 통상의 군사적 모델로 옮겨갔다.

압력 단체 접근법은 시민이 만들어 낸 세상으로 향하는 움직임에 일조할 수 있다. 그러나 국방 영역에서 대부분의 운동은 (군사적) 국방의 필요성에 관한 기본 가정에 의문을 제기하지 않으며, 오늘날 군사 시스템의 근간을 이루는 국가, 대규모 산업체, 관료제의 존재 필요성에 대해서는 말할 것도 없다. 지뢰를 금지하는 것만으로는 군사적 내부동학이 변하지 않는다.

민중에 의한 과학을 포함하는 역량 강화 전략은 시민이 만들어 낸 세상으로 향하는 데 있어 더 큰 잠재력을 가진 듯 보인다. 페미니스트 운동은 개인 간의 수준에서 사람들의 사고와 행동을 변화시키는 것(역량 강화 접근법)을 통해 많은 성과들을 얻었다. 페미니스트 국가나 압력 단체를 통해 정책 결정에 영향을 미치려는 시도는 이에 못 미쳤다. 그런 전략의 요소들이 모두 일정한 역할을 하긴 했지만 말이다. 그러나 군사 시스템은 변화에 저항하는 힘이 특히 강한 것 같다. 이전에 비해 서구의 군대에서 여성의 숫자는 조금 늘었지만 국방이라는 지상 명령이나 군사 R&D에서의 중대한 변화는 찾아볼 수 없다. 페미니즘은 평화 운동에는 훨씬 더 큰 영향을 미쳤고, 성차별적이지 않은 행동과 평등주의적인 집단 내부동학을 촉진하는 데 기여했다. (Brock-Utne, 1985; Gnanadason, Kanyoro, and McSpadden, 1996)

평화 운동 바깥의 시민 행동은 이미 국방 관련 연구 의제에 상당한 영향을 미쳤다고 주장할 수 있다. 핵 발전에 반대하는 전 세계적 운동은 핵 발전이 에너지 시스템에서 필수불가결한 요소가 되는 것을 막는 데 대체로 성공을 거둬 왔다. (Falk, 1982; Rüdig, 1990) (비용 상승이 핵 발전 쇠퇴의 직접 원인으로 작용한 미국에서는 시민들의 반대가 안전성에 대한 높은 기준을 강제해 비용에 중대한 영향을 미친 핵심 요인이었다. 대다수의 다른 국가들에서 핵 발전은 국영이어서 비용 고려에 의해 직접 영향을 받지 않았다.) 시민들의 우려 중 많은 부분이 원자로 사고와 수명이 긴 핵 폐기물의 처분에 맞춰져 있긴 하지만 이는 핵무기 확산과도 강하게 연결되어 있다. 뿐만 아니라 많은 운동가들은 '플루토늄 경제'에서 범죄나 테러 행위의 위험에 대처하기 위해 정부의 억압이 필수적인 것이 되어 버릴 핵의 미래에 대한 반대에서 운동에 참여했다. (Patterson 1977) 바꿔 말해 대참사의 가능성이 있고 비용도 많이 드는 에너지 시스템에 대한 의존과 권위주의 정치는 연관되어 있다. 플루토늄 경제는 핵을 지향하는 R&D와 함께 정치적 통제를 위한 기술을 불러올 것이다.

시민 행동이 이러한 디스토피아적 미래를 예방해 오는 과정에서는 네 가지 전략 모두의 요소들이 역할을 했다. 역량 강화에 기반을 둔 풀뿌리 활동은 많은 운동의 토대가 되었다. 대안을 생활에서 실천하는 것의 한 측면인 에너지 대안의 개발은 핵 발전이 꼭 필요한 것은 아님을 보여주었다는 점에서 중요했다. 압력 단체 정치도 중요했고, 일부 국가의 정부들은 핵 발전에 반대하는 입장을 취했다. 그 결과는 플루토늄 경제의 예방이었고, 그에 따른 영향을 국방 연구를 포함한 현재의 연구 의제에 미쳤다.

너무나 많은 사회 운동들이 뭔가에 **반대하는** 데서 영감을 얻어 왔기 때문에, 그들이 거둔 성취는 만약 그들이 없었다면 세상은 어떻게 되었을까를 생각해 보면 더 잘 인식할 수 있다. 이는 국방과 관련해서도 잘 들어맞는다. 평화 운동이 없었다면 군사 기술은 현재보다 훨씬 많은 영역들에서 지배적인 역할을 하고 있었을 수 있다. 우주 무기, 생물 무기, 정치적 통제의 기술, 교육의 군사적 모델 등 목록은 끝이 없다. 비관론자들은 우리가 군대가 지배하는 세상에서 살고 있다고 말할지 모르지만, 전쟁을 위한 총동원이 이뤄졌던 시기와 비교해 보면 오늘날의 세계 중 많은 부분에서는 민간의 우선 순위가 중심적인 역할을 하고 있다.

5. 결론

나는 민중을 위한 과학과 민중에 의한 과학의 개념을 둘러싸고 만들어진 대안 과학의 네 가지 전망을 설명하는 것으로 글을 시작했고, 이어 이러한 전망들로 향하는 네 가지 전략들을 기술했다. 간단한 요약에서는 이러한 전망과 전략들이 충분히 논리적인 것처럼 보였지만, 국방 기술이라는 구체적인 사례를 다루면서 도전적인 과제들이 제기되었다. 이 사례를 통해 몇 가지 통찰을 끌어낼 수 있다.

● 대안 **과학**의 전망을 발전시키려면 먼저 대안 **사회**의 전망을 가져야 한다. 이는 쉽지 않은 문제일 수 있다. 국방 기술의 사례에서 핵심 쟁점은 국방의 전망을 선택하는 것이다. 이는 통상의 군사적 방어, 비공격적 방어, 사회 정의의 촉진을 통한 안보, 비폭력 방어 중 어느 것도 될 수 있다. 대안 과학에 관해 사고할 때의 위험은 대안 사회에 관해 창의적으로 사고하지 못하는 데 있다.

● 대안 과학을 어떻게 성취할 것인가에 관한 전략적 사고가 매우 부족하다. 대다수의 사회 운동은 단기적 지평 위에서 당장의 쟁점들에 의해 추동된다. 몇 년, 더 나아가 몇십 년을 내다보는 사고가 드물다. (Schutt 2001) 그 대신 통상적인 운동의 초점은 새로운 개발을 중단시키거나 다음 번 시위 내지 집회를 조직하는 것에 맞춰져 있다. 단기적 사고는 개혁을 목표로 하는 압력 단체 접근법과 가장 잘 들어맞는다. 이는 상당히 유용할 수 있지만, 더 폭넓은 변화는 요행수에 맡기는 결과를 초래한다. 장기적인 전략적 사고가 중앙으로부터의 계획과 꼭 연결되어야 하는 것은 아니며, 참여적 접근법과 연관될 수도 있다. 전략적 사고의 핵심은 장기적 목표의 성취를 위해 지금 당장 무슨 일을 해야 하는지를 파악하는 데 있다. 이런 사고는 어떤 집단이나 개인이든 이용할 수도 있다.

● 대안 과학에 대한 간접적 접근법 즉, 사회를 변화시켜 과학을 바꾸는 접근은 상당히 효과적일 수 있음에도 간과되어 왔다. 과학은 자율성의 이데올로기를 둘러싸고 고도로 전문직화되어 있기 때문에 시민들이 연구를 직접 감독하는 것은 과학자들에게 위협으로 비칠 수 있으며, 민중에 의한 과학이란 자기모순적 용어처럼 들릴지 모른다. 반면 사회 운동은 대다수의 과학자들에게 즉각적인 위험을 가하지 않고 연구 의제를 간접적으로 변화시킬 수 있다.

　대안 과학에 대한 간접적 접근법을 강조하는 것, 바꿔 말해 사회를 변화시켜 과학을 바꾸는 것은 과학을 "힘든 과제", 즉 변화에 대해 상대적으로 저항하는 사회의 일부로 다루는 것을 의미한다. 이는 옳은 판단일 수도, 그렇지 않을 수도 있다. 이에 대한 답을 얻기 위해서는 민중에 의한 과학에서 더 많은 실험이 이뤄질 필요가 있다.

대안 과학의 전망과 전략을 살펴보면서 내가 주로 초점을 맞춘 것은 활동가들에게 줄 수 있는 함의였다. 사회 운동은 지금·이곳의 상황을 벗어나서는 존재할 수 없지만, 그럼에도 목표와 방법을 명확하게 표현함으로써 도움을 얻을 수 있다. 활동가들은 자신들이 무엇에 맞서 싸우는지는 대개 잘 알지만, 자신들이 어디로 향해 가고 있는지에 대해 잘 다듬어진 상을 갖고 있는 경우는 좀처럼 드물다. 전형적인 비판적 분석의 양식을 따르는 학술 연구는 이와 동일한 불균형을 그대로 재연한다.

연구에 관해 성찰하면서 얻을 수 있는 함의는 학술 연구가 전망과 전략에 기여할 수 있는 가능성이 폭넓게 열려 있다는 것이다. 물론 이 영역에서는 미래학 같은 분야의 학술 연구가 일부 존재한다. 그러나 그것이 학술지 안에 머물러 있다면, 학계 바깥에 많은 영향을 미치기는 어렵다. 활동가들에게 쓸모가 있으려면 연구는 내용뿐 아니라 방법에서도 달라질 필요가 있다. 이를 잘 보여 주는 유력한 후보는 지식을 발전시킴과 동시에 사회 변화를 일으키는 것을 목표로 삼는 참여 행동 연구(participatory action research)이다. (Whyte, 1991)

스미스 교수는 크리스의 논평에 대해 숙고했다. 몇 달 뒤 '과학 정의'의 회합에서 다음과 같은 토론이 이뤄졌다.

크리스   안녕하세요, 여러분. 스미스 교수님을 소개하겠습니다. 지난 해 제가 들었던 수업의 선생님이셨어요.

스미스 교수　　저를 스테프라고 부르세요.

크리스　　좋습니다. 아마도 우리에게 이 단체에 관한 선생님의 생각을
말씀하시고 싶으실 테죠?

스테프　　사실 난 여러분의 활동과 계획에 관해 들었으면 합니다.

크리스　　그럼요. 어차피 우리가 세운 계획을 검토해야 하니까요. 누가
시작할까요?

(장시간에 걸친 토론이 이어진다.)

크리스　　스테프, 이 모든 얘기를 다 들으셨는데요, 해 주실 말씀이
있으신가요?

스테프　　여러분이 거둔 성공과 실패에 관해 들으면서 많은 걸 배웠습니다.
내년을 대비한 수많은 가능성들에 대해 얘기를 했지요. 여러분은
향후 5년 혹은 10년 동안의 목표에 대해 생각해 본 적이 있나요?

(잠시 아무도 대답하지 않는다.)

크리스　　그렇지 않은 것 같네요. 선생님께서는 어떻게 생각하시나요?

스테프　　여러분은 이 단체에서 여러분이 가진 강점과 약점, 그리고 여러분이
무엇에 맞서 싸우고 있는지에 대해 아주 잘 다듬어진 이해를 갖고
있습니다. 여러분이 지닌 장기적 목표를 염두에 두고 어떤 운동이
우선 순위가 높은지 역으로 결정해 나간다면 도움이 될 겁니다.

크리스　　(주저하며)일리가 있는 말씀 같네요. 우리가 너무 추상적인 이론
작업으로 빠져들지만 않는다면요. 현재의 쟁점은 정말 중요하고
긴급한 문제라서 운동의 동력을 잃지 않았으면 합니다.

스테프　　음, 여러분 중 두세 명이 나와 같이 작업을 해서 단체에 제출할
아이디어를 발전시킬 수 있을 겁니다. 내 동료들에게 도움을 청할 수
있겠네요. 하지만 그 작업이 의미가 있으려면 여러분 중 누군가가

참여를 해야 합니다.

크리스　　　제가 기꺼이 자원하겠습니다. 다른 사람 있나요?

회합 장소를 떠나면서 크리스는 이렇게 생각했다. "스테프가 너무 학술적으로 나올지 모른다고 걱정했는데, 잘 된 것 같군." 스테프는 이렇게 생각했다. "이건 정말 색다른 일인걸! 이 활동가들과 얘기를 해보도록 동료들을 설득할 수 있어야 할 텐데."

브라이언 마틴(Brian Martin)

오스트레일리아 울런공 대학교의 사회과학 교수이다. 사회 과학으로 전공을 바꾸기 전에는 응용 수학자로 일했다. 과학 논쟁, 이의 제기, 비폭력, 민주주의, 정보 기술의 정치 등의 주제에 관해 10권의 책과 100여 편의 논문을 발표했다. 개인 홈페이지(http://www.uow.edu.au/~bmartin)에 발표한 글 대부분을 올려두고 있다.

후주

발간사

1   STS를 소개하는 개론서로 데이비드 헤스의 『과학학의 이해』(당대, 2004년)를 추천할 수 있다.

2   '과학기술민주화를위한모임(약칭 과민모)'이라는 참여연대 내부 조직으로 출범, 2년 후 시민과
    학센터로 명칭을 바꾸면서 활동 결과를 『진보의 패러독스』(당대, 1999년)리 는 책으로 펴냈다.
    2005년 4월 참여연대로부터 완전히 독립해 지금까지 활동하고 있다. 시민과학센터에 대한 정보
    를 얻기 위해서는 홈페이지(http://cdst.jinbo.net)를 참고.

1. 과학 기술 민주화의 이론과 실천

1   이 글은 《경제와 사회》 2010년 봄호(통권 제85호)에 실렸던 논문을 보충, 확장한 것이다.

2   STS는 과학 기술과 사회의 관계를 연구하는 학제적 분야를 가리키며, 과학기술사 · 과학기술철
    학 · 과학기술사회학 · 과학기술인류학 등이 그 주된 접근들이다. STS의 전반적 소개에 대해서는
    Hess(1997)와 Sismondo(2010)를 참고.

3   '숙의'란 참여자들이 학습과 토론, 그리고 성찰을 통해 자신들의 판단, 선호, 관점을 변화시켜 나
    가는 동태적인 과정을 말한다. 숙의 민주주의(Deliberative Democracy)론은 바로 이러한 숙의
    에 기반을 둔 시민 참여를 통해, 전통적인 대의민주주의와 참여민주주의의 한계를 뛰어넘어 민

주주의를 확장하고 심화할 수 있는 가능성에 주목하는 새로운 민주주의론이다. (이영희, 2009)

4 원래 이 기준은 STS 분야에서 행위자-연결망 이론으로 유명한 칼롱과 그의 동료들이 행한 연구 (Callon, Lascoumes & Barthe, 2009[2001])에서 제시한 것을 부치와 네레시니가 채택한 것이다.

5 전 세계에서 수행된 합의 회의의 목록은 http://www.loka.org/TrackingConsensus.html을 참고.

6 이에 관한 자료는 다음의 주소를 참조. http://cordis.europa.eu/easw/home.html

7 환자 단체의 활동이 의학 연구와 보건 운동에 미친 영향에 대한 STS 연구들을 전반적으로 개관한 글로는 Epstein(2008)을 참고.

8 전 세계 과학 상점들의 네트워크는 http://www.scienceshops.org/에서 볼 수 있다. EU가 2001년 12월에 채택한 『과학과 사회 – 행동 계획』(EC, 2002)의 'Action 21'에서는 유럽 지역 과학 상점들의 네트워킹을 지원하기로 결정해 ISSNET(Improving Science Shop Networking) 프로젝트가 출범했다.

9 미국의 지역 사회 기반 연구에 대해서는 http://www.loka.org/CRN/lokareport.pdf를 참고.

10 이러한 사회 운동들의 분류와 이들이 과학 기술의 발전에 미친 영향에 대해서는 Hess, Beyman, Campbell & Martin(2008)을 참고.

11 시민과학센터에 대한 자료는 홈페이지 http://cdst.jinbo.net/에서 볼 수 있다.

12 우리나라 과학 상점 운동의 전개 과정에 대한 개략적 소개는 정복철·손혁상(2008)을 참고할 것. 시민 참여 연구 센터에 대한 자료는 홈페이지 http://www.scienceshop.or.kr/에서 볼 수 있고, 경남 과학 기술 상점에 대한 자료는 홈페이지 http://www.gnscienceshop.net/에서 볼 수 있다.

13 WWViews의 공식 홈페이지(http://www.wwviews.org/)에 가면 이 행사에 관한 자료를 모두 볼 수 있다.

14 덴마크 의회 산하의 기술 영향 평가 기구로서 홈페이지 주소는 http://www.tekno.dk/이다.

2. 지향점으로서의 공익 과학

1 상업화에 대한 서술은 한국 과학 기술 단체 총연합회가 주최한 "2007 대한민국과학 기술연차대회", 과학 기술과 사회 분과에서 "과학의 사회적 불평등"이라는 제목으로 발표되었고, '세계를 변혁하는 대/항/언/론 고대문화 편집 위원회'가 발간하는 《고대문화》 2007년 10월호에 일부 내용이 실렸음을 밝혀둔다.

2 제너럴 일렉트릭 소속 미생물학자 아난다 차크라바티(Ananda Chakrabarty)는 1971년에 해양 유출 기름을 제거할 수 있도록 유전자 조작된 미생물의 특허를 특허청에 출원했다. 당시 특허청은 미국 특허법상 생물은 특허의 대상이 되지 않는다는 이유로 기각했다. 이후 항고를 거치면서 오랜 논란을 벌이다가 1980년 대법원에서 5대 4의 근소한 차이로 특허가 인정되었다.

3 제임스 왓슨, 『DNA: 생명의 비밀』(이한음 옮김, 까치), 139쪽

4 로타 바이러스는 극심한 위장염을 일으키는 주된 요인 중 하나이다. 이 질환은 심한 설사를 일으
킬 수 있고, 입원 치료를 필요로 하는 유아와 어린이들의 절반가량이 여기에 해당한다. 매년 미국
에서 약 300만 건의 로타 바이러스 감염 사례가 일어나며, 매년 로타 바이러스 복합증으로 발생
하는 사망자수는 20명에서 100명에 달한다

5 지난 1985년의 대중의 과학 이해(Public Understanding of Science, PUS)에 대한 보고서, 1992
년의 기술 위험에 대한 보고서 등이 그런 예에 해당한다.

6 보다 자세한 내용은 다음 주소를 참조하라. http://www.public-science.org/id9.htm

3. 한국의 과학 기술은 공익을 위해 연구되고 있나?

1 이 글은 2007년 한국과학기술학회 춘계 학술대회(2007. 6. 9. 경희 대학교 네오르네상스관)에서
이상동·김병윤과 함께 발표한 '공익 연구 개발: 개념과 현황' 중, 필자가 작업한 내용을 중심으로
재정리한 것이다. 결론의 공익 연구 개발 사업 활성화 부분에서 이상동과 김병윤의 작업 내용을
많이 참고했다. 한편 이 글은 이명박 정부가 들어서기 전에 작성된 것으로, 이명박 정부의 연구 개
발 투자 정책의 변화를 반영하고 있지 못하다는 점을 미리 밝혀둔다.

2 '탈추격형 기술 혁신 체제'에 대한 논의는 송위진(2006b)을 참조

3 예를 들어 국가과학기술위원회의 '2007년도 국가 연구 개발 사업 예산 배분·조정 결과(안)'를
살펴보면, '공공·복지 기술' 분야는 3조 2751억 원으로 전체 9조 5178억 원(조정안 기준)의 33.9
퍼센트에 해당한다. 하지만 국방 연구 개발 투자가 1조 2651억 원으로 '공공·복지 기술' 분야의
39.3퍼센트를 차지하고 있다. 이외에 우주·항공 분야가 4444억 원으로 13.8퍼센트를 차지한다.
이외에 공익성이 명확한 재생 에너지의 전체 비중은 극히 적은 반면 원자력처럼 논란이 많은 비
중이 대단히 큰 '에너지 기술' 분야는 8181억 원으로 25.1퍼센트를 차지한다.

4 국방 분야의 연구 개발 투자는 노무현 대통령의 '자주 국방' 선언 이후로 증가하기 시작한 것으
로 보이는데, 이는 향후 더욱 증가할 것으로 보인다. 제 23회 국가과학기술위원회는 2007년 4월
30일 '국방 연구 개발 역량 강화 방안'을 심의 의결했는데, 그에 따르면 정부는 국방비 대비 국방
R&D 투자액 비중을 올해 5.1퍼센트에서 2015년까지 7퍼센트 이상 확대하고 2020년까지 10퍼
센트 이상으로 높여 나가기로 했다.《국정브리핑》, 2007. 4. 30.

5 이명부 정부가 들어선 후, 과학기술부는 교육부와 산자부로 나뉘어져 교육과학기술부와 지식경
제부로 통합되었다. 이 글은 이명박 정부가 들어서기 이전인 2007년까지를 분석 대상으로 한다.

6 과학기술부는 기술 혁신 본부 설치 등을 골자로 해 과학 기술 행정 체제가 대대적으로 개편되면
서, 기초 연구에 대한 투자의 대부분을 교육부에 이관해 목적 지향성이 강한 연구 개발 사업에 집
중하고 있다.

7 과학 기술 기본법 제9조 1항 및 2항. 이명박 정부에서 위원회 정비 계획에 따라서 국가과학기술
위원회도 변화가 예상되지만, 이 글에서는 이전 시기의 상황을 중심으로 살펴본다.

8 이와 관련해서 과학 기술 기본법 제정과정에서 참여연대, 경실련, 환경운동연합, 과기노조 등이 의견서를 내서 일반 시민 및 현장 과학자의 의견을 반영할 수 있도록 위원회의 참여폭을 넓힐 것을 주장한 바 있다. 경실련 등 보도자료, 2000. 6. 19. 한편 2005년 8월부터는 시민 사회 단체 대표(손혁재 참여연대 운영 위원장)가 한명 참가하고 있다.

9 예를 들어서 삶의 질을 위한 연구 개발 기획에서, 식품안전에 대한 사회적 수요가 식중독 신속 진단 키트로 해석되어 연구 개발 과제가 설정되는 것이 좋은 사례가 될 것이다.

10 특히 (대)기업의 이익을 적극적으로 대변하는 이명박 정부 하에서는 그런 변화는 더욱 어려워지고 있는 것으로 보인다.

11 과학 상점과 관련된 정부의 지원은 주로 과학문화재단을 통해서 총 3건의 연구가 진행되었다. 이영희·김병윤, "한국형 '과학 상점(science shop)' 제도 구축 방안 연구", 2002(예산 1억 5000만 원), 시민 참여 연구 센터, "시민 참여 연구 센터 운영사업", 2004 (예산 1억 5000만 원), 이은경, "대중의 과학 기술 이해 증진을 위한 과학 상점 활성화 방안", 2006 (예산 2000만 원), 이외에 경상남도는 2007년도 4월에 '경남 과학 기술 상점'을 개설하면서, 2007년부터 2010년까지 4년 동안 매년 5000만 원씩 2억 원을 투자할 예정이다.

12 그것을 상징적으로 보여 주는 것이 체신청이 황우석 박사의 줄기 세포 연구 성공을 축하하기 위해서 만들어 낸 우표이다. 우표 속의 그림에는 휠체어를 탄 장애인이 차츰 일어나 걷게 된다는 내용이 줄기 세포 사진을 배경으로 해서 실려 있었다.

13 민주노동당 내부 자료, 국가 연구 개발 사업 종합 관리 시스템(KORDI)에서 1999~2005년 연구 과제 중, 검색어 '장애인(504건)', '재활&보조(132건)', '재활기기(72건)'로 검색해, 재활 보조 기술과 관련된 연구 과제를 정리한 결과다. (중복, 단순 언급, 연구 내용 요약 미기재 등 제외.)

14 2004년도에 신에너지 및 재생 에너지 개발·이용·보급 촉진법(이하, 신재생 에너지법)으로 전면 개정되었다.

15 "'수소 생성으로 무엇을 할까' 논란", 《서울경제》, 2005. 9. 7.

16 한편 이 사업을 통해서 신에너지를 제외한 재생 에너지 기술에 투자된 총 연구 개발비는 2291억 원(1988~2006년)이다. 투자 추이를 보면, 1988년부터 매년 조금씩 증가하다 2차 신재생 에너지 기술 개발 계획이 시작하는 2003년 이후부터 급격히 증가했다.

17 논벼의 경우 2003년 과잉시비량은 표준시비량 기준으로 23.9퍼센트에 달하는 것으로 추정되고 있다. 이에 대해서는 김창길(2005) 참조. 또한 농산물 잔류 농약 검사 부적합률은 1.1~1.5퍼센트 대를 오르내리고 있다. 이에 대해서는 농림부 농업통계자료(2006) 참조.

18 Codex의 이 가이드라인은 1999년에 처음 제정되었고, 2006년에 유기 축산 분야를 포함해서 최종적으로 정리되었다. 이 가이드라인의 1장 1-5조를 보면, "유전자 조작/변형 유기체(GEO/GMO)로부터 생산된 물질 또는 제품은 유기생산의 원칙과 모순되므로(재배, 생산, 가공의 모든 측면에서) 본 가이드라인에서 인정하지 않는다."라고 명시하고 있다.

19 예를 들어 농진청의 농진청, '친환경 농업육성 5개년 사업 제1차 추진실적 및 제2차 세부추진 계

획 - 기술 개발·보급 분야'를 보면, '환경 친화형 품종 개발'이라는 분야에서 농업 생명 공학 기술을 이용한 여러 분야에서 GM 작물개발 계획을 추진할 것을 밝히고 있다.

20 2005년도 현재 OECD 경제 사회 목적별 분류의 '농업생산 및 기술' 분야에 투자된 5073억 원의 61.8퍼센트에 해당하는 3136억 원을 농진청이 연구 개발에 투자했다. 출처: KISTEP, KORDI.

21 시민 참여 연구 센터란 지역 주민과 전문 연구자가 함께 '참여 연구'를 수행하는 공익적 연구 센터를 말한다. 지역에서 발생하는 연구 주제를 주민으로부터 의뢰받은 다음 전문 연구자 또는 연구 기관은 이 연구를 수행하는 데 필요한 인력과 장비, 전문적인 분석 틀을 제공하는 것이다. 이때의 참여 연구는 지역 주민의 구체적인 요구 이외에는 어떠한 정치적 경제적 이해 관계로부터도 독립적이어야 함은 물론이다. 시민 참여 연구 센터는 지역 주민과 연구자가 상호 학습하고 교류하는 가운데 공익적 지식을 생산하고 이를 확산하는 거점으로 작동할 것이다.

4. 기술과 시민

1 이 글은《경제와 사회》제82호(2009년 6월)에 게재되었던 동명의 졸고를 다시 실은 것임을 밝혀 둔다.

2 이처럼 보다 실천적인 문제 의식 하에서 이루어진 과학 기술학 연구의 흐름을 과학사회학자인 스티브 풀러는 저교회파(Low Church)라고 부르고, 이를 과학 기술 지식의 인식론 등과 같이 과학 기술에 대한 학술적 관심을 강조하는 고교회파(High Church)와 구분한 바 있다. (Fuller, 2000) 대체로 저교회파는 STS를 Science, Technology, and Society의 약자로 쓰는 반면, 고교회파는 Science and Technology Studies의 약자로 쓰는 경향이 있다. 풀러의 용어를 빌리자면 이 글에서 다루는 기술 시민권 개념은 저교회파 STS의 전통을 계승하고 있다고 할 수 있다.

3 여론 조사나 투표의 경우에도 시민들의 선호 판단을 돕기 위해 일정한 정보가 주어지기는 하지만, 주어진 정보에 대한 숙의 과정이 보장되어 있지 않다는 점에서 선호 취합적인 방식이라고 규정된다.

4 숙의 민주주의(deliberative democracy)론은 바로 이러한 숙의에 기반한 시민 참여를 통해 전통적인 대의 민주주의와 참여 민주주의의 한계를 뛰어넘어 민주주의를 확장하고 심화할 수 있는 가능성에 주목하는 새로운 민주주의론이라고 할 수 있다. 숙의 민주주의의 대표적인 이론서로는 Elster(1998), Dryzek(2000) 등을 꼽을 수 있다. 숙의 민주주의를 소개하는 우리말 문헌으로는 정규호(2005), 오현철(2007)을 참고할 수 있다.

5 합의 회의는 현재 전 세계적으로 활발하게 실시되고 있는데, 근래 실시된 대표적인 사례로는 다음 문헌들을 참고한다. Guston(1999), Einsiedel, Jelsoe & Breck(2001), Mohr(2002), Goven(2003), Nishizawa(2005), Seifert(2006), Chen & Deng(2007)

6 미국에서 이루어진 시민 배심원 회의 사례들에 대해서는 제퍼슨 센터 홈페이지(www.jefferson-center.org)에 잘 소개되어 있다. 영국의 경험에 대해서는 Coote & Lenaghan(1997),

Barnes(1999), Rogers-Hayden & Pidgeon(2006)을, 호주에 대해서는 Goodin & Niemeyer(2003)을, 시민 배심원 회의에 대한 일반론적인 평가 글로는 Smith & Wales(2000), Ward, Norval, Landman & Pretty(2003)을 참고하라.

7 기술 영향 평가란 특정 기술이 인간과 사회, 문화, 정치, 경제 등에 미치는 긍정적이고 부정적인 영향들을 미리 파악해서 부정적인 영향들을 최소화하자는 취지에서 개발된 사회 통합적 기술 정책의 하나이다. 따라서 기술 영향 평가는 대체로 기술 진흥보다는 기술 규제적 성격을 많이 지니고 있기 때문에 기술 영향 평가가 제도화되고 실시되는 과정은 일종의 '기술 정치'의 과정이라고 할 수 있다. 우리나라에서의 기술 영향 평가의 제도화와 실시 과정에 대해서는 이영희(2007a)를 참고할 것.

8 필자는 이 시민 배심원 회의 프로젝트의 책임자로 활동했다. 필자는 이 자리를 빌려 프로젝트의 연구원과 연구조원으로 참여해 시민 배심원 회의 진행 과정에 도움을 준 도강호(서울 대학교 대학원 석사 과정)와 김직수(가톨릭 대학교 대학원 석사 과정)에게 감사드린다.

9 운영팀은 프로젝트 책임자를 포함, 총 3인으로 구성되어 시민 배심원 회의 전 과정을 담당했다.

10 자문 위원으로는 총 5명이 위촉되었다. 구체적으로 보면 자문 위원회는 사회 과학 전문가 1명, 의료 분야 전문가 2명, 보건 의료 시민 단체 전문가 1명, KISTEP 관계자 1명으로 구성되었다.

11 원래는 남녀의 비율이 8 대 8이었지만 최종 시민 배심원 회의에 불참한 2명이 모두 남자였던 관계로 결국 6 대 8이 된 것이다.

12 미국이나 영국의 경우 통상적으로 시민 배심원 회의는 주말이 아니라 주중에, 예컨대 월요일부터 목요일이나 금요일까지 개최된다. 그러나 우리의 경우 주중에 회의를 개최하게 되면 시민 배심원으로 참가할 사람이 거의 없을 것이라는 미디어리서치 측의 우려를 받아들여 두 번의 주말을 이용하는 것으로 결정했다.

13 이처럼 시민 배심원들이 대상 주제에 대한 의견 리스트를 만들고 그것에 대해 숙의 과정을 거친 다음 투표를 통해 최종적으로 의견을 수렴하는 방식은 덴마크 기술 위원회가 2005년에 조직했던 유전자 변형 작물 시민 배심원 회의에서 활용되었던 것이다. The Danish Board of Technology(2005) 참고.

14 이 질문에 대해 배심원들이 처음에 제시한 의견 수는 47개에 달했다. 배심원들은 이 47개의 의견을 놓고 상호 토론을 통해 이들 중 유사한 것은 통합하고, 무의미하다고 판단된 것은 삭제하는 과정을 거쳐 최종적으로 25개로 압축했다. 따라서 의견의 압축 과정 자체가 배심원들 사이의 숙의 과정이었다고 할 수 있다.

15 이 질문에 대해서도 배심원들이 처음에 제시한 의견 수는 21개에 달했지만, 토론을 통해 최종적으로 11개로 압축했다.

16 2001년의 "인간 유전 정보 보호를 위한 시민 배심원 회의"의 구체적인 내용에 대해서는 참여연대 시민과학센터가 펴낸 백서(참여연대 시민과학센터, 2002)를, 2004년의 "음식물 자원화 시설 시민 배심원제"의 구체적인 내용에 대해서는 김도희(2005), 조현석(2006)을, 2007년의 "심야 전기

제도 시민 배심원단 회의"의 구체적인 내용에 대해서는 이영희(2007b)를 참고하기 바란다.

17 당시 원자력을 지지하는 친원자력계 주부 모임에 소속되어 있던 주부가 이러한 사정을 숨기고 시민 패널에 지원했다가 면접 과정에서 이 사실이 드러난 적이 있었다. 사실 이 경우는 운 좋게 사전에 적발한 것이었지만, 지원자를 통해 시민 패널을 모집할 경우 이 '위장 지원자' 문제는 계속 남을 수밖에 없다.

18 마넹에 따르면 고대 아테네의 집정관(행정직) 700명 중 약 600명이 무작위 추첨을 통해 선발되었는데 이들의 임기는 원칙적으로 1년이었다고 한다.

19 필자는 회의 마지막 날 시민 배심원들에게 시민 배심원 회의의 다양한 측면들에 대한 평가 설문지를 작성하도록 했다. 설문 조사 결과 시민 배심원 내부의 토론 과정에서 동료 시민 배심원들이 보여 준 태도나 자세에 대한 만족도를 묻는 질문에 대해 14명 중 9명이 "전적으로 그렇다"라고 응답하고 나머지 5명은 "대체로 그렇다"라고 응답한 것으로 드러났는데, 이는 동료 시민 배심원들의 적극적인 참여에 대해 시민 배심원들 스스로가 긍정적으로 평가하고 있음을 간접적으로 보여 주는 지표라고 할 수 있다.

20 이처럼 시민 배심원들의 질문이 날카로움을 갖게 된 배경 중의 하나는, 동일한 사안에 대해 상이한 시각을 갖고 있는 전문가 증인들로 하여금 서로 교차하면서 발표하도록 한 회의 진행 방식으로 인해 시민 배심원들이 사안을 보다 입체적으로 파악하게 되고, 그 결과 전문가 증인들에 대해 일종의 '반대 심문'을 할 수 있는 능력을 획득하게 되었던 데 있다고 판단된다.

21 앞에서 언급한 시민 배심원 회의 평가용 설문 조사의 결과들은 다소 간접적인 방식이긴 하지만 이러한 판단을 뒷받침해 주고 있다고 여겨진다. 시민 배심원 회의에 참석하기 전에 이 주제에 대해 잘 알고 있었느냐는 질문에 단 1명만이 "대체로 그렇다"라고 응답한 반면 9명이 "전혀 그렇지 않다", 4명이 "대체로 그렇지 않다"라고 응답해 주제에 대한 지식이 많이 결여된 상태였음을 알 수 있다. 그러나 이번 회의를 거치면서 주제에 대한 지식이 많이 증대되었느냐는 질문에 대해 12명이 "전적으로 그렇다", 2명이 "대체로 그렇다"라고 응답한 것으로 나타나 시민 배심원의 지식 기반이 회의를 거치면서 급격히 증대되었음을 알 수 있다. 한편 회의를 거치면서 주제에 대한 시민 배심원들의 생각에 어떤 변화가 있었는가를 묻는 질문에 대해서도 9명이 "전적으로 그렇다", 3명이 "대체로 그렇다"라고 응답한 반면 2명만이 "대체로 그렇지 않다"라고 응답해 쟁점 사안에 대한 배심원들의 선호에 상당한 변화가 있었음을 알 수 있다.

22 회의 과정에서 시민들의 숙의 능력이 과연 만족할 정도로 형성되었는가를 직접적으로 보여 줄 수 있는 지표를 찾기란 사실상 어렵다. 필자는 이 행사의 조직 책임자로서 행사 기간 동안 시민 배심원들과 숙식을 같이 했기 때문에 공식적 혹은 비공식적 방식으로 그들을 관찰할 수 있었고 그들의 이야기를 충실히 청취할 수 있었다. 필자는 이러한 관찰과 청취를 통해 시민 배심원들의 주제에 대한 이해도와 집중도, 토론 능력이 시간이 감에 따라 상당히 향상됨을 느낄 수 있었다. 그 결과 시민 배심원들 스스로도 이러한 변화에 대해 상당한 자부심을 갖게 되는 것이 감지되었다. 시민 배심원 회의 평가용 설문 조사 항목 중 이번 시민 배심원 회의를 거치면서 국가 정책에 대한

논의 과정에 일반 시민들이 참여하는 것에 대한 견해에 변화가 있었는가를 묻는 질문에 대해 단 1명만이 "긍정적인 쪽보다는 부정적인 쪽의 견해를 더 많이 갖게 되었다"라고 응답한 반면, 7명이 "전적으로 긍정적인 견해를 갖게 되었다", 6명이 "부정적인 쪽 보다는 긍정적인 쪽의 견해를 더 많이 갖게 되었다"라고 응답한 것은 바로 이러한 시민적 숙의 능력의 형성 가능성에 대한 자부심의 한 표현으로 이해될 수 있을 것이다.

5. 한국의 과학 기술 시민 참여

1 글의 필자는 세 사람으로 표시되어 있지만 실제로는 시민과학센터 시민 참여 연구실의 집단 창작물에 더 가깝다. 특히 2007년 한 해 동안 시민 참여 연구실에서 진행한 한국의 사회 갈등과 시민 참여 사례에 관한 일련의 세미나들에서 토론된 내용이 글의 근간을 이루었음을 밝혀둔다.

2 대통령자문 지속가능발전위원회,『공공갈등 관리의 이론과 기법 上, 下』(논형, 2005)

3 가령 한국행정학회 홈페이지에서 '시민 참여', '갈등' 같은 단어로 학술 대회 발표문과『한국행정학보』의 논문들을 검색해 보면 2000년 이후 관련 논문의 수가 크게 늘어났음을 볼 수 있다. 이 주제로 발간된 단행본은 박진·채종헌 엮음,『갈등조정, 그 소통의 미학』(굿인포메이션, 2007); 박홍엽 외 지음,『공공갈등: 소통, 대안 그리고 합의형성』(르네상스, 2007); 박재창 외 지음,『시민 참여와 거버넌스』(오름, 2009); 박진 엮음,『공공 갈등 관리 매뉴얼』(푸른길, 2009) 등이 있다.

4 이와 관련해서, 17개 시민 단체로 구성된 생명 윤리·안전 연대 모임에서는 1998년 11월 11일 생명 공학 육성법 개정안에 문제 제기하는 의견서를 과학 기술 상임위를 포함한 5개 국회 상임위와 과학기술부에 제출했다. 유네스코 한국 위원회 주최로 1999년 9월 10일부터 13일까지 개최된 '생명 복제 기술 합의 회의'에서는, 참여자들이 '생명 공학 육성법 개정안'의 생명 복제 관련 조항에 인간 배아 복제를 포함한 모든 종류의 인간 복제 행위를 금하는 조항을 삽입할 것을 촉구하기도 했다. 시민과학센터의 경우, 2000년 6월 "인간 배아 복제, '14일론' 집중 토론회" 개최에 이어, 같은 해 8월 18일에는 '인간 유전 정보와 인권'을 주제로 토론회를 열었고, 10월 18일에는 "생명 과학 인권·윤리법 제정에 관한 의견 청원서"를 제출했다.

5 애초에 생명윤리자문위원회는 생명 공학 육성 쪽에 무게를 두고 있는 특정 부처의 의지에 따라 운영되어서는 안 된다는 여론에 따라서 국무총리실 산하에 설치되기로 입안됐지만, 국무총리실이 이를 거부해 과학기술부 산하에 생명윤리자문위원회가 1년을 임기로 구성됐다.

6 위원 명단은 다음과 같다. 인문·사회 과학계: 진교훈(서울 대학교 국민 윤리 교육학과 교수, 위원장), 박은정(이화 여자 대학교 법과 대학 교수), 이인영(한림 대학교 법학부 조교수), 김영식(서울 대학교 자연 과학 대학 과학사 협동 과정 교수), 조무성(고려 대학교 행정학과 교수), NGO: 김환석(참여연대 시민과학센터 소장), 박병상(생명 안전 윤리 연대 모임 사무국장), 종교계: 박영률(한국 기독교 총연합회 상임 총무), 구영모(울산 대학교 의과 대학 인문 사회 의학 교실 연구 교수), 김용정(동국 대학교 명예 교수), 생명 공학계: 신희섭(포항 공과 대학교 생명 과학과 교수), 유

향숙(인간 유전체 기능 연구 사업단 단장), 김지영(경희 대학교 생명 과학부 교수), 정인재(덕성 여자 대학교 약학 대학 조교수), 이세진(한얼특허법률사무소), 의학계: 이제호(삼성 서울 병원 산부인과 과장), 권혁찬(을지 의과 대학 산부인과 부교수), 이귀숙(전남 대학교 호르몬 연구 센터 조교수), 황상익(서울 대학교 의대 의사학 교실 교수), 손명세(연세 대학교 의대 예방 의학 교실 부교수)

7 2000년 11월부터 2001년 6월까지 5월 공청회를 포함해 매달 두 차례의 전체 회의가, 그리고 마지막 7월과 8월에는 각각 한 차례 회의가 개최되면서 총 18회 모임을 가졌다.

8 생명윤리자문위원회 위원장이었던 진교훈 교수는 생명윤리자문위원회가 상이한 학문적 배경과 인생관 및 생명관을 가진 위원들로 구성되었음에도 불구하고 서로 존중하면서 모든 토의를 투명하게 민주적이고 합리적인 절차를 거쳐 행했고 생명 윤리 기본법의 골격안 제정의 합의에 도달했다는 점에서 이를 "참으로 자랑스러운 쾌거"라 자평하기도 했다. (진교훈, 「생명 과학에 대한 윤리학적 성찰」, 『생명 과학과 인류의 미래』(한들출판사, 2001) 230~261쪽.

9 시민과학센터, 「과학기술부 줄기 세포 연구 사업 공모, 생명 윤리법 제정 약속과 충돌」(2002. 1. 18). 해당 글은 http://blog.peoplepower21.org/PSPD/5476을 참고할 것.

10 1997년 국민회의 장영달 의원과 한나라당 이상희 의원 등은 "생명 공학 육성법 개정안"에 생명 공학의 문제점을 규제하는 조항을 포함시키자는 개정안을 발의했다.

11 「생명 윤리 자문 위원회의 '윤리' 도마에」, 《동아일보》 2000. 9. 28.

12 홍욱희, 「생명 윤리 자문 위원회 활동에 대한 소고」, 《과학사상》(2001년 가을) 52~103쪽.

13 그린 훼밀리 운동 연합, 기독교 환경 운동 연대, 녹색연합, 불교 인권 위원회, 생명 안전·윤리 연대 모임, 참여연대, 한국 여성 민우회, 한국 농어촌 사회 연구소, 환경 정의 시민 연대, 환경운동연합, 「생명 윤리 자문 위원회는 생명 윤리 전문가 및 시민·여성 대표가 중심이 되어야 한다」 공동 성명서(2000. 10. 12). 해당 글은 http://blog.peoplepower21.org/PSPD/1127에서 볼 수 있다.

14 《서울신문》, 「'생명 윤리 기준' 설정 部處 대립」(2000. 12. 13) 23면. 이듬해 5월에 있었던 의회 공청회 자리에서 국회의원들의 경우 생명 공학 육성의 주무 부처인 과학 기술부가 왜 육성을 저해하는 윤리 법안을 만들었는지에 대한 질책성 발언을 하기도 했다. (김훈기, 『생명 공학과 정치: 한국 생명 윤리법의 사회적 형성과정』(휘슬러, 2005), 125~151쪽)

15 김훈기, 앞의 책.

16 「생명 윤리 자문 위원회는 생명 윤리 전문가 및 시민·여성 대표가 중심이 되어야 한다」(공동 성명서)

17 애초에 2001년 생명 윤리 자문 위원회가 제시한 '생명 윤리 기본법(가칭)' 골격안에서는 국가 생명 윤리 위원회 위원에 장관이 포함되어 있지 않았다.

18 제1기 국가생명윤리심의위원회 구성원은 다음과 같다. 위원장에는 법무법인 화우 대표 변호사 양삼승 변호사, 민간 위원에는 연세 대학교 생화학과 김두식 교수, 서울 대학교 의과 대학 신상구 교수, 메디 포스트 양윤선 대표 이사, 전남 대학교 의과 대학 이정애 교수, 서울 대학교 의과 대학 조한익 교수, 청담 우리들병원 하권익 명예원장, 관동 대학교 한동관 총장, 국민 대학교 사회학과

김환석 교수, 한국여성민우회 명진숙 사무처장, 가톨릭 대학교 신학과 이동익 신부, 한림 대학교 법학부 이인영 교수, 한양 대학교 법과 대학 정규원 교수, 서울 대학교 의과 대학 황상익 교수, 정부 위원으로는 부총리 겸 교육인적자원부 김진표 장관, 법무부 천정배 장관, 산업자원부 이희범 장관, 보건복지부 김근태 장관, 여성가족부 장하진 장관, 김선욱 법제처장. 임기는 각각 민간 위원은 3년, 정부 위원은 재임 기간 동안이다.

19 구영모, 「국가 생명 윤리 심의 위원회」, 《철학과 현실》 73호(2007년 여름), 95~101쪽.

20 김병수, 「'생명 윤리 및 안전에 관한 법률'의 한계」, 생명 공학 감시 연대 토론회("인간 배아 연구, 이대로 좋은가?") 자료집(2005. 8. 25), 31~38쪽.

21 「진교훈 교수, "생명 윤리위는 정부가 황우석 연구의 방패막이로 설립한 것"」, 《노컷뉴스》(2006. 1. 6).

22 이인영, 「국가 생명 윤리 심의 위원회 구성 및 운영의 개선방안」, 《생명 윤리》, 7권 1호(2006), 71~87쪽.

23 「국가생명 윤리위 출범, 황우석 인간 배아 복제 등 심의」, 《프레시안》(2005. 4. 7).

24 「양삼승 위원장, '황우석 사과문' 작성과정에 참여」, 《프레시안》(2006. 1. 4).

25 이동익, 「국가 생명 윤리 심의 위원회의 운영에서 얻은 교훈」, 《한국의료 윤리교육학회지》, 10권 2호(2007. 12), 189~202쪽.

26 구영모, 앞의 글.

6. 생명 공학 감시 운동의 전개 과정과 특징

1 「생명 공학 육성법」 2조는 생명 공학을 다음과 같이 정의하고 있다. "1. 산업적으로 유용한 생산물을 만들거나 생산 공정을 개선할 목적으로 생물학적 시스템, 생체, 유전체 또는 그들로부터 유래되는 물질을 연구·활용하는 학문과 기술, 2. 생명 현상의 기전(起傳), 질병의 원인 또는 발병 과정에 대한 연구를 통해 생명 공학의 원천 지식을 제공하는 생리학·병리학·약리학 등의 학문."

2 2001년 8월 28일 신라 호텔 기자 회견에서 라엘은 제3국에서 인간 복제 실험이 비밀리에 진행 중에 있으며, 6~24개월 내에 복제 인간이 태어날 것이라고 주장했다. 더욱 놀라운 것은 김모 씨를 비롯해 한국인 8명이 인간 복제를 신청했다는 주장이었다. (《교회와 신앙》, 2001년 10월)

3 이 사업단의 연구비 일부는 황우석 박사의 조작된 논문에 사용되었으며, 이 사업단의 IRB도 조작된 논문에 관여했다.

4 한국 자회사로 지목된 회사는 대구에 소재한 '바이오퓨전테크'였다. 복지부 조사에 따르면 이 회사는 클로나이드사로부터 세포 융합 방식에 대한 기술을 전수받았으나 별개의 회사라고 주장했다. 이 회사는 세포 융합기인 BMX 2010 기술 개발 시 성능 테스트를 위해 동물 실험은 진행했지만 인간 복제 실험을 한 적이 없다고 주장했다. (보건복지부 출장 보고서, 2002년 7월 24일)

5 실제로 이 프로젝트는 2000년 5월부터 시작해 이미 2001년 10월에 종료되었으나 보건복지부는

발표를 미루고 있었다. 과학기술부도 인간 개체 복제에 대해서는 부담을 가지고 있었다. 과학기술부는 포괄법 형태의 법률 제정에 부정적인 입장을 가지고 있어서 줄기 세포만을 다루는 법률을 국회에 제출했는데, 이 법률안에서도 인간 개체 복제에 대해서는 우려를 표명했고, 금지를 강조했다.

6 「인간 복제 금지 및 줄기 세포 연구 등에 관한 법률」 입법 추진 현황 (과학기술부 보도자료, 2002년 7월 18일)

7 과학기술부의 반발은 시민 단체들이 복지부의 안을 지지하는 결과를 가져왔다. 당시 사회적 분위기는 배아 복제에 대한 입장을 떠나 '포괄법' 형태의 복지부 안이 국회를 통과할지 여부조차 판단하기 힘들었기 때문이다.

8 정부 법률안이 국회를 통과하는 과정도 순탄하지 않았다. 법률 심사를 며칠 앞둔 시점에서 이상희 의원을 비롯한 과학기술정보통신위원회의 일부 의원들이 국회 법제사법위원회에 공문을 보내 법률안 심사 보류를 요청했다. 이러한 사실은 보건복지부가 시민과학센터에 알려와 밝혀졌고, 시민과학센터는 법사위 위원들에게 심사 협력을 요청하는 공문을 발송하기도 했다.

9 이에 대해서 참여연대는 피해자들을 대리해서 제바이오벤처인 히스토스템과 시술을 행한 한라 병원을 대상으로 민·형사상 소송을 진행한 바 있다.「제대혈 줄기 세포 치료제 불법 시술 피해 관련 손해배상청구소송 1심 승소」(참여연대 공익법센터 보도자료, 2005년 12월 5일) 2010년 대법원은 간경화 및 다발성 경화증 환자로 1인당 2000~3000만 원의 비용으로 줄기 세포 치료제 시술 후 호전되지 않아 한라 의료 재단과 히스토스템을 상대로 소송을 제기한 원고 7명에게 "줄기 세포는 의약품"에 해당하고 "식약청의 임상 계획 승인 없이 줄기 세포를 이용한 시술 행위를 하는 것은 약사법 위반"이라며 1억 7000여만 원의 배상 판결한 원심 판단을 확정했다. 재판부는 줄기 세포가 질병 치료를 목적으로 사용됐기 때문에 의약품에 해당하며, 줄기 세포 이식술은 현재 지식과 경험에 의해 충분한 안전성이 검증되어 있지 않은 시술이므로 식약청의 승인을 받아야 하는 임상 시험이라고 판시했다. (2010년 10월 14일 선고, 대법원 2007다3162판결)

10 「병원선 기다려 보라고만 당국선 소송 걸라고만」(《중앙일보》, 2006년 1월 16일)

11 의료적 목적의 유전자 검사는 4가지로 나눌 수 있다. 1) 진단적인(diagnostic) 유전자 검사: 증상이 있는 개인의 진단, 치료, 관리 등을 위해 유전자 검사를 이용하는 것 2) 증상전(presymptomatic) 검사: 건강하거나 증상이 없는 사람을 대상으로 미래의 건강 정보를 제공해 주기 위해서 실시하는 검사(유전병) 3) 보인자(carrier) 검사: 열성 유전에서 하나의 유전자를 가지고 있는 사람을 검사 할 때 이용하는 검사. 보인자를 가지고 있는 사람은 유전병이 발병하지 않으나 그들의 자식들은 발병할 가능성이 있다. 4) 감수성(susceptibility) 검사: 일반 질병과 관련이 있는 유전자 변이들에 대한 검사. 아직까지는 변이 유전자와 질병 발병간의 연관성이 유용한 예측력을 가질 만큼 크지는 않지만 검사 정보는 예방적 약물치료에 도움을 줄 수 있다. 국내에서는 주로 종합병원 급에서 그리고 일부는 임상 병리 센터 등에 위탁해 진행하고 있다.

12 2004년 30개 의료 기관에 대한 조사에서 종합 병원의 69퍼센트 개인 의원의 54퍼센트가 유전자

검사에 대한 동의서를 받지 않고 있었다. (남명진 외, 2004)

13 이 내용은 김병수(2005)의 일부를 수정·보완한 것이다.

14 "정보 은행의 자료로 쓰이는 유전자는 사람마다 다른 형태로 나타난 특이한 유전자(다형성·多形性)이기 때문에 개인 식별 이외에는 사용이 불가능하다.……개인 정보 유출에 따른 인권 침해는 기우에 불과하다. 인권 선진 국가 인 미국, 영국 등도 이미 이 제도를 운영하고 있다."(《한국일보》2001년 11월 29일)

15 시민 단체들의 반발에 직면한 검찰은 이 사업을 제대로 진행하지 못했다. 그러다 이 사업은 청와대의 지시로 2004년 경찰청이 인계받아 진행을 하게 된다.

16 대법원은 국회에 제출한 의견서에서 검찰과 경찰이 각각 데이터 베이스를 구축하는 것에 우려를 표명했다. "조직 간의 권한 다툼의 타협책으로, 디엔에이 감식 정보를 검찰과 경찰이 2원적으로 수집, 관리할 수 있도록 했으나 그러한 입법례를 찾아볼 수 없을 뿐만 아니라 막대한 예산 낭비와 인권 침해의 소지가 있음.→국민에게 피해가 돌아감." 또한 입력 범위와 관리 주체에 대해서도 문제를 제기했다. "디엔에이감식정보의 채취 대상 범죄의 범위가 지나치게 넓고, 수사 단계에서까지 디엔에이 감식 시료 채취가 허용되는 문제점들을 안고 있어, 법률안과 같은 내용의 입법에는 반대함.→따라서 디엔에이 감식 정보는 검찰도 경찰도 아닌 제3의 기관이 이를 수집, 관리해야 하고, 수사 단계에서의 디엔에이 감식 시료 채취는 허용 곤란함."(대법원이 국회에 보낸 의견서, 10쪽, 2009년 11월 9일)

27 이날 회의에서는 전체 20명 중에서 정부 위원과 과학계 민간 위원 13명이 서면 결의에 참석해 12명이 제한적 허용 쪽에 표를 던졌고, 생명 윤리계 민간 위원 7명 전원이 서면 표결에 불참, 반대 의사를 밝히면서 의결됐다. 국가생명윤리심의위원회의 1기 민간 위원으로 참여했던 김환석 교수는 일련의 생명 윤리법 개정의 전개 과정과 관련해서, 조금 더 역량이 있었다면 지금보다 훨씬 나은 생명 윤리법의 올바른 개정안을 관철시켰을 것이라고 아쉬움을 토로했다. (김환석, 「생명 윤리법의 개정을 둘러싼 진통, 그리고 아쉬움」,《시민과학》67호(2007. 7/8), 26~29쪽.

28 다음 표를 참조하라.

표 1. 대통령 자문 위원회 간의 조사 권한 비교

구분	실지 조사권	출석, 의견 진술 요구권			자료 제출 요구권	의견 제출 요구권	조사 연구 의뢰	행정 기관 협조 의무 규정
		관계 당사자	관계 전문자	관계 공무원				
생명 윤리 심의 위원회	×	×	×	×	○	○	○	×
국가 청렴 위원회	○	○	○	○	○	○	○	○
노사정 위원회	×	○	○	○	○	○	○	○
정책 기획 위원회	×	×	○	○	○	○	○	×
빈부 격차 차별 시정 위원회	×	×	○	○	○	○	○	×
과학 기술 자문 회의	×	×	○	○	○	○	×	×

(출처: 이인영, 앞의 글)

29 「'허송세월' 생명 윤리위」,《문화일보》(2006. 2. 3)

30 이인영, 앞의 글.

31 2003년 기준으로 대통령 산하에 16개 위원회가 있고 이 중 11개가 노무현 정부에서 만들어졌으며, 정부 위원회는 36개 기관에 걸쳐 360여 개가 된다며 너무 많은 위원회를 남발한다는 비판(「인수위, 정비방침 밝혀」,《문화일보》(2003. 1. 8))이 있는 가운데, 2007년 9월 노무현 대통령의 경우 현 정부가 "위원회 공화국"임을 인정하는 발언을 하기도 했다. (「"위원회공화국" 거품 말끔히 걷어내야」,《세계일보》(2007. 9. 27))

32 대통령자문 지속가능발전위원회, 「공공갈등과 참여적 의사 결정 포럼」, 지속위 자료집 2005~7.

33 자세한 분석은 다음을 참조. 김도희, 「주민 배심원제를 통한 비선호 시설 성공적 입지사례의 정책적 함의: '북구 음식물 자원화시설' 유치 사업의 실증적 분석을 중심으로」,《한국정책학회보》14권 3호(2005), pp. 261~284. 김소연, 「성공한 합의제도? '울산 북구 시민 배심원제'의 평가와 함의」,《시민 사회와 NGO》제 4권 2호(2006), 175~205쪽. 2009년에는 울산 북구에 적용되었던 참여적 의사 결정 기법이 갈등 해결과 이후 갈등 증폭을 동시에 조장하게 되었다는 연구 논문도 나왔다. 은재호, 「참여적 의사 결정 기법의 제약 요인 연구: 울산 북구 음식물 자원화 시설 건립을 둘러싼 시민 배심원 제도 분석」,《한국정책학회보》18권 2호, (2009), 97~129쪽.

34 시화호 문제에 대한 시민 사회의 대응에 대해서는 다음을 참조. 김항섭, 「안산 지역의 환경 문제와 시민 사회의 대응: 시화호 문제를 중심으로」,《종교문화연구》6호, 2004, 91~120쪽.

35 시화MTV개발반대시민대책위, 「시민 사회 단체, 시화 지역 지속 가능 발전 협의회 해체촉구」(보도자료).

36 대통령자문 지속가능발전위원회, 「공공갈등과 참여적 의사 결정 포럼」, 지속위 자료집 2005~2007, 28쪽.

37 앞의 자료집, 29쪽.

38 시화연대 사무국장, 「시화 MTV 사업 추진 과정은 정당하다」,《프레시안》(2007. 9. 6)

39 주민 투표 성공 사례로 분석한 논문도 발표되었다. 권순복, 「주민 투표제의 실시와 과제: 방폐장 관련 주민 투표 성공사례 분석」,《지방행정》, 55권 632호, 30~40쪽.

40 하승우. 「정부의 주민 투표제도 악용과 시민 사회의 역할」,《시민 사회와 NGO》, 4권 2호(2006), 37~75쪽.

41 이현민, 「핵 폐기장 추진 정책의 문제점: 지역의 사례 연구」,《민주사회와 정책 연구》, 10호, 2006, 99쪽.

42 부안에서 자발적으로 실시된 이 주민 투표는 법적 효력은 없었지만 72.4퍼센트의 투표율에 반대율이 91.83퍼센트에 이르러 부안 주민의 반대의사를 명시적으로 표현한 것이었다. 이에 대해서는 다음을 참조. 하승우, 앞의 글. 윤순진, 「2005년 중·저준위 방사성 폐기물 처분시설 추진과정과 반핵 운동: 반핵 운동의 환경변화와 반핵담론의 협소화」,《시민 사회와 NGO》, 4권 1호, 2006, 277~311쪽.

43 경주에서 이루어진 부정선거 사례는 하승우(2006)을 참조.

44 국내에서 개최된 세 차례의 합의 회의에 대한 개요와 평가는 이영희, 「과학 기술 민주화 기획으로 서의 합의 회의」, 《동향과전망》, 73호(2008년 여름호), 294~324쪽을 참조하라.

45 과학 기술 기본법 시행령 23조에서는 "관계 중앙 행정 기관의 장은 기술 영향 평가 결과를 통보받은 때에는 이를 소관 분야의 국가 연구 개발 사업에 대한 연구 기획에 반영하거나 부정적 영향을 최소화하기 위한 대책을 세워 추진해야 한다."라고 명시하고 있다.

46 KISTEP은 2008년에 합의 회의가 아닌 시민 배심원의 틀을 빌어 '국가재난질환 대응체계 시민 배심원 회의'를 개최했으나 이 글에서는 다루지 않았다. 2008년에 열린 시민 배심원 회의에 대한 평가로는 이 책에 수록된 이영희의 논문을 참조하라.

47 2006년 UCT 시민 공개 포럼은 필자 중 1명을 포함해 시민과학센터의 운영 위원 두 사람이 진행 과정 전반을 참관하고 모니터링 보고서를 작성했다. 아래 서술 중 많은 부분은 이 보고서에 의존하고 있다. 이영희·김명진, 「'시민 공개 포럼' 평가보고서」[http://cdst.jinbo.net/bbs/data/data/시민공개포럼평가보고서(최종).pdf]. 2007년에 열린 기후 변화 대응 기술 시민 공개 포럼의 개략적인 전개 과정과 간단한 평가는 김두환, 「기후 변화 대응 기술 기술 영향 평가 시민 공개 포럼」, 《시민과학》, 68호(2007년 9/10월), 25~30쪽을 참고했다.

48 참고로 KISTEP은 2006년부터 기술 영향 평가의 대상이 되는 기술을 관련 연구소나 과학자 단체, 시민 단체들의 추천을 받아 대상 기술 선정 위원회에서 결정하는 방식을 취했다. 그러나 추천되어 후보로 올라오는 기술 대부분이 기술 영향 평가라는 제도의 취지를 잘 이해하지 못한 상태에서 제안된 것들인 데다가, 대상 기술 선정 위원회에서 시민 단체 몫은 기껏해야 한두 명에 불과하기 때문에 시민 사회에서 현안이 되고 있는 기술이 TA의 대상 기술로 선정되기는 어려운 구조였다.

49 김동광, 「동물 장기 이식에 대한 일반 시민의 목소리」, 《시민과학》 67호(2007년 7/8월), 8~11쪽; 김동광, 「동물 장기 이식 본회의가 얻은 것과 남긴 것」, 《시민과학》 68호(2007년 9/10월), 21~24쪽. 김동광은 이번 합의 회의에서 조정위원으로 참여했으며, 아래 기술될 사실 정보 중 많은 부분은 필자 중 한 사람이 김동광으로부터 직접 전해 들은 것이다.

50 Alan Irwin, "The Politics of Talk: Coming to Terms with the 'New' Scientific Governance," *Social Studies of Science*, 36:2 (2006): 299~320.

51 Joanna Goven, "Deploying the consensus conference in New Zealand: democracy and de-problematization," *Public Understanding of Science*, 12 (2003): 423~440; Mariko Nishizawa, "Citizen deliberations on science and technology and their social environments: case study on the Japanese consensus conference on GM crops," *Science and Public Policy*, 32:6 (2005): 479~489; Franz Seifert, "Local steps in an international career: a Danish~style consensus conference in Austria," *Public Understanding of Science*, 15 (2006): 73~88.

1 이 글은 2008년에 과학기술정책연구원(STEPI)의 내부 연구 과제로 필자들이 수행한 '시민 참여적 과학 기술 정책 형성 발전 방안' 연구의 보고서(장영배·한재각, 2008) 내용 일부를 수정·보완한 것이다. 이 글의 작성을 위해 문헌 조사 연구와 사례 조사, 이를 위한 현지 방문과 인터뷰를 실시했고, 국내 전문가와 실천가를 초청해 세미나를 개최했다. 현지 방문과 인터뷰는 기존의 문헌 정보로는 파악하기 어려운 쟁점이나 측면을 이해하고 비공식적 정보를 얻는 데 큰 도움이 되었다. 현지 방문 인터뷰와 전문가 회의의 일정과 장소, 면담자·전문가의 이름과 직책에 대해서는 장영배·한재각(2008), 186~188쪽을 참조.

2 과학 기술 시민 참여를 정의하는 것은 간단한 일이 아니다. 우선 시민 참여는 경계가 불확실한 경우가 많고, '시민 참여'라는 주제는 사회적 실천, 정책 사업, 학문적 분석의 동시적 대상이 되고 있으며, 이 각각의 영역에서도 시민 참여에 대해 다양한 관점과 해석이 존재하기 때문이다. (Bucchi and Neresini, 2008, 449)

3 국가에너지위원회의 시민 참여를 평가하면서 특정한 시민 단체의 대표자가 시민 혹은 시민 사회를 대표할 수 있는지, 혹은 시민 사회의 다양한 의견과 입장을 대변할 수 있는지에 대해서는 논란이 있을 수 있다. 실제로 국가 에너지 기본 계획 수립 과정에서 시민 단체 대표자 위원의 역할을 두고 논란이 벌어진 바 있다. 이에 대해서는 뒤에서 좀 더 자세히 다룬다.

4 국가 에너지 기본 계획 수립 주요 일정은 부록1을 참조.

5 에너지 기본법 제6조 3항에 규정된 주요 내용은 다음과 같다: 국내외 에너지 수급의 추이와 전망, 에너지의 안정적 확보·도입·공급 및 관리를 위한 대책, 신재생 에너지 등 환경 친화적 에너지의 공급 및 사용에 관한 대책, 에너지 이용 합리화와 이를 통한 온실 기체 배출 감소 대책, 에너지 안전 관리 대책, 에너지 관련 기술의 개발 보급, 에너지 관련 전문 인력 양성, 에너지 정책 및 관련 환경 정책의 국제적 조화와 협력, 국내 부존 에너지 자원 개발 및 이용.

6 이명박 대통령은 2008년 8월 15일 광복절 축사에서 고유가와 기후 변화 상황을 언급하면서 '저탄소 녹색 성장' 비전을 주창한 바 있다.

7 나머지 2개 위원회는 기술 기반 전문 위원회와 자원 개발 전문 위원회였다.

8 갈등 관리 전문 위원회는 원전 적정 비중 T/F 이외에, 사용후 핵연료 공론화 T/F도 구성해 운영했지만 국가 에너지 기본 계획과는 직접적인 관련이 없었다.

9 이에 대한 더 자세한 내용은 아래에 다시 기술한다.

10 1차 워크숍(7월 10일 에너지 수요 전망과 수요 관리. 공공 기관 참여), 2차 워크숍(7월 18일 수요 전망 및 에너지 믹스, 경제 단체, 연구계 참여), 3차 워크숍(7월 28일 에너지 수요 전망과 수요 관리, 시민 단체 참여), 4차 워크숍(8월 4일 수요 전망 및 에너지 믹스, 시민 단체 참여)

11 전문 위원회의 시민 단체 참여를 보면, 자원 개발 전문 위원회를 제외하고, 대략 15명 내외로 구성된 3개의 전문 위원회에는 환경 시민 단체를 대표하거나 추천된 인사들이 2~3명 정도 참가하고

있었다. 또한 15인 내외로 구성된 각 T/F에는 3~5명의 시민 단체 대표 혹은 추천 인사가 참여하고 있었다.

12 이 자리에서 참가자들은 국가에너지위원회가 실질적인 기능과 역할을 할 수 있도록 노력해야 한다고 의견을 모으는 한편, 에너지 믹스와 같은 국가 에너지 정책에 '시민 단체들의 합의된 제안'을 담아서 위원회에 참여하는 민간 위원과 전문위원을 통해서 의견을 반영하자고 결의했다. 또한 몇몇 단체 활동가로 공동 사무국을 구성해 운영을 담당하도록 했다. (국가 에너지 시민 포럼, 2007)

13 이 제안에서 '에너지 시민 포럼'이라는 이름이 제시되었으나, 이후 몇 번의 회의를 거쳐 '에너지 시민 회의'로 결정되었다.

14 에너지 시민 회의(준)는 국가 에너지 기본 계획(안)에 대한 평가와 함께 7월 22일에 공식적으로 출범했다. 그러나 에너지 시민 회의(준)를 제안한 배경에는 국가 에너지 기본 계획에 대한 대응 이외에도 기후 변화 종합 대책에 대한 대응 등 에너지 관련 분야 전반에 대해서 시민 사회의 의견을 결집시키고 대변하려는 것이었다.

15 지식경제부가 시민 단체에 전달한 안이다.

16 한편 환경 단체는 6월 말의 2차 연석 회의 결과를 다르게 이해하고 있었다. 에너지 시민 회의(준)는 논평을 통해서 다음과 같이 지적하고 있다. "6월 26일 국가에너지위원회 산하 에너지 정책 전문 위원회와 갈등 관리 전문 위원회 연석 회의에서, 8월까지 국가 에너지 기본 계획을 확정짓는 것은 성급한 추진이므로 8월에서 12월 사이에 목표 시한을 잡아 논의하자는 의견이 중론이었던 것과 달리, (정부는-필자주) 8월 말 국가에너지위원회를 열어 국가 에너지 기본 계획을 확정할 것을 전제로 한 달 여 동안(7월 10일~8월 13일) 워크숍과 토론회, 공청회를 끝내 버릴 계획을 밝혔다."

17 첫 번째 워크숍은 7월 28일에 개최되었으며, 주제는 ①수요 전망, ②수요 관리 분야였다. 두 번째 워크숍은 8월 4일에 개최되었으며, 주제는 ①신재생 에너지 비중이 적정한가? ②원자력 비중 상향 조정 이외 다른 대안은 없나? ③장기 에너지 수요 전망은 과연 적정한가? 이었다. 한편 두 번의 워크숍의 기획, 발표자·토론자 섭외부터 정부와 에너지 시민 회의(준)가 함께 논의했으며, 특히 첫 번째 워크숍에서 사회자와 회의 진행 방법이 적절하지 않았다는 비판에 따라 두 번째 워크숍에서는 환경 시민 단체 의견이 전적으로 반영되기도 했다.

18 이 보고서는 환경 시민 단체 내부에서만 회람되고 외부로 발표되지는 않았다.

19 에너지 시민 회의(준) 측이 회의에 참석한 후 만난 민간 위원들의 발언 내용을 기록한 회의록과 정부가 정리한 회의록을 비교해 보면, 시민 단체 추천 위원들의 반대 의견의 강도가 다르게 나타나고 있다. 정부 회의록은 시민 단체 위원과 다수 위원 발언 요지를 별도로 정리하고 있어 시민 단체 위원의 반대 의견의 존재를 보여 주고는 있지만, 내용을 보면 시민 단체 위원들은 "대체적 기본 계획안에 대해 공감"한다고 전제하고 있다. 한편 다수 위원들은 "전례를 찾기 힘든 정도의 공론화 절차를 거쳐 마련된 안"이라고 평가하면서 "더 이상 미룰 수 없"다고 평가한 것으로 정리하

면서 이번 계획의 정당성을 주장하고 있다.

20 몇 가지 요인이 검토될 수 있을 것이다. 우선 새로운 정부의 등장, 원자력·석유 산업계의 저항, 촛불국면 쇠퇴 등이 시민 참여를 제약하거나 위축하는 데 상호 연관 하에 직·간접적으로 영향을 미쳤을 것으로 추정된다.

21 7월 초순 에너지 시민 회의는 여론 조사 계획을 백지화하고 '시민합의 회의'를 지식경제부에 제안했고, "지식경제부도 여론 조사 방식을 별로 탐탁하지 않은 것으로 판단하며, 시민합의 회의에 대해 검토해 실무논의에서 협의토록 하겠다고 답변"했다. 하지만 결국 진행되지 않은 것으로 보인다.

22 사실 이것은 대단히 행정적인 방식으로 이루어지는데, 추천을 요청하는 공문을 받은 단체가 추천 권한을 갖는 것으로 이해된다. 물론 이들 단체에게 추천 권한이 독점적으로 보장되고 이외의 단체가 위원을 추천하는 것이 법적으로 금지되지는 않지만, 통상적으로 그렇게 이해된다.

23 이 회의에는 에너지 시민 연대와 환경운동연합 이외에, 청년 환경 센터, 생태지평, 민주노동당 환경 위원회 등이 참여했다.

24 국가에너지위원회 시민 단체 위원으로 참여하는 한 인물은 에너지 시민 회의를 만드는 논의 속에서 "에너지 시민 연대는 조금 바보 같은 단체가 되는 것"이라고 평가했으며, 다른 인물은 "에너지 시민 연대와 에너지 시민 회의 간의 관계가 외부의 눈을 무시할 수 없다. 독립 기구가 되든 에너지 시민 연대의 내부 조직이든 간에 뭔가를 만드는 것에는 동의하는데 어떤 형태로 될 것인지는 논의가 더 필요"하다고 주장했다.

25 태양광 발전기는 기본적으로 햇빛을 직류 전기로 바꿔 주는 태양 전지와 이 직류 전기를 교류 전기로 바꿔 주는 변환 장치인 인버터로 구성된다. 여기에 이를 고정시킬 구조물이 추가되고, 필요에 따라 더 높은 효율을 얻기 위해 태양을 추적하는 장치가 부가된다.

26 시민 발전소 설치에 필요한 비용으로 태양광의 경우 3kW 용량을 기준으로 해 2100만 원이 소요된다. 풍력 발전기의 경우 1MW당 15억 원 정도의 비용이 필요하다.

27 발전 차액 지원 제도는 2002년 3월 대체 에너지 개발 및 이용 보급 촉진법을 개정하면서 '대체 에너지 발전 가격의 고시 및 차액 지원' 조항이 신설되면서 마련되었으며, 2002년 5월에 '대체 에너지 이용 발전 전력의 기준 가격 지침'이 공고되었다. 이에 따라 태양광 발전으로 생산된 전기는 15년간 kWh당 716.4원으로 정부의 전력 기반 기금을 재원으로 한전이 의무 구매하게 된다. 그러나 최근에 구입 단가와 구입 기간이 환경 에너지 단체들의 반대에도 불구하고 일부 변경되었다.

28 이에 대한 자세한 내용은 에너지 전환, '2005년도 2월 7일 산업자원부 고시' 해설을 참고할 수 있다. 에너지 전환 사이트에서 찾을 수 있다. http://energyvision.org/

29 이와 관련해 더 자세한 내용은 시민 발전 사이트를 참조. http://citizen-power.com/243

30 울산의 경우, 울산 환경운동연합이 중심이 되어 2008년 1월 5kW급 태양광 발전 시설을 시민 모금 방식을 통해서 시내 건물 옥상에 설치했다. (울산 환경운동연합, 2008) 대구의 경우, 대구 흥사단 등이 중심이 되어 2007년 7월 '대구 시민 햇빛 발전소 운동 본부'를 결성하고 30kW급 태양

광 발전소 설립을 추진하기로 하고 2억 5000만 원에 달하는 설립 자금을 시민들로부터 출자받기로 했다. 부지는 대구시의 유휴 부지를 사용하는 것을 시와 협의 중에 있다. (《조선일보》, 2007) 부산의 경우는 다음 소절에서 더 자세히 다룬다.

31 제6회 전국 시민 운동가 대회(2006년 9월 16일, 속리산 유스타운에서 개최)의 한 세션에서 YMCA 순천 햇살 발전소에 대한 소개와 함께 시민 발전소 추진 방법 등에 대한 강의와 토론이 진행되었다.

32 이 사례는 아파트 입주자 대표 회의가 중심이 되었다는 점에서 새로운 모델로 주목된다. 또한 이 사업은 천안시가 산하 공동 주택 유지 보수 심의 회의 심사를 통해서 예산 지원을 하기로 했다는 점에서도 독특하다. 자세한 내용은 진보신당 충남도당 보도자료. http://cafe.daum.net/cnjinbo/46GR/58

33 에너지 나눔과 평화에 관해서는 www.energypeace.or.kr를 참조하면 된다.

34 2007년 5월에 결성되었을 당시에는 '부산 시민 햇빛 발전 추진 위원회'였으나, 그해 연말에 개최된 총회에서 '추진 위원회'를 떼고 '부산 시민 햇빛 발전'으로 명명하기로 결정했다.

35 9월 10일 현재 일반 시민주 1억 2000만 원을 포함해 시민·기업·단체로부터 2억 3000만 원의 주식을 공모한 상황이다.

36 부산시민햇빛 발전은 2010년에 기후변화에너지대안센터로 이름을 변경하고, 시민발전소 사업 이외에 기후 변화 대응 분야로 활동 영역을 넓혔다. 한편 수영시민햇빛 발전소는 30KW급으로 2008년 12월 31일 준공되어 발전을 시작했다.

37 산업자원부의 조사에 따르면 국내의 태양광 발전 기술은 선진국 대비 75퍼센트에 도달해 있다.

8. 책으로 돌아보는 과학 기술의 이면

1 『진보의 패러독스』, 과학기술민주화를위한모임 엮음, 당대, 1999.

2 『과학 기술·환경·시민 참여』, 참여연대시민과학센터 엮음, 한울아카데미, 2002.

3 『진실을 배반한 과학자들』, 윌리엄 브로드·니콜라스 웨이드, 김동광 옮김, 미래M&B, 2007.

4 『죽음의 향연』, 리처드 로즈, 안정희 옮김, 사이언스북스, 2006.

5 『얼굴 없는 공포, 광우병』, 콤 켈러허, 김상윤·안성수 옮김, 고려원북스, 2007.

6 『슬픈 미나마타』, 이시무레 미치코, 김경인 옮김, 달팽이, 2007.

7 『새로운 인문주의자는 경계를 넘어라』, 이인식 외 8명, 고즈윈, 2005.

8 『호모파베르의 불행한 진화』, 킴 바센티, 윤정숙 옮김, 알마, 2007.

9. 대안 과학의 전략들

1 출전: Brian Martin, "Strategies for Alternative Science," Scott Frickel and Kelly Moore (eds.),

The New Political Sociology of Science: Institutions, Networks, and Power (Madison: University of Wisconsin Press, 2006), 272~298쪽.(번역: 김명진)

2 초고에 귀중한 논평을 해 준 스콧 프리켈, 켈리 무어, 네드 우드하우스, 엘리자베스 S. 클레멘스에게 감사를 표한다.

3 여기서의 '민중을 위한 과학'은 고유명사로, 1970년대부터 1980년대 초까지 주로 활동했던 미국의 급진 과학 운동 단체의 이름이다. ─ 옮긴이

참고 문헌

1. 과학 기술 민주화의 이론과 실천

김환석, 2007, 「과학 기술 민주화를 다시 생각한다」, 시민과학센터 10주년 기념 심포지엄 ("한국의 과학 기술 민주화: 회고와 전망") 자료집.

이영희, 2007, 「기술의 사회적 통제와 수용: 기술 영향 평가의 정치」, 《경제와 사회》, 73호.

______, 2008, 「과학 기술 민주화 기획으로서의 합의 회의: 한국의 경험」, 《동향과 전망》, 73호.

______, 2009, 「기술과 시민: '국가재난질환 대응체계 시민 배심원 회의'의 사례」, 《경제와 사회》, 82호.

정복철·손혁상, 2008, 「과학 기술과 시민 사회 정치패러다임: 과학 상점의 대안가능성 탐색」, 《아태연구》, 제15권 2호.

한재각·장영배, 2009, 「과학 기술 시민 참여의 새로운 유형: 수행되지 않은 과학 하기」, 《과학기술학연구》, 제9권 1호.

AEBC, 2003, *GM Nation? The Findings of the Public Debate*.

Beck, U., 1992, 홍성태 역, 1999, 『위험사회: 새로운 근대성을 향해』, 새물결.

Bereano, P., 1997, "Reflections of a Participant-Observer: The Technocratic/Democratic Contradiction in the Practice of Technology Assessment", *Technological Forecasting and Social Change*, vol. 54.

Brown, P. and E. Mikkelsen, 1990, No Safe Place: *Toxic Waste, Leukemia, and Community Action*, University of California Press.

Bucchi, M. and F. Neresini, 2008, "Science and Public Participation" in E. Hackett et al(eds.) *The Handbook of Science and Technology Studies*, 3rd Edition, The MIT Press.

Callon, M., P. Lascoumes and Y. Barthe, 2009, *Acting in an Uncertain World: An Essay on Technical Democracy*, The MIT Press.

Callon, M. and V. Rabeharisoa, 2008, "The Growing Engagement of Emergent Concerned Groups in Political and Economic Life", *Science, Technology, and Human Values*, vol. 33, no. 2.

deLeon, P., 1990, "Participatory Policy Analysis: Prescriptions and Precautions", *Asian Journal of Public Administration*, vol. 12.

Dickson, D., 1984, The New Politics of Science, Pantheon.

Dryzek, J. S., 1990, *Discursive Democracy: Politics, Policy and Political Science*, Cambridge University Press.

Durant, J., 1999, "Participatory Technology Assessment and the Democratic Model of the Public Understanding of Science", *Science and Public Policy*, vol. 26, no. 5.

EC, 2001, *European Governance: A White Paper*.

EC, 2002, *Science and Society - Action Plan*.

Ellul, J., 1964, 박광덕 옮김, 1996, 『기술의 역사』, 한울.

Elster, J.(ed.), 1998, *Deliberative Democracy*, Cambridge University Press.

Epstein, S., 1996, *Impure Science: AIDS, Activism, and the Politics of Knowledge*, University of California Press.

______, 2008, "Patient Groups and Health Movements" in E. Hackett et al(eds.), *The Handbook of Science and Technology Studies*, 3rd Edition, The MIT Press.

Feenberg, A., 1999, *Questioning Technology*, Routledge.

Fischer, F., 1990, *Technocracy and the Politics of Expertise*, Sage.

Fishkin, J., 1991, *Democracy and Deliberation*, Yale University Press.

Funtowicz, S., and J. Ravetz, 1992, "Three Types of Risk Assessment and the Emergence of Post Normal Science" in S. Krimsky and D. Golding(eds.) *Social Theories of Risk*, Praeger.

Gavelin, K., R., Wilson and R. Doubleday, 2007, *Democratic Technologies? The Final Report of the Nanotechnology Engagement Group(NEG)* http://www.involve.org.uk/assets/Publications/Democratic-Technologies.pdf

Giddens, A., 1990, *The Consequences of Modernity*, Polity Press.

Guston, D., 2000, *Between Politics and Science*, Cambridge University Press.

Habermas, J., 1968, 하석용·이유선 옮김, 1993, 『'이데올로기'로서의 기술과 과학』, 이성과현실사.

______, 1992, 박영도·한상진 옮김, 2007, 『사실성과 타당성: 담론적 법이론과 민주적 법치국가 이론』, 나남.

Hennen, L., 1999, "Participatory Technology Assessment: A Response to Technical Modernity?", *Science and Public Policy*, vol. 26, no. 5.

Hess, D., 1997, 김환석 외 옮김, 2004, 『과학학의 이해』, 당대.

Hess, D., S. Beyman, N. Campbell and B. Martin, 2008, "Science, Technology, and Social Movements" in E. Hackett et al(eds.) *The Handbook of Science and Technology Studies*, 3rd Edition, The MIT Press.

House of Lords, Select Committee on Science & Technology, 2000, *Science and Society*, http://www.publications.parliament.uk/pa/ld199900/ldselect/ldsctech/38/3801.htm

Irwin, A., 1995, *Citizen Science: A Study of People, Expertise, and Sustainable Development*, Routledge.

______, 2001, "Constructing the Scientific Citizen: Science and Democracy in the Biosciences", *Public Understanding of Science*, vol. 10, no. 1.

Irwin, A. and B. Wynne(eds.), 1996, *Misunderstanding Science? The Public Reconstruction of Science and Technology*, Cambridge University Press.

Joss, S. and J. Durant(eds.), 1995, *Public Participation in Science*, Science Museum.

Kleinman, D.(ed.), 2000, *Science, Technology, and Democracy*, SUNY Press.

Nelkin, D., 1977, *Technological Decisions and Democracy: European Experiments in Public Participation*, Sage.

Rip, A., T. Misa and J. Schot(eds.), 1995, *Managing Technology in Society: The Approach of Constructive Technology Assessment*, Pinter.

Rose, H. and S. Rose(eds.), 1976, *The Radicalisation of Science*, Macmillan.

Schot, J., 2001, "Towards New Forms of Participatory Technology Assessment", *Technology Analysis and Strategic Management*, vol 13, no. 1.

Sclove, R., 1995, *Democracy and Technology*, Guilford Press.

Sismondo, S., 2010, *An Introduction to Science and Technology Studies*, 2nd Edition, Wiley-Blackwell.

Vig, N. and H. Paschen(eds.), 2000, *Parliaments and Technology: the Development of Technology Assessment in Europe*, SUNY Press.

Wynne, B., 1975., "The Rhetoric of Consensus Politics: A Critical Review of Technology Assessment", *Research Policy*, vol. 4, no. 2.

______, 1992, "Risk and Social Learning: Reification to Engagement" in S. Krimsky and D. Golding(eds.), *Social Theories of Risk*, Praeger.

______, 2002, "Risk and Environment as Legitimatory Discourses of Technology: Reflexivity Inside Out?", *Current Sociology*, vol. 50, no. 3.

http://www.aebc.gov.uk/reports/gm_nation_report_final.pdf

http://ec.europa.eu/governance/white_paper/en.pdf

http://ec.europa.eu/research/science-society/pdf/ss_ap_en.pdf

2. 지향점으로서의 공익 과학

김환석, 2007, "과학사기의 구조적 원인", 한국 사회학회 전기 학술 대회 발표문.

리프킨 제레미, 1998, 전영택, 전병기 옮김, 『바이오테크 시대』, 민음사.

박주영, 2005, "황우석은 가난한 이들의 대안이 아니다", 《작은책》(125호, 2005. 11).

박희제, 2006, 과학의 상업화와 과학자 사회 규범구조의 변화: 공유성과 이해 관계의 초월 규범을 중심으로, 《한국 사회학》, 40집 4호.

______, 2007, "한국과학자사회의 규범과 보상체계", 한국 사회학회 전기 학술 대회 발표문.

왓슨, 제임스, 2003, 이한음 옮김, 『DNA: 생명의 비밀』, 까치.

조명래 , 2006, "양극화를 넘어 '생태적 탈근대화'로", 《환경과 생명》, 2006년 봄.

Senker Peter, 2003, "Editorial", *Science, Technology & Human Values*, Vol. 28, No.1(Winter, 2003).

Cozzens E. Susan, 2007, "Distributive Justice in Science and Technology Policy", in *Science and Public Policy*, 34(2), March 2007.

Funtowicz O. Silvio and Ravetz R. Jerome, 1992, "Three Types of Risk Assessment and the Emergence of Post-Normal Science" in Sheldon Krimsky and Dominic Golding edit, *Social Theories of Risk*, PRAEGER.

Jamison Andrew, 2006, Social Movements and Science; Cultural Appropriation of Cognitive Praxis, in *Science as Culture*, Vol.15 No.1, 45-59, March 2006.

Krimsky Sheldon, 2003, *Science in the Private Interest, Has the Lure of Profits Corrupted Biomedical Research?*, Rowman & Littlefield Publishers Inc.

Nobotny Helga, 2007, "How Many Policy Rooms are There?" in *Science Technology & Human Values*, Vol.32, Number 4, July 2007.

OTA, 1987, New Development in Biotechnology: Ownership of Human Tissues and Cells, NTIS order #PB87-207536, U.S. Congress, Office of Technology Assessment.

Royal Society, 2003, Keeping Science Open: the Effects of Intellectual Property Policy on the Conduct of Science.

______, 2006, Science and the Public Interest, Communicating the Results of New Scientific Research to the Public.

Webster Andrew, 2007, Crossing Boundaries, Social Science in the Policy Room in *Science Technology & Human Values*, Vol.32, Number 4, July 2007.

Wynne Brian, 2007, "Dazzled by the Mirage of Influence?" in *Science Technology & Human Values*, Vol.32, Number 4, July 2007.

3. 한국의 과학 기술은 공익을 위해 연구되고 있나?

강양구, 한재각, 김병수, 2006, 『침묵과 열광』, 후마니타스.

경실련, 녹색연합, 장애우권익문제 연구소, 전국과학기술노동조합, 참여연대 시민과학센터, 환경과 공해 연구회, 환경운동연합 2000, 과학 기술 기본법(안)에 대해 시민 사회 단체 공동의견서 내다, 보도자료(2000. 6. 19.).

과학기술부, 1999, 2000년도 국가 연구 개발 사업 예산편성과 관련된 의견(국가과학기술위원회 운영 위원회 심의안건, 1999. 3).

과학기술부, 2007a, R&D분야 국가재정운용계획('07~'11년) 지출한도(제11회 기획·예산조정전문 위원회 제 14 호 안건, 2007. 4. 12)

과학기술부, 2007b, 2008년 국가 연구 개발 사업 투자 방향(안)(제11회 기획·예산조정전문 위원회 제 15 호 안건, 2007. 4. 12).

과학기술부, 2007c, 『2007년도 정부 연구 개발 사업 종합 안내서』, 과학기술부.

과학기술정책연구원, 2007, 『정부 R&D 100억 달러 시대의 쟁점: 2007년 과학 기술 정책 8대 이슈』, 과학기술정책연구원.

국가과학기술위원회 홈페이지(http://www.nstc.go.kr/)

국가과학기술위원회, 2004, 『참여정부 과학 기술 기본 계획』, 국가과학기술위원회.

국가과학기술위원회, 2005, 국가 핵 융합 에너지 개발 기본 계획(안)(국가과학기술위원회 본회의 안 건, 2005. 12. 13).

국가과학기술위원회, 2006a, 2006년도 국가 연구 개발 사업 조사·분석보고서, 국가과학기술위원 회.

국가과학기술위원회, 2006b, 2007년도 국가 연구 개발 사업 예산 배분·조정 결과(안)(국가과학기 술위원회 본회의 안건, 2006. 8. 24).

국가과학기술위원회, 2006c, 국가R&D사업 Total Roadmap: 중장기 발전 전략(안)(국가과학기술 위원회 본회의 안건, 2006. 12. 21).

국가과학기술자문회의, 2006, 비전 2030실현을 위한 기술기반 삶의 질 제고 방안, 국가과학기술자 문회의.

국가 연구 개발 사업 종합 관리 시스템(KORDI) http://www.kordi.go.kr.

국정홍보처, 2007, 국정브리핑, 2007. 4. 30.

김병우, 2007, 『R&D투자와 설비투자』, 과학기술정책연구원.

김창길, 2005, 「친환경 농업 발전을 위한 전략과 추진방안」, 『친환경 농업 발전을 위한 대토론회 자료집』, 농촌경제 연구원.

김태훈·윤태연·최윤경(2007),『통계로 보는 한국농업의 국제비교 연구』, 한국농업경제 연구원.

김필동 외, 1998,『삶의 질: 과학과 기술』, 충남대학교 사회 과학 연구소.

김환석, 2006,「황우석 사태의 원인과 사회적 의미」,《경제와사회》, 통권 71호, 237-255쪽.

농림부 친환경 농업정책과(2007), 친환경 농업 육성정책(2007. 2).

농림부, 2006, 농업통계자료, 농림부.

농업진흥청, 2006, 친환경 농업육성 5개년 사업 제1차 추진실적 및 제2차 세부추진 계획 – 기술 개발·보급분야(2006. 1).

농업진흥청, 2007, 민주노동당 자료요청 답변 자료 (2007. 4).

박진희, 2007,「국가 연구 개발 사업에서의 여성 수요 반영의 현황과 개선방안에 대한 기초 연구」, 민주노동당 정책 위원회.

보건복지부, 2007, 현애자 의원 자료 요청 답변 자료(2007. 4).

석광훈, 2007,「고삐 풀린 핵 융합개발 사업, 황우석 사기극의 재연인가」,《시민과학》, 제65호

송성수, 2002,「한국 과학 기술 정책의 특성에 관한 시론적 고찰」,《과학기술학 연구》2권 1호, 66-83.

송위진, 2002,「혁신체제론의 과학 기술 정책: 기본 관점과 주요 주제」,《기술 혁신 학회지》, 제5권, 제1호, 2002.

송위진, 2004,『국가 연구 개발 사업과 시민 참여』, 한국과학기술학회 2004년 여름학회 집담회(“과학 기술과 사회발전을 위한 시민 참여 방안”)발표 자료(2004. 6. 26).

송위진, 2006a,『기술 혁신과 과학 기술 정책』, 르네상스.

송위진 외, 2006b,『탈추격형 기술 혁신체제의 모색』, 과학기술정책연구원

에너지 관리공단 신재생 에너지센터,『2006년도 신재생 에너지 기술 개발 사업 자료집』, 에너지 관리공단.

윌리엄 파킨스, 2007,「핵 융합 전력, 도대체 오기나 할 것인가」, 석광훈 옮김,《시민과학》제65호.

유기덕, 2005,「친환경 유기 농업 국제경쟁력 제고방안」,《농업 기술회보》, 42호.

이영희, 1998,『과학 기술과 시민 단체』, 과학기술정책연구원.

이우성 외, 2007,『R&D투자를 통한 성장잠재력 확충 방안』, 과학기술정책연구원.

조현석, 2002,「우리나라 과학 기술 정책의 이념: 국가·기업·시민 사회」,《과학기술학 연구》2권 1호, 85-107.

조황희, 서지영, 장병렬, 강희종, 2006,『기술 혁신과 삶의 질 향상: 사회적 약자를 중심으로』, 2006년도 한국과학기술학회 특별 학술대회 “과학 기술 정책과 STS”, 99-117.

참여연대 시민과학센터, 2002,『과학 기술, 환경, 시민 참여』, 한울.

통계청, 2005,『사회통계조사』, 2005.

팀 랭, 마이클 해즈먼, 2006,『식품전쟁』, 아리.

KISTEP (2006a),『OECD 국가의 R&D예산 현황 분석』(통계 브리프 2006-3호), KISTEP.

KISTEP (2006b),『국가 연구 개발 사업백서』, KISTEP.

KISTEP, 과학 기술 지표 통계.

한재각, 2004,『국가 연구 개발 사업 개혁을 위한 시민 사회의 시각: 분석틀과 평가기준의 제안』,《과학기술학 연구》4권 2호, 129-152.

한재각, 2005,「황우석은 무상의료와 양립 가능한가」,《진보평론》26호.

한재각, 2006,「아토피 아이와 황우석, 누구를 구해야 할까」,《프레시안》(2006. 1. 24.)

홍성욱, 2002,「20세기 과학 연구의 지형도: 미국의 대학과 기업을 중심으로」,《한국과학사학회지》24권 2호, 200-237쪽.

홍성태, 2007,「황우석 사태의 역사-구조적 이해」,《동향과 전망》, 69호, 262-288쪽.

환경부, 2006, 2007 예산 요구안 설명 자료.

환경부, 2006, 환경보건 10개년 계획.

환경부, 2007, 환경부 예산 요구 설명 자료(2007. 5.).

흙살림 출판부, 2005,『유기 농업 관련규정』(유기 농업총서 8), 흙살림.

IEA, 2006, Renewables In Global Energy Supply: An Iea Fact Sheet, IEA

OECD/IEA (2005), Energy Statics Manual, OECD/IEA

4. 기술과 시민

김도희, 2005,「주민배심원제를 통한 비선호시설 성공적 입지사례의 정책적 함의: 북구 음식물 자원화시설 유치사업의 실증적 분석을 중심으로」,《한국정책학회보》제14권 3호.

김상준, 2007,「헌법과 '시민의회'」,《동향과 전망》여름호.

오현철, 2006,「정치적 대표체계의 민주적 재구성 방안 모색: 토의 민주주의 관점에서」,《시민 사회와 NGO》4(1)

오현철, 2007,「토의 민주주의와 정치참여」, 주성수 편저.『한국 민주주의와 시민 참여』, 아르케.

이영희, 2007a,「기술의 사회적 통제와 수용: 기술 영향 평가의 정치」,《경제와 사회》73호.

이영희, 2007b,「지속가능위 '심야전기제도 시민 배심원단회의': 추진과정과 평가」,《시민과학》제67호.

이영희, 2008,「과학 기술 민주화 기획으로서의 합의 회의: 한국의 경험」,《동향과 전망》여름호.

정규호, 2005,「대의제 민주주의의 위기와 대안: 심의 민주주의적 의사 결정논리의 특성과 함의」,《시민 사회와 NGO》3(1)

정원규, 2005,「민주주의의 두 얼굴: 참여 민주주의와 숙의 민주주의」, mimeo.

조현석, 2006,「숙의적 시민 참여 모델 연구: 울산시 북구 음식물자원화시설 건립 사례」,《과학 기술학연구》제6권 1호.

참여연대 시민과학센터, 2002,『시민과학센터 5년 백서』.

천병철, 2007, 「조류 인플루엔자 및 신종 인플루엔자 대유행의 역학」, 《보건학논집》 44(1)

Barnes, M., 1999, *Building a Deliberative Democracy: An Evaluation of Two Citizens' Juries*, Institute for Public Policy Research.

Burnheim, J., 1985, *Is Democracy Possible? The Alternative to Electoral Politics*, London: Polity Press.

Carson, L. & B. Martin, 1999, *Random Selection in Politics*, London: Praeger.

Chen, D-S., C-Y. Deng, 2007, "Interaction Between Citizens and Experts in Public Deliberation: A Case Study of Consensus Conferences in Taiwan", *East Asian Science, Technology and Society: An International Journal* 1(1)

Coote, A. & J. Lenaghan, 1997, *Citizens' Juries: Theory into Practice*, Institute for Public Policy Research.

Davis, M., 2005, 정병선 옮김, 2008, 『조류독감』, 돌베개.

Dryzek, J., 2000, *Deliberative Democracy and Beyond*, Oxford: Oxford University Press.

Einsiedel, E., Jelsoe, E. & T. Breck, 2001, "Publics at the Technology Table: The Consensus Conference in Denmark, Canada, and Australia", *Public Understanding of Science* 10.

Ellul, J., 1964, 박광덕 옮김, 1996, 『기술의 역사』, 한울.

Elster, J. ed. 1998, *Deliberative Democracy*, Cambridge: Cambridge University Press.

Fishkin, J., 1991, *Democracy and Deliberation*, New Haven: Yale University Press.

Frankenfeld, P., 1992, "Technological Citizenship: A Normative Framework for Risk Studies", *Science, Technology & Human Values* 17(4)

Fuller, S., 2000, *Thomas Kuhn: A Philosophical History for Our Times*, The University of Chicago Press.

Goodin, R. & S. Niemeyer, 2003, "When Does Deliberation Begin? Internal Reflection versus Public Discussion in Deliberative Democracy", *Political Studies* vol.51.

Goven, J., 2003, "Deploying the Consensus Conference in New Zealand: Democracy and De-problematization", *Public Understanding of Science* 12.

Guston, D., 1999, "Evaluating the First U.S. Consensus Conference: The Impact of the Citizens' Panel on Telecommunications and the Future of Democracy", *Science, Technology, & Human Values* 24(4)

Habermas, J., 1968, 하석용 · 이유선 옮김, 1993, 『'이데올로기'로서의 기술과 과학』, 이성과 현실사.

Manin, B., 1997, 곽준혁 옮김, 2008, 『선거는 민주적인가: 현대 대의 민주주의의 원칙에 대한 비판적 고찰』, 후마니타스.

Marcuse, H., 1964, 이희원 옮김, 1993, 『일차원적 인간』, 육문사.

Mohr, A., 2002, "Of Being Seen to Do the Right Thing: Provisional Findings from the First Australian Consensus Conference on Gene Technology in the Food Chain", *Science and Public*

Policy 29(1)

Nishizawa, M., 2005, "Citizen Deliberations on Science and Technology and Their Social Environments: Case Study on the Japanese Consensus Conference on GM Crops", *Science and Public Policy* 32(6)

Rogers-Hayden, T. & N. Pidgeon, 2006, "Reflecting Upon the UK's Citizens' Jury on Nanotechnologies: NanoJury UK", *Nanotechnology Law & Business* May/June.

Seifert, F., 2006, "Local Steps in an International Career: A Danish-style Consensus Conference in Austria", *Public Understanding of Science* 15.

Smith, G. & C. Wales, 2000, "Citizens' Juries and Deliberative Democracy", *Political Studies* vol.48.

The Danish Board of Technology, 2005, *New GM Plants: The Final Document of the Citizens' Jury*.

The Jefferson Center, 2004, *Citizens Jury Handbook*.

Ward, H., Norval, A., Landman, T. & J. Pretty, 2003, "Open Citizens' Juries and the Politics of Sustainability", *Political Studies* vol.51.

6. 생명 공학 감시 운동의 전개 과정과 특징

강양구·김병수, 2007, 「끝나지 않은 황우석 사태, 남은 과제들」, 『황우석 사태 무엇을 남겼나』, 민주화를위한교수협의회.

강양구·김병수·한재각, 2006, 『침묵과 열광: 황우석 사태 7년의 기록』, 후마니타스.

교육과학기술부, 2009, 『2009 생명 공학 백서』.

김병수, 2004a, 「유전 정보 이용현황과 문제점」, 『유전자정보 어떻게 보호할 것인가』, 국가인권위원회.

김병수, 2004b, 「생명 공학 과학 기술자들에게만 맡겨둘 수 없다」, 차병직 외 『참여연대 권력감시운동 10년』, 시금치.

김병수, 2005, 「유전자 감식 기술의 사회 윤리적 쟁점」, 『생명윤리학회 춘계 학술대회 자료집』.

김병수, 2006, 「황우석 사태와 생명 공학 감시 운동」, 『생명윤리와 연구윤리의 현황과 전망』 생명윤리정책연구센터 심포지엄.

김환석, 1997, 「양의복제, 시민의 침묵: 생명 공학에 대한 사회적 성찰」, 《녹색평론》 34호.

남명진 외, 2004, 『유전자 검사 기관과 유전자은행 실태 조사 자료』, 보건복지부.

이혜경, 1999, 「시민운동 속의 생명공학」, 참여연대 과학기술민주화를위한모임 편, 『진보의 패러독스』, 당대.

참여연대 과학기술민주화를 위한 모임, 1999, 『진보의 패러독스: 과학기술 민주화를 위하여』, 당대.

참여연대 시민과학센터, 2002, 『과학기술환경·시민참여』, 한울.

한학수, 2006, 『여러분이 뉴스를 어떻게 전해드려야 할까요?』, 사회평론.

7. 한국 에너지 정책과 기술 혁신 과정의 시민 참여

국가 에너지 시민 포럼, 2007, 「제1회 국가에너지위원회 관련 시민 사회 단체 간담회 회의록」(2007. 3. 12).

국가 에너지 시민 포럼, 2008, 「회의록」(2008. 6. 16).

국무총리실·기획재정부·교육과학기술부·외교통상부·지식경제부·환경부·국토해양부, 2008, 「제1차 국가 에너지 기본 계획: 2008 - 2003」.

김태호, 2006, 「시민 사회, 신재생 에너지 운동 어떻게 할 것인가」(2006년도 환경활동가워크숍 발표문).

문영석, 2005, 「에너지 기본법 제정에서부터 풀어나가자」, 「석유협회보」.

부산 시민 햇빛 발전 추진 위원회, 2007a, 발족선언문(2007. 5. 21).

부산 시민 햇빛 발전 추진 위원회, 2007b, 제1차 집행 위원회 회의 자료(2007. 6. 5).

부산 시민 햇빛 발전 추진 위원회, 2007c, 제2차 대표자회의 회의 자료(2007. 11. 22).

부산 시민 햇빛 발전, 2008a, 제6차 집행 위원회 회의 자료(2008. 2. 21).

부산 시민 햇빛 발전, 2008b, 「부산 제2호 시민 햇빛 발전소 건립을 위한 제4차 시민회의」(부산 YMCA 2층 대강당, 2008. 9. 17).

부안 시민 발전소·환경운동연합, 2005, 「부안 에너지 독립선언, 부안 햇빛 시민 발전소 3기 출범식」(보도자료, 2005. 10. 19).

산업자원부, 2006, 「신재생 에너지백서」.

송위진, 2006, 「오픈 소스 소프트웨어의 기술 혁신 특성」, 『기술 혁신과 과학 기술 정책』, 르네상스.

에너지 나눔과 평화, 2007, 「세계 최초 공익재생가능에너지발전소 국내에 탄생!」(보도자료, 2007. 10. 8).

에너지 나눔과 평화, 2008, 「[2호 사랑의나눔발전소] 태양광 1000k설치 투자협약식 체결 및 기자 회견」(보도자료, 2008. 3. 26),

에너지노동사회네트워크, 2005, 「정녕 국회는 국민의 생명과 인권을 포기하고자 하는가?」(2005년 11월 23 성명서).

에너지 시민 회의(준), 2008a, 「상황실 회의록」(2008. 7. 10).

에너지 시민 회의(준), 2008b, 「(가칭)에너지 시민 회의 운영위 회의 자료」(2008. 7. 21, 한국 YMCA 전국 연맹 사무실).

에너지 시민 회의(준), 2008c, 「(가칭)에너지 시민 회의 운영위 회의 속기록」(2008. 7. 21, 한국 YMCA 전국 연맹 사무실).

에너지 시민 회의(준), 2008d, 「국가 에너지 기본 계획의 문제점과 에너지시민 사회(준) 제언」(보도자료, 2008. 7. 22).

에너지 시민 회의(준), 2008e, 「국가 에너지 기본 계획 워크숍을 마치고」(논평, 2008. 8. 6).

에너지 시민 회의(준), 2008f, 「에너지위기 인식하지 못한 안일한 국가 에너지 기본 계획 안」(성명서, 2008. 8. 8).

에너지 시민 회의(준), 2008g, 「에너지위기 인식 부재, 졸속 추진 국가 에너지 기본 계획 공청회 반대」(성명서, 2008. 8. 13).

에너지 시민 회의(준), 2008h, 「저탄소 녹색 성장은 구호에 불과했다」(성명서, 2008. 8. 28).

에너지 전환, 2000, 창립선언문(2000년 10월 5일).

울산 환경운동연합, 2008, 「시민들의 기금으로 설립되는 태양광 발전 시설 시민 햇빛 발전소 준공식」(보도자료, 2008. 1. 21).

이상훈, 2003, 「시민 발전소가 열어가는 에너지 미래」, 「전기저널」(2003. 9).

이승환, 2006, 「"에너지 비전을 세워야……또 원자력 타령은 곤란", 《프레시안》(2006. 12. 1).

이승환, 2007, 「국가에너지위원회를 둘러싼 논쟁과 전망」, 생태지평 연구소 인터넷 사이트 게재글 http://www.ecoin.or.kr/.

이유진, 2008, 「재생 에너지 분야의 시민 참여 현황: 시민 발전소와 적정 기술을 중심으로」(STEPI 세미나 발표 자료, 2008. 4. 15).

이헌석, 2008, 「에너지 시민 포럼 조직 구성 방안」(국가 에너지 시민 포럼 내부 자료, 2008. 6. 23).

장영배·한재각, 2008, 「시민 참여적 과학 기술 정책 형성 발전방안」, 서울: 과학기술정책연구원. 보고서 원문(pdf)은 http://www.stepi.re.kr/에서 찾을 수 있음.

정책 전문위원회·갈등관리전문위원회, 2008, 「제3차 국가에너지위원회 개최계획(안): 국민과의 소통절차를 중심으로」(2008. 6. 26).

조선일보, 2007. 7. 19, 「시민들 돈 모아 태양광 발전소」.

지식경제부, 2008a, 「에너지 정책·갈등 관리 전문 위원회 연석 회의 결과」(내부 자료, 2008. 6).

지식경제부, 2008b, 「제1차 국가 에너지 기본 계획 수립 절차(안)」(2008. 6. 13).

지식경제부, 2008c, 「제3차 국가에너지위원회 개최 결과」(내부 자료, 2008. 8).

진보정치 연구소, 2007, 「환경과 재생가능에너지 산업의 경제적 파급 및 고용 창출 효과에 관한 연구」(미간행).

참여연대 시민과학센터, 2002, 「과학 기술·환경·시민 참여」, 서울: 한울.

환경운동연합, 2002, 「에너지 전환의 현장을 찾아서-독일⑤: '현실적인 유토피아'를 추구하는 졸라 콤플렉스」(환경운동연합 사이트 게재글, 2002. 8. 14).

Beierle, T. C. and J. Cayford, 2002, *Democracy in Practice: Public Participation in Environmental Decisions*, Washington, DC: Resources for the Future.

Bucchi, M. and F. Neresini, 2008, "Science and Public Participation", in Hackett, E. J., O. Amsterdamska, M. Lynch, and J. Wajcman (eds.) (2008), *The Handbook of Science and Technology*

Studies, Third Edition, The MIT Press, 449-472.

Burgess, J. and J. Chilvers, 2006, "Upping the Ante: A Conceptual Framework for Designing and Evaluating Participatory Technology Assessments", *Science and Public Policy*, 33(10), 713-728.

Foltz, F., 1999, "Five Arguments for Increasing Public Participation in Making Science Policy", *Bulletin of Science, Technology & Society*, Vol. 19, No. 2, pp. 117-127.

Hess, D. J., 2007, *Alternative Pathways in Science and Industry: Activism, Innovation, and the Environment in an Era of Globalization*, The MIT Press.

Jamison, A., 2003, "The Making of Green Knowledge: The Contribution from Activism", *Futures*, 35, 703-716.

Jamison, A., 2006, "Social Movements and Science: Cultural Appropriations of Cognitive Praxis", *Science as Culture*, 15(1), 45-59.

Rowe, G. and L. J. Frewer, 2000, "Public Participation Methods: A Framework for Evaluation", *Science, Technology, & Human Values*, Vol. 25, No. 1, pp. 3-29.

Rowe, G. and L. J. Frewer, 2004, "Evaluating Public Participation Exercises: A Research Agenda", *Science, Technology, & Human Values*, Vol. 29, No. 4, pp. 512-556.

Rowe, G. and L. J. Frewer, 2005, "A Typology of Public Engagement Mechanisms", *Science, Technology, & Human Values*, Vol. 30, No. 2, pp. 251-290.

Steyaert, S. and H. Lisoir (eds.), 2005, *Participatory Methods Toolkit: A Practitioner's Manual*, Brussels: King Baudouin Foundation and Flemish Institute for Science and Technology Assessment.

http://citizen-power.com/243

http://www.energypeace.or.kr

http://energyvision.org

9. 대안 과학의 전략들

Aas, Solveig, and Tord Høivik, 1986, "Demilitarization in Costa Rica: A Farewell to Arms?" In *Costa Rica: Politik, Gesellschaft und Kultur eines Staates mit Ständiger Aktiver und Unbewaffneter Neutralität*, ed. Andreas Maislinger, pp. 343-375, Innsbrück, Austria: Inn-Verlag.

Armstrong, J. Scott, 1980, "Unintelligible Management Research and Academic Prestige", *Interfaces* 10: 80-86.

Bernal, J. D., 1939, *The Social Function of Science*, London: George Routledge & Sons.

Beyerchen, Alan D., 1977, *Scientists under Hitler: Politics and the Physics Community in the Third Reich*, New Haven, CT: Yale University Press.

Blissett, Marlan, 1972, *Politics in Science*, Boston: Little, Brown.

Boggs, Carl, 1986, *Social Movements and Political Power: Emerging Forms of Radicalism in the West*, Philadelphia: Temple University Press.

Boyle, Godfrey, Peter Harper, and the editors of *Underscurrents*, eds. 1976, *Radical Technology*, London: Wildwood House.

Brock-Utne, Birgit, 1985, *Educating for Peace: A Feminist Perspective*, New York: Pergamon.

Burrowes, Robert J., 1996, *The Strategy of Nonviolent Defense: A Gandhian Approach*, Albany: State University of New York Press.

Carson, Lyn, and Brian Martin, 2002, "Random Selection of Citizens for Technological Decision Making", *Science and Public Policy* 29: 105-113.

Carter, April, 1992, *Peace Movements: International Protest and World Politics since 1945*, London: Longman.

Cassidy, Kevin J., and Gregory A. Bischak, eds., 1993, *Real Security: Converting the Defense Economy and Building Peace*, Albany: State University of New York Press.

Cortright, David, 1993, Peace Works: The Citizen's Role in Ending the Cold War, Boulder, CO: Westview.

Darrow, Ken, and Mike Saxenian, eds., 1986, *Appropriate Technology Sourcebook: A Guide to Practical Books for Village and Small Community Technology*, Stanford, CA: Volunteers in Asia.

de Bono, Edward, 1986, Six Thinking Hats. Boston: Little, Brown, 『여섯 색깔 생각의 모자』. 송광한·양성진 옮김, 한울, 1994.

______, 1992, *Serious Creativity: Using the Power of Lateral Thinking to Create New Ideas*, London: HarperCollins. 『드보노의 창의력 사전』, 이구연·신기호 옮김, 21세기북스, 2004.

______, 1995, *Parallel Thinking: From Socratic Thinking to de Bono Thinking*, Harmondsworth, UK: Penguin.

Elias, Norbert, Herminio Martins, and Richard Whitley, eds., 1982, *Scientific Establishments and Hierarchies*, Dortrecht, Germany: D. Reidel.

Epstein, Steven, 1996, *Impure Science: AIDS, Activism, and the Politics of Knowledge*, Berkeley: University of California Press.

Falk, Jim, 1982, *Global Fission: The Battle over Nuclear Power*, Melbourne: Oxford University Press.

Farkas, Nicole, 1999, "Dutch Science Shops: Matching Community Needs with University R&D", *Science Studies* 12(2): 33-47.

Ferris, Timothy, 2003, *Seeing in the Dark: How Amateur Astronomers Are Discovering the Wonders of the Universe*, New York: Simon and Schuster.

Fixdal, Jon, 1997, "Consensus Conferences as 'Extended Peer Groups'", *Science and Public Policy*

24: 366-376.

Gieryn, Thomas F., 1995, Boundaries of Science, In Handbook of Science and Technology Studies, ed. Sheila Jasanoff, Gerald E. Markle, James C. Petersen, and Trevor Pinch, pp. 393-443. Thousand Oaks, CA: Sage.

Gnanadason, Aruna, Musimbi Kanyoro, and Lucia Ann McSpadden, eds., 1996, *Women, Violence and Nonviolent Change*, Geneva: WCC.

Haberer, Joseph, 1969, *Politics and the Community of Science*, New York: Van Nostrand Reinhold.

Illich, Ivan, 1973, *Tools for Conviviality*, London: Calder and Boyars, 『절제의 사회』, 박홍규 옮김, 생각의나무, 2010.

Johnston, Robert D., ed., 2003, *The Politics of Healing: A History of Alternative Medicine in Twentieth-Century North America*, New York: Routledge.

Kroll-Smith, Steve, and H. Hugh Floyd, 1997, *Bodies in Protest: Environmental Illness and the Struggle over Medical Knowledge*, New York: New York University Press.

MacKenzie, Doland, and Graham Spinardi, 1995, "Tacit Knowledge, Weapons Design, and the Uninvention of Nuclear Weapons", *American Journal of Sociology* 101: 44-99.

MacKenzie, Donald, and Judy Wajcman, eds., 1999, *The Social Shaping of Technology*, 2nd ed. Buckingham, UK: Open University Press.

Martin, Brian, 1997, "Science, Technology and Nonviolent Action: The Case for a Utopian Dimension in the Social Analysis of Science and Technology", *Social Studies of Science* 27: 439-463.

______, 1998, "Technology in Different Worlds", *Bulletin of Science, Technology and Society* 18: 333-339, 「다른 세상에서의 기술」, 참여연대 과학기술민주화를위한모임 엮음, 장여경·김명진 옮김, 『진보의 패러독스』, 당대, 1999.

______, 2001, *Technology for Nonviolent Struggle*, London: War Resisters' International.

Maxwell, Nicholas, 1984, *From Knowledge to Wisdom: A Revolution in the Aims and Methods of Science*, Oxford: Basil Blackwell.

______, 1992, "What Kind of Inquiry Can Best Help Us Create a Good World?" *Science, Technology, & Human Values* 17: 205-227.

Melman, Seymour, 1988, *The Demilitarized Society: Disarmament and Conversion*, Montreal: Harvest House.

Meldensohn, Everett H., Merritt Roe Smith, and Peter Weingart, eds., 1988, *Science, Technology and the Military*, Dordrecht, Germany: Kluwer.

Moody, Glyn, *Revel Code: Linux and the Open Source Revolution*, New York: Perseus.

Murphy, Danny, Madeleine Scammell, and Richard Sclove, eds., 1997, *Doing Community-Based*

Research: A Reader, Amherst, MA: Loka Institute.

Patterson, Walter C., 1977, *The Fissile Society*, London: Earth Resources Research.

Primack, Joel, and Frank von Hippel, 1974, *Advice and Dissent: Scientists in the Political Arena*, New York: Basic Books.

Randle, Michael, 1994, *Civil Resistance*, London: Fontana.

Reppy, Judith, ed., 1998, *Conversion of Military R&D*, Basingstoke, UK: Macmillan.

Roberts, Adam, 1976, *Nations in Arms: The Theory and Practice of Territorial Defence*, London: Chatto and Windus.

Rüdig, Wolfgang, 1990, *Anti-Nuclear Movements: A World Survey of Opposition to Nuclear Energy*, Harlow, UK: Longman.

Schutt, Randy, 2001, *Inciting Democracy: A Practical Proposal for Creating a Good Society*, Cleveland: Spring Forward Press.

Schweitzer, Glenn E., 1996, *Moscow DMZ: The Story of the International Effort to Convert Russian Weapons Science to Peaceful Purposes*, Armonk, NY: M. E. Sharpe.

Science for the People, 1974, *China: Science Walks on Two Legs*, New York: Avon.

Smith, Merritt Roe, ed., 1985, *Military Enterprise and Technological Change: Perspectives on the American Experience*, Cambridge, MA: MIT Press.

Smith, Merritt Roe, and Leo Marx, eds., 1994, *Does Technology Drive History? The Dilemma of Technological Determinism*, Cambridge, MA: MIT Press.

Sørensen, Knut H., and Robin Williams, eds., 2002, *Shaping Technology, Guiding Policy: Concepts, Spaces and Tools*, Cheltenham, UK: Edward Elgar.

Soros, George, 2002, *George Soros on Globalization*, New York: PublicAffairs, 『열린사회프로젝트』, 최종옥 옮김, 홍익, 2002.

Summy, Ralph, and Michael E. Salla, eds., 1995, *Why the Cold War Ended: A Range of Interpretations*, Westport, CT: Greenwood.

Turnbull, Shann, 1975, *Democratising the Wealth of Nations from New Money Sources and Profit Motives*, Sydney: Company Directors Association of Australia.

Ui, Jun, 1977, "The Interdisciplinary Study of Environmental Problems", *Kogai — The Newsletter from Polluted Japan* 5(2): 12-24.

Wainwright, Hilary, and Dave Elliott, 1982, *The Lucas Plan: A New Trade Unionism in the Making?* London: Allison & Busby.

Whyte, William Foote, 1991, *Participatory Action Research*, Newbury Park, CA: Sage.

Winner, Langdon, 1977, *Autonomous Technology: Technology-out-of-Control as a Theme in Political Thought*, Cambridge, MA: MIT Press, 『자율적테크놀로지와 정치철학』, 강정인 옮김, 아카넷,

2000.

Woodhouse, Edward, David Hess, Steve Breyman, and Brian Martin, 2002, "Science Studies and Activism: Possibilities and Problems for Reconstructivist Agendas", *Social Studies of Science* 32: 297-319.

Woodhouse, Edward J., 2006, "Nanoscience, Green Chemistry, and the Privileged Position of Science", In *The New Political Sociology of Science: Institutions, Networks, and Power*, ed. Scott Frickel and Kelly Moore, pp. 148-181, Madison: University of Wisconsin Press.

시민의 과학

1판 1쇄 찍음 2011년 12월 23일
1판 1쇄 펴냄 2011년 12월 30일

지은이   시민과학센터
펴낸이   박상준
펴낸곳   (주)사이언스북스
출판등록   1997.3.24(제16-1444호)
135-887 서울시 강남구 신사동 506 강남출판문화센터
대표전화 515-2000 팩시밀리 514-2329
편집부 517-4263 팩시밀리 514-2329
www.sciencebooks.co.kr

© 시민과학센터, 2011. Printed in Seoul, Korea.
ISBN 978-89-8371-283-7 93300